工程测试与信号分析

宋春华　主编

赵　俊　王名月　副主编

张　弓　主审

教育教材

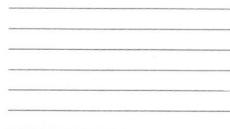

GONGCHENG CESHI
YU
XINHAO FENXI

化学工业出版社
·北京·

内容简介

测试与信号分析作为连接理论与实践的桥梁,在工程中扮演着至关重要的角色。无论是产品设计、质量控制、故障诊断,还是系统优化,都离不开准确、高效的测试技术与信号分析能力。《工程测试与信号分析》旨在为工科专业的学生和工程技术人员提供一本全面、系统、实用的学习指南。

本书共9章,主要内容包括:绪论,信号分析基础,工程测试系统的基本特性,连续时间信号分析,离散时间信号分析,传感器原理与测量电路,离散傅里叶变换及其快速算法,滤波器,随机信号分析基础。每章后附有习题。

本书可作为高等院校机械工程、智能感知工程、电子信息工程、测控技术与仪器等专业的本科生和研究生教材,也可供机械电子、仪器仪表、自动化等领域的科研人员和工程技术人员参考使用。

图书在版编目(CIP)数据

工程测试与信号分析 / 宋春华主编;赵俊,王名月副主编. -- 北京:化学工业出版社,2025. 7. --(普通高等教育教材). -- ISBN 978-7-122-48046-0

Ⅰ. TB22;TN911

中国国家版本馆 CIP 数据核字第 2025BG9487 号

责任编辑:张海丽 　　　　　　文字编辑:宋　旋
责任校对:宋　玮 　　　　　　装帧设计:刘丽华

出版发行:化学工业出版社
　　　　　(北京市东城区青年湖南街 13 号　邮政编码 100011)
印　　装:北京云浩印刷有限责任公司
787mm×1092mm　1/16　印张 14½　字数 355 千字
2025 年 7 月北京第 1 版第 1 次印刷

购书咨询:010-64518888 　　　　售后服务:010-64518899
网　　址:http://www.cip.com.cn
凡购买本书,如有缺损质量问题,本社销售中心负责调换。

定　　价:58.00 元 　　　　　　　　版权所有　违者必究

前　言

在当今科技飞速发展的时代,工程领域对精确测量与深入分析复杂信号的需求日益增长。无论是机械制造、航空航天,还是电子通信、生物医学工程等行业,都离不开对各种物理量的精确测试以及对所获取信号的有效分析。《工程测试与信号分析》旨在为读者提供一套系统且实用的理论与方法,帮助读者理解工程测试的基本原理、掌握信号分析的核心技术,从而在实际工程应用中能够准确地获取信息、解决问题。本书不仅注重理论知识的讲解,更强调理论与实际应用的紧密结合,通过丰富的案例和实践环节,引导读者将所学知识运用到具体的工程场景中。

本书共9章,内容涵盖了工程测试与信号分析的核心知识点。第1章旨在为读者勾勒出工程测试与信号分析的基本框架,明确其重要性及应用领域,为后续学习奠定思想基础。第2~5章则逐步深入信号分析的基础领域,从连续时间信号到离散时间信号,系统地介绍了信号的时域和频域分析方法,为后续章节的学习奠定了坚实的理论基础。第6章是连接理论与实际的桥梁,详细介绍了各类传感器的原理、分类及特性,以及测量电路的设计原则和实现方法。这部分内容对于理解测试系统的输入端,即信号的获取过程,具有重要意义。第7~9章则进一步深入探讨了信号处理的核心技术,包括离散傅里叶变换及其快速算法、滤波器的设计与应用,以及随机信号分析基础。这些内容不仅涵盖了信号处理的基本方法,还涉及现代信号处理技术的最新进展。

本书由西华大学宋春华副教授任主编,由四川轻化工大学赵俊副教授和西华大学王名月讲师任副主编,参编人员有郑梓菱、戴凌锋。其中,第1、2、6、8章由宋春华编写,第3、7、9章由王名月编写,第4、5章由赵俊编写,郑梓菱、戴凌锋负责书中案例部分的编写。全书由华南理工大学教授级高级工程师张弓主审。

本书在编写过程中得到了西华大学教务处和研究生院的大力支持和帮助。西华大学研究生李丹丹、罗杨、洪良起、王润武、李艳娜、李艾松、李艳、谢克彬等同学在相关图片绘制、MATLAB编程和电子文档编辑等方面做了许多工作,在此一并感谢。

本书配有课件、习题参考答案等学习资料,欢迎选用本书作为教材的老师和同学们扫描书中二维码获取相关资源。

本书在编写过程中，力求做到内容全面、结构清晰、语言简练。同时，也注重引入最新的科研成果和技术进展，使教材更具时代感和实用性。由于工程测试与信号分析领域的发展日新月异，本书所涵盖的内容不可能面面俱到。因此，鼓励读者在学习的过程中不断探索、勇于实践，以不断丰富和完善自己的知识体系。

由于编者水平有限，书中内容难免有疏漏之处，敬请读者批评指正。

本书配套资源

编者

目　录

第 1 章
绪论

在踏入工程测试和信号分析这门课程的初始阶段，绪论章节的学习旨在为学生构建一个全面而深入的学习框架，不仅涵盖理论知识的掌握，还注重实践技能的培养及综合素质的提升。

1.1 工程测试与信号分析的发展情况

信号分析技术已被应用于许多学科与领域，诸如通信、雷达、声呐、地震研究、遥感、生物医学、机械振动等。特别是近代电子技术、数字计算机及微型机的发展和应用，使信号分析技术得到了迅速的发展，目前它已成为信息科学技术中一种必不可少的手段。

20 世纪 50 年代以前，信号分析技术主要用的是模拟分析方法。进入 20 世纪 50 年代，大型通用数字计算机在信号分析中有了实际应用。当时人们争论过模拟与数字分析方法的优缺点，争论的焦点是运算速度、精度与经济性。进入 20 世纪 60 年代，人造卫星、宇航探测以及通信、雷达技术的发展，对信号分析的速度、分辨能力提出了更高的要求。1965 年，美国库列（J.W.Cooly）和图基（J.W.Tukey）提出了快速傅里叶变换（FFT）计算方法，使计算离散傅里叶变换（DFT）的复数乘法次数从 N^2 减少到 $N\log_2 N$ 次，从而大大节省了计算量。这一方法促进了数字信号处理的发展，使其获得了更广泛的应用。因为卷积可以利用 DFT 来计算，故 FFT 算法也可以用正比于 $N\log_2 N$ 的运算次数来计算卷积。而卷积运算在计算机科学和其他一些领域中都有广泛应用。20 世纪 70 年代以后，大规模集成电路的发展以及微型机的应用，使信号分析技术具备了广阔的发展远景，许多新的算法不断出现。例如：1968 年，美国 C.M.Rader 提出了 NFFT 算法，使 DFT 可用循环卷积运算；1976 年，美国 S.Winograd 提出了 WFTA 算法，用它计算 DFT 所需要的乘法次数仅为 FFT 算法乘法次数的 1/3；1977 年，法国 H.J.Nussbaumer 提出了 PFTA 算法，结合使用 FFT 和 WFTA 方法，在采样点数较大时，较之 FFT 算法，是其乘法次数的 1/4 左右。上述几种方法与 DFT 方法比较：当采样点 N=1000 时，DFT 算法所需的乘法次数为 200 万次，FFT 算法所需的乘法次数为 1.4 万次，NFFT 算法所需的乘法次数为 0.8 万次，WFTA 算法所需的乘法次数为 0.35 万次，PFTA 算法所需的乘法次数为 0.3 万次。

此外，信号处理芯片是近年来出现的一种用于快速处理信号的器件，它的出现对简化信号处理系统的结构、提高运算精度、增强信号处理的实时能力等有很大作用。例如，TMS320C25 芯片，运算速度达 1000 万次每秒，用其进行 1024 复数点 FFT 运算，只需 14ms 便可完成。这一进展，在图像处理、语言处理、谱分析、振动噪声和生物医学信息处理方面，展示了广阔的应用前景。

目前信号分析技术的发展目标是：①在线实时能力的进一步提高；②分辨能力和精度的提高；③扩大和发展新的专用功能；④专用机结构小型化；⑤性能标准化；⑥价格低廉。

1.1.1　工程测试与信号分析的国内发展情况

工程测试和信号分析在我国早有应用，在中国湖南长沙东郊楚墓出土的公元前 700 年的文物中，已有各种精制的砝码、秤杆、秤盘、系秤盘的丝线和提绳等。中国汉墓出土的公元前 200 年的文物中，已有各种规格的杆秤砣。春秋晚期，天平和砝码的制造技术已经相当精密。以竹片作横梁，丝线为提纽，两端各悬一铜盘。后因天平称重物比较麻烦，改为"铨"，称量小物时才用天平。二十四铢为一两：有些物品很珍贵，比如药材，这些物品所有者需要更精确地称量，为了方便使用，所以用 24 这个数字，可称半两、三分之一两、四分之一两、六分之一两等。

有个成语叫"半斤八两"，最早出自佛教的禅宗史书——宋·释普济编著的《五灯会元》。"半斤"与"八两"怎么会一样呢？原来，这与我国古代的重量单位——市斤有关。市斤是我国古代的重量单位，简称"斤"。只是，旧时的一市斤不像现在是十两，而是十六两。所以半斤就是八两，八两就是半斤，二者是一样的。"屈指可数"是十进制，"掐指一算"是六十进制，这些成语都说明我国在很早之前就有测量活动。"一鼓作气，再而衰，三而竭"说明了我国在公元前 680 年就有了信号分析处理的案例。

中国的工程测试和信号分析硬件设备在过去几十年中取得了巨大的进步。

国产示波器：过去，中国的高端示波器主要依赖进口，但近年来，像普源精电（RIGOL）和鼎阳科技（Siglent）等国产品牌在示波器市场上崭露头角，这些公司生产的示波器在性能和功能上已经接近国际领先水平，如图 1.1 所示。频谱分析仪：中国的频谱分析仪制造商如固纬电子（苏州）有限公司和重庆青山仪器等，已经能够生产出高性能的频谱分析仪，用于各种无线通信测试和电磁兼容测试。复杂信号处理系统：中国在雷达信号处理、声呐信号处理等领域的硬件设备上也取得了长足的进步。例如，中国电子科技集团公司（CETC）开发的各种雷达系统，广泛应用于国防和民用领域。

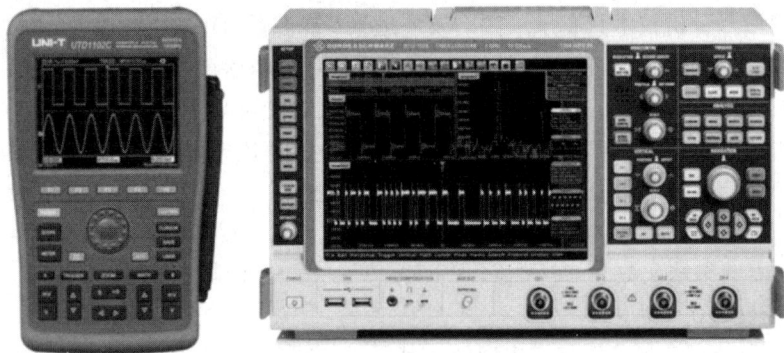

图 1.1　国产示波器

　　信号分析软件和算法的进步同样令人瞩目。傅里叶变换与时频分析：中国的科研机构在快速傅里叶变换（FFT）和时频分析（如小波变换）方面做了大量研究，并应用于实际工程项目中。滤波器设计：滤波器设计是信号处理的重要环节。中国学者在自适应滤波、数字滤波器设计等方面提出了很多创新方法，并开发了一些在实际应用中表现优异的滤波算法。

　　通信行业是信号分析技术的重要应用领域。5G：华为和中兴等中国企业在 5G 研发中，使用了大量先进的信号分析技术，尤其是在信道编码、波束成形等方面。射频测试与优化：信号分析在通信系统的射频测试和优化中起着关键作用。例如，在 5G 网络部署中，需要进行大量的频谱分析和信号调试工作。

　　随着自动驾驶和智能交通的发展，信号分析在汽车工业、医疗设备、教育与研究中的作用也越来越重要。自动驾驶：自动驾驶技术依赖于各种传感器（如雷达、激光雷达、摄像头等）所获取的信号。中国公司（如百度、蔚来等）在开发自动驾驶系统时，使用了大量的信号处理和分析技术。智能交通系统：中国的大城市在智能交通系统的建设中，使用了大量的信号分析技术，例如交通信号优化、车联网技术等。医学成像：CT、MRI 等医学成像技术依赖于复杂的信号处理技术。中国在这些领域进行了大量的研究，并开发了很多先进的成像设备。心电图分析：心电图信号的处理和分析对心脏疾病的诊断非常重要，如图 1.2、图 1.3 所示。中国在心电图分析算法和设备上也有很多创新。

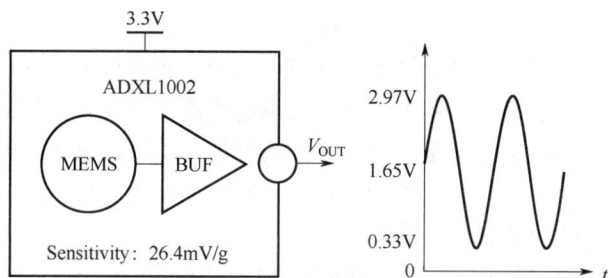

图 1.2　传感器接口数据采集

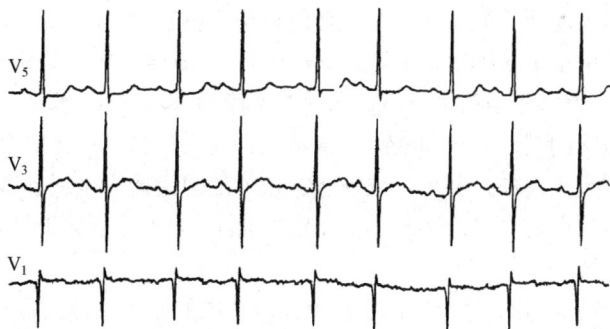

图 1.3　心电图信号分析

　　中国的高校和研究机构在信号处理与分析领域有着深厚的研究基础。

　　高校：清华大学、北京大学、上海交通大学等高校在信号处理与分析方面都有世界领先的研究团队，并培养了大量的专业人才。

研究机构：中国科学院电子学研究所、中国科学院声学研究所等研究机构在信号处理基础研究和应用研究方面取得了很多重要成果。林俊德院士：1969 年冬，中国进行了首次地下核试验。林俊德和战友从大山深处的平洞试验到戈壁滩上的竖井试验，先后建立了 10 余种测量系统，为中国地下核试验安全论证和工程设计提供了重要数据。

中国积极参与国际学术交流，与世界各国的研究机构和大学进行广泛合作。

国际会议：中国的学者在 IEEE ICASSP（国际声学、语音与信号处理会议）等顶级会议上发表了大量高水平的论文。

合作研究：中国的研究机构和大学与国际顶尖机构进行合作研究，如与美国麻省理工学院、斯坦福大学等进行项目联合，推动了信号处理技术的发展。

中国在工程测试与信号分析领域，技术水平不断提升，产业应用日益广泛，教育和研究体系逐步完善，政府政策大力支持。这些因素共同推动了中国在这一领域的快速发展。未来，随着新技术的不断涌现和国际合作的深化，中国在这一领域有望继续保持快速发展的态势。

1.1.2　工程测试与信号分析的国外发展情况

工程测试与信号分析在国外的发展情况可以从以下几个方面进行分析。

① 硬件与设备。高端示波器：美国泰克（Tektronix）和安捷伦（Agilent，现为 Keysight）公司生产的高端示波器在性能和功能上一直处于全球领先地位，这些公司不断推出高带宽、低噪声的示波器，以满足高精度测试需求。频谱分析仪：罗德与施瓦茨（Rohde & Schwarz）和安立（Anritsu）等公司在频谱分析仪市场占据重要地位，生产的设备具有高动态范围和宽频带，广泛应用于无线通信和电子战领域。复杂信号处理系统：国外在雷达、声呐等领域的信号处理系统技术非常成熟。例如，美国雷神公司和洛克希德·马丁公司开发的先进雷达系统，在军事和民用领域都有广泛应用。

② 软件与算法。高级算法：国外在快速傅里叶变换（FFT）、自适应滤波、小波变换等信号处理算法上有深厚的研究基础，并在实时信号处理和大数据分析中取得了重要进展。信号分析软件：MathWorks 公司开发的 MATLAB 和 Simulink 工具被广泛应用于工程测试和信号分析中，其具有强大的计算能力和丰富的功能模块。机器学习与人工智能：国外将机器学习和人工智能技术应用于信号处理，开发了许多用于信号分类、模式识别和预测的先进算法。

③ 通信行业。通信行业是信号分析技术的重要应用领域。5G 和 6G：欧美国家在 5G 研发中投入巨大，如美国的高通公司和欧洲的诺基亚、爱立信公司，在信道编码、波束成形、频谱分析等方面均有重大突破，并正在进行 6G 技术的前沿研究。卫星通信：国外在卫星通信中的信号分析技术也非常先进。例如，SpaceX 的 Starlink 项目依赖于复杂的信号处理技术，以实现高速互联网连接。

④ 信号分析在汽车工业、医疗设备、教育与研究中的应用也越来越重要。自动驾驶：特斯拉、Waymo 等公司在开发自动驾驶技术时，依赖于各种传感器（如激光雷达、摄像头等）的信号处理和分析技术。智能交通系统：欧美国家在智能交通系统的建设中，使用了大量的信号分析技术，用于交通信号优化、车联网技术等。医学成像：国外在 CT、MRI 等医学成像技术上有长期的研究和发展历史。例如，通用电气（GE）和飞利浦（Philips）等公司在医学成像设备的信号处理技术上有着全球领先的地位。生物信号分析：国外在心电图（ECG）、脑电图（EEG）等生物信号的分析和处理方面也有很多先进的技术和设备。例如，BioSemi

公司开发的高精度脑电图设备在神经科学研究中应用广泛。

⑤ 国外高校和研究机构在信号处理与分析领域有着悠久的研究历史。高校：麻省理工学院（MIT）、斯坦福大学、加州理工学院（Caltech）等顶尖高校在信号处理与分析方面有着世界领先的研究团队，并培养了大量的专业人才。研究机构：贝尔实验室、麻省理工学院的计算机科学与人工智能实验室（CSAIL）等研究机构在信号处理基础研究和应用研究方面取得了很多重要成果。

国外在工程测试与信号分析领域有着深厚的技术积累和广泛应用。国外工程测试与信号分析的发展将深度融合 AI、5G 和绿色技术，推动测试方法向智能化、网络化和可持续发展方向演进。同时，全球竞争与技术壁垒可能加速区域化创新。长期来看，开放合作是主流发展趋势。

1.1.3　工程测试与信号分析的未来发展趋势

当前，科技发展的趋势是智能化，而传感器是智能化的基础。传感器的发展日益朝着新型化、微型化、集成化、智能化方向发展。新敏感材料的发明、新检测机理的发现，将有力地推动传感器技术的进一步发展。微型化传感器在特殊应用场合具有极大的优势，而多功能集成化与微计算机芯片相结合的传感器智能化发展趋势也日益明显。与此同时，我国中高档传感器产品超 50% 从国外进口，部分高端传感器 80% 需要进口。传感器发展已上升至国家战略，传感器产业已成为战略性新兴产业的重要发展方向。关于高端测量仪器方面：我国长期被西方国家"卡脖子"，芯片约 70% 依靠进口，核心技术受制于人。因此，高端测量仪器也一直是我国科技发展的重点。这些现状对我国的科技工作者提出了严峻的挑战。近年来，我国的测试技术与应用也取得了一些突破性进展，如：在众多科研工作者的努力下，2018 年底我国北斗卫星开始提供全球服务，并支撑了我国的北斗导航定位系统；2019 年 1 月，华为正式发布天罡芯片、巴龙 5000 芯片等产品，展示了我国助力 5G 大规模快速部署的实力。

工程测试与信号分析的未来发展趋势可以从以下几个方面进行分析。

（1）新兴技术的应用：量子计算与量子信号处理

量子计算有望在未来对信号处理领域产生革命性的影响。潘建伟院士在 2020 年成功构建了 76 个光子的量子计算原型机"九章"，展示了量子计算的强大潜力。量子计算机能够处理传统计算机无法解决的复杂问题，提供更高效的算法，用于复杂信号分析。例如，量子傅里叶变换（QFT）比经典的傅里叶变换更快，可以应用于频谱分析和图像处理。

人工智能（AI）和机器学习（ML）将在信号处理和分析中发挥越来越重要的作用。深度学习（Deep Learning）和强化学习（Reinforcement Learning）等技术已经在图像识别、语音处理等领域取得了显著进展。未来，AI 和 ML 将被广泛应用于自动化信号分析、实时数据处理和预测分析中。

（2）硬件设备的发展：高性能传感器

传感器技术的发展将进一步推动信号分析的进步。未来的传感器将具有更高的灵敏度、更低的噪声和更快的响应速度。这些高性能传感器将在医学成像、环境监测、工业自动化等领域发挥重要作用。

测试设备将继续向更高频率、更宽带宽、更高精度的方向发展。例如，5G 和未来的 6G 需要极高频率和宽带宽的测试设备。随着这些新技术的应用，示波器、频谱分析仪等测试设备也将不断升级。

随着计算能力的提高，实时信号处理将成为可能。未来的信号处理系统将能够实时分析和处理大量数据，应用于自动驾驶、智能交通、无人机控制等领域。

大数据和云计算将进一步推动信号分析的发展。通过云平台进行大规模数据处理和存储，结合大数据分析技术，信号分析将能够处理和分析海量数据，提供更精确和深入的分析结果。

（3）产业应用的扩展：通信与网络

未来，信号分析技术将在通信和网络领域发挥更大作用。5G、6G 的发展将带来更多的频谱资源和更高的数据传输速率，信号分析技术将用于优化网络性能、提高频谱效率和保障通信安全。

在医疗健康领域，信号分析技术将进一步应用于医学成像、远程医疗和个性化医疗。对生物信号进行深入分析，可以实现早期疾病检测、实时健康监控和精准治疗。

智能制造是未来工业发展的方向，信号分析技术将在智能制造中发挥重要作用。对生产过程中各种信号进行分析，可以实现设备状态监测、故障预测和生产过程优化，提高生产效率和产品质量。

（4）教育与研究的深化：跨学科研究

信号分析领域的研究将更加跨学科化，结合计算机科学、物理学、数学、生物学等多学科的知识，推动信号分析技术的创新和发展。

未来的研究将更加注重开放与合作，建立开放式研究平台，促进全球范围内的学术交流与合作。共享研究资源和数据，有助于加速技术进步和创新。

量子计算、人工智能、高性能传感器、实时信号处理、大数据、云计算等新兴技术的应用，将推动信号分析领域的快速发展和广泛应用。随着这些技术的发展和融合，信号分析将为各个领域带来更多创新和突破。

1.1.4　工程测试技术的发展历程

（1）手工测试阶段（19 世纪初）

在 19 世纪初期，工程测试主要依赖于工程师和技术专家的亲身经验和直觉。在这个时候，工程实践更加注重手工制作和传统建造技艺。工程师通过亲身参与和观察来评估材料和结构的性能。

经验和直觉：工程师的决策主要基于他们自身的实践经验和对材料、结构性能的直观认识。这种方法是一种传统的、基于个人技能和经验的测试方式。

试错方法：由于缺乏系统性的测试方法，工程师通常采用试错的方式，通过不断尝试和调整来改进结构和材料的性能。

有限的测试工具：当时的测试工具相对有限，主要依赖于一些基础的测量仪器，如尺子、量角器等，如图 1.4 和图 1.5 所示。缺乏精确的仪器和测试设备限制了测试的准确性。

个体差异：由于缺乏标准化的测试方法，不同工程师可能会采用不同的测试方式，导致测试结果的不一致性。

这个阶段的工程测试主要是一种实践性的活动，基于传统技艺和个体经验。随着工程学科的不断发展和技术的进步，工程测试逐渐演变为更为系统和科学的过程。

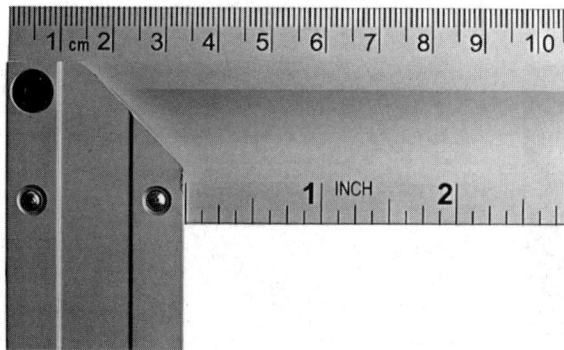

图 1.4 尺子

图 1.5 量角器

（2）标准化测试的引入（20 世纪初）

20 世纪初期，随着工程学科的发展和工业化的推进，对工程测试的需求不断增长。为了提高测试的一致性、可重复性和准确性，标准化测试方法逐渐被引入，标志着工程测试进入了一个更加系统和科学的阶段。

制定测试标准：为了确保测试的一致性，工程学界开始制定和推广测试标准，涵盖了材料强度、结构负载和其他关键性能参数。这些标准不仅提供了一套共同的测试方法，还为不同项目之间的比较提供了基准。

提高测试精度：标准化测试方法的引入有助于提高测试的精度。工程师可以依据标准进行测试，确保每次测试都以相似的条件进行，从而获得更为可靠的测试结果。

促进交流和合作：标准化测试方法的采用促进了工程领域内的信息交流和合作。不同工程团队可以更容易地理解和应用共同的测试标准，提高了跨团队和跨项目的协同效率。

推动工程学科发展：标准化测试方法的推广推动了工程学科的发展，使得工程领域能够更为系统地研究和应用测试结果，进一步促进了科技和工程技术的进步。

这个阶段的标准化测试为工程学的发展奠定了基础，为后续更先进的测试技术的引入创造了条件。

（3）非破坏性测试技术的兴起（20 世纪中期）

20 世纪中期，随着科技的进步，非破坏性测试技术（NDT）开始在工程测试中得到广泛应用。这一阶段的发展标志着工程测试的技术手段迈向更先进、更安全的方向。

超声波检测：超声波检测是一种常见的非破坏性测试技术，通过发送超声波来检测材料内部的缺陷、异物或结构问题。这种技术不仅可以用于金属材料，还可以用于混凝土、陶瓷等非金属材料。

磁粉检测：磁粉检测是一种用于检测表面和近表面缺陷的技术。通过在被测材料表面涂覆磁粉，可以在存在缺陷时观察到磁粉的聚集，从而定位和评估材料的问题，如图 1.6 所示。

X 射线检测：X 射线检测是一种透过材料的非破坏性测试方法，特别适用于检测金属和合金内部的缺陷。这种方法可以提供材料内部结构的高分辨率图像。

热成像技术：热成像技术利用红外辐射来检测温度差异，从而发现材料表面和结构的问题。这对于检测隐蔽的热问题、绝缘缺陷等非常有用，如图 1.7 所示。

提高安全性：非破坏性测试技术的引入大大提高了测试的安全性，因为它们不需要对结构或材料进行破坏性的干预。这在航空航天、核能、医疗等领域尤为重要。

图1.6 磁粉检测

图1.7 热成像技术

扩大检测范围：NDT技术扩大了工程测试的检测范围，不仅可以用于实验室环境中的材料研究，还可以应用于实际工程中的结构健康监测和维护。

这一阶段的发展为工程测试提供了更多的选择，使得工程师能够更全面地了解材料和结构的内部情况，从而更好地进行评估和维护。

（4）计算机辅助测试（20世纪末）

随着20世纪末计算机技术的迅速发展，工程测试进入了计算机辅助测试的时代。这一时期的变革标志着测试过程更加数字化、自动化和高效化。

计算机模拟：计算机辅助测试的一个关键方面是通过计算机模拟来模拟和分析材料和结构的性能。这使得工程师能够在虚拟环境中测试不同的场景和参数，以更好地了解系统的响应。

数字化数据采集：传感器和测量设备的数字化使得数据采集更为方便和精确。数字化数据可以通过计算机系统直接进行处理和分析，减少了人工处理的误差，提高了数据的准确性。

自动化测试设备：引入了自动化测试设备，使得测试过程更加高效。自动控制系统可以执行复杂的测试任务，减轻了工程师的工作负担，同时提高了测试的可重复性。

实时监测和反馈：计算机辅助测试使得实时监测和反馈成为可能。工程师可以实时获取测试结果，及时发现问题并进行调整，从而更好地保障结构的安全性和可靠性。

数据分析工具：引入了各种数据分析工具，包括统计分析、图像处理和机器学习等。这些工具可以帮助工程师更深入地理解测试数据，提取潜在的模式和规律，从而做出更科学的决策，如图1.8所示。

提高效率和准确性：计算机辅助测试的发展使得测试过程更高效、更自动化，大大提高了测试的效率和准确性。这对于大型工程项目和复杂系统的测试至关重要。

这一时期的变革使得工程测试从传统的手工操作和有限的数据分析发展为数字化、自动化、高效化的过程，为工程领域的科技进步奠定了基础。

（5）数据驱动的工程测试（21世纪初）

在21世纪初，随着大数据和机器学习技术的快速发展，工程测试逐渐朝着更为数据驱动的方向演变。这一阶段的特点是更广泛地应用数据分析和统计学原理，以优化工程测试的准确性和效率。

图 1.8　图像处理

　　大数据应用：工程测试开始利用大数据，通过收集和分析大量实时数据，以获取更全面、全局的结构和材料性能信息。大数据的应用使得工程师能够从更广泛的角度理解系统行为，如图 1.9 所示。

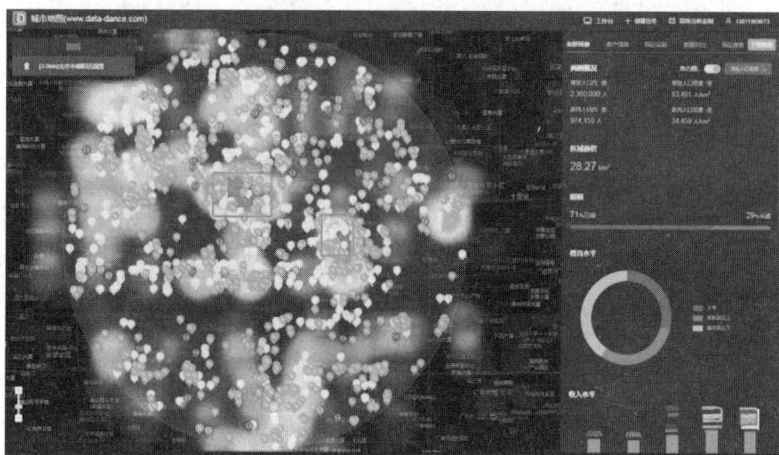

图 1.9　大数据分析

　　统计分析：统计分析在工程测试中变得更为重要。通过对大规模数据集的统计分析，工程师可以识别潜在的关联和趋势，从而更好地理解测试结果的可靠性和重要性。

　　机器学习：机器学习技术在工程测试中得到应用，用于模式识别、预测和决策支持。机器学习算法使得机器能够从大量数据中学习，并为工程师提供更准确的预测和更精细的问题诊断。

　　实时监测和反馈：数据驱动的工程测试强调实时性。例如，通过实时监测结构和材料的性能，工程师可以迅速识别潜在问题，并采取及时的措施，提高结构的安全性和可靠性。

定制化测试方案：基于数据分析的结果，工程师能够制定更为定制化的测试方案。这有助于针对具体项目或结构的特殊需求进行测试，提高了测试的适应性和效果。

整合多源数据：数据驱动的工程测试通常涉及整合多个数据源，包括传感器数据、实验室测试数据、历史数据等。综合分析这些数据，可以得到更全面、多维度的信息。

这一时期的工程测试强调更深入、更智能的数据分析，使得工程师能够更准确地评估结构和材料的性能，为更高级别的工程决策提供支持。

（6）物联网和智能传感器的应用

近年来，随着物联网（IoT）技术的飞速发展和智能传感器的广泛应用，工程测试进入了一个更加智能、实时的阶段。这一时期的特点是结构和材料的持续监测，以及通过物联网连接的智能传感器提供的实时反馈。

实时结构健康监测：物联网技术使得实时结构健康监测成为可能。智能传感器被部署在结构物上，可以实时监测振动、温度、湿度等参数，以评估结构物的健康状况。

远程监控：智能传感器通过物联网连接到云平台，实现了对结构和材料的远程监控。工程师可以通过云端实时访问和分析传感器数据，即使远离现场也能及时了解结构性能，如图1.10所示。

图 1.10 远程监控

预测性维护：结合物联网和数据分析，工程师可以采用预测性维护策略。通过分析传感器数据中的趋势和异常，可以预测潜在问题并提前采取维护措施，降低突发故障的风险。

智能传感器的多样性：智能传感器的种类不断增多，包括加速度计、倾斜传感器、温湿度传感器等。这些传感器能够提供更为详细和全面的结构信息，帮助工程师更全面地了解结构的性能。

自适应测试系统：物联网和智能传感器的结合促使测试系统更具自适应性。系统可以根据实时的监测结果自动调整测试频率、参数设置，以满足不同阶段的需求。

大规模网络部署：物联网使得大规模网络部署变得更为容易。大量的智能传感器可以部署在城市建筑、桥梁、道路等基础设施上，形成庞大的网络，实现对城市基础设施的全面监测。

这一时期的工程测试突出了智能化和实时性，为结构和材料的长期健康性能提供了更为全面的解决方案。物联网和智能传感器的应用使得工程师能够更及时、更全面地做出决策，从而提高了结构的安全性和可靠性。

1.2　工程测试的系统组成及信号分析的过程

1.2.1　测试过程和测试系统的组成

测试系统框图如图 1.11 所示。

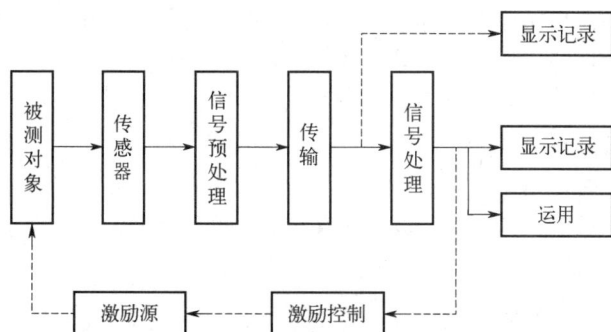

图 1.11　测试系统框图

测试系统主要由以下几部分组成。

（1）传感器

加速度传感器：用于测量物体的加速度，广泛应用于振动分析和结构健康监测。

应变计：用于测量物体的应变，为材料的力学性能和结构的变形提供关键信息。

温度传感器：用于监测温度变化，对材料性能和结构的稳定性有重要影响。

压力传感器：用于测量液体或气体的压力，适用于液压系统和流体力学研究。

（2）数据采集设备

模拟-数字转换器（A/D 转换器）：将传感器输出的模拟信号转换为数字信号，通常以高精度和高采样率进行。

数据采集卡：用于接收和处理来自传感器的数字信号，通常与计算机连接。

（3）数据处理单元

计算机：用于执行数据处理、分析和存储任务。

专用数据处理硬件：在某些高性能测试系统中可能使用专门的硬件，如数字信号处理器（DSP）或图形处理器（GPU）。

（4）输出显示/存储单元

显示器：用于实时显示数据趋势、图形和分析结果。

打印机：用于生成纸质报告。

存储设备：用于长期保存原始数据和处理结果，包括硬盘、云存储等。

1.2.2 测试工作的任务

信号测试是一项重要的工作,主要用于检测和评估无线通信系统中的信号质量和性能。该工作涉及使用专业的测试设备和软件进行各种类型的测试,以验证系统是否满足设计要求和用户需求。信号测试工程师负责规划、执行和分析这些测试,并根据结果提出改进建议。测试工作的任务如下。

(1)设计测试方案

在进行信号测试之前,信号测试工程师需要根据项目需求和系统规格,设计详细的测试方案。这包括确定要进行的各种测试类型、所需的测试设备和软件,以及测试参数的设置。

(2)进行现场调试

信号测试工程师需要前往现场进行实际的信号调试。他们会使用专业的仪器设备,如频谱分析仪、信号发生器等,对无线通信系统进行测量。测量对象包括功率、频率、带宽、误码率等指标。

(3)数据采集与分析

在进行现场调试时,信号测试工程师会收集大量数据,包括原始测量数据和其他相关信息。他们需要对这些数据进行分析,以评估系统的性能和质量。他们可能会使用数据分析软件,如 MATLAB 或 Python,来处理和可视化数据。

(4)故障排除与问题解决

如果在信号测试过程中发现系统存在问题或异常,信号测试工程师需要进行故障排除和问题解决。他们会使用各种技术手段,如查看日志、分析报错信息等,来确定问题的根本原因,并提出相应的解决方案。

(5)编写测试报告

信号测试工程师需要根据测试结果编写详细的测试报告。这些报告应包括测试目的、方法、结果和结论等内容。他们还可能需要向其他团队成员或客户进行口头或书面的技术交流,以解释测试结果并提出改进建议。

(6)跟踪技术发展

作为一个专业领域,无线通信技术不断发展和演进。信号测试工程师需要持续跟踪技术发展的最新动态,并了解新的测试方法和设备。他们可能需要学习新的技术知识,并在实际工作中应用这些知识。

1.2.3 信号分析的过程

信号分析的详细过程如图 1.12 所示。

图1.12 信号分析的详细过程框图

① 信号采集：传感器测量物理量，产生模拟信号。

② 模拟-数字转换：A/D 转换器将模拟信号转换为数字形式，保持高精度和高采样率。

③ 数据预处理：数据预处理包括去噪、滤波和校准，以确保得到的数据准确无误。

④ 信号处理：时域分析，包括时钟图、时程图，用于分析信号的时间特性。

频域分析：使用傅里叶变换等方法，揭示信号的频率分布。

滤波：通过滤波操作去除噪声或特定频率的成分。

峰值检测：确定信号中的峰值或特征点。

⑤ 数据解释和分析：解释处理后的信号，识别异常、特征点或趋势；分析信号的波形、频谱等特性，以提取关键信息。

⑥ 结果显示和存储：将处理后的数据结果以图形、表格等形式显示。存储处理结果，用于后续的比较、趋势分析或报告生成。

整个信号分析过程旨在从原始数据中提取有用的信息，帮助工程师更深入地理解被测系统的性能、健康状态以及存在的问题。这包括对信号的时域和频域的分析，滤波处理，以及对特定特征的识别和解释。

1.3 课程对象和要求

测试技术与信号分析是一门高度综合性的技术领域，它融合了机电一体化、软硬件结合的设计理念，形成了自动化、智能化的现代测试系统。这一领域广泛涉及传感技术、微电子技术、控制技术、计算机技术、信号处理技术以及精密机械设计理论等多个技术层面。因此，测试工作者需要具备深厚的跨学科知识背景，涵盖力学、机械学、电学、信号处理、自动控制、计算机科学以及数学等多个学科。同时，测试技术作为实验科学的一个重要分支，在学习过程中，必须将理论学习与实验操作紧密结合，通过必要的实验训练，掌握基本的实验技能。

"工程测试与信号分析"课程学习要求如下：

① 对工程测试工作的概貌和思路有一个比较完整的概念，对工程测试系统及其各环节有一个比较清楚的认识，并能将其初步运用于工程中某些静、动态参量的测试和产品或结构的动态特性试验。

② 了解常用传感器、中间转换放大器的工作原理和性能，并能依据测试工作的具体要求较为合理地选用。

③ 掌握测试装置静、动态特性的评价、测试方法，测试装置实现不失真测量的条件，并能将其正确地运用于测试装置的分析和选择。

④ 掌握信号在基本变换域的描述方法，包括信号模拟分析、信号数字分析。

⑤ 掌握测试系统和信号分析处理软件系统的基本原理和使用方法。

⑥ 能对机械工程中某些静、动态参数的测试自行选择、设计测试仪器仪表，组建测试系统和确定测试方法，并能对测试结果进行必要的数据处理。

1.4 教学目标和基本理念

确立知识传授、能力培养、价值塑造三位一体的课程教学目标，通过课上和课外完成相关综述的研究，让学生增强爱党爱国的责任心和努力学习的使命感，具体分为以下三个方面。

（1）知识层面

具有应用工程测试和信号分析的基本理论和基本知识的能力。掌握工程测试系统的基本组成、信号采集方法并且能建立相关数学模型对信号进行分析，进一步提高工程测试技术的应用水平。

（2）技能层面

能够运用所学理论知识，分析、理解工程测试和信号分析的基本概念和基本方法，能够使用 MATLAB 软件对信号进行分析处理，能够解决机电一体化产品设计制造中的复杂工程问题。

（3）素养层面

具备良好的工程素养、职业道德，树立知识报国、为人民服务的理念。

习题

（1）什么是测试技术？

（2）什么是信号？请举一个日常生活中的例子。

（3）简述测试、测量、试验和数据处理的关系。

（4）什么是周期信号？请给出一个简单的例子。

（5）什么是信号？信号的物理形态有哪些？

（6）如果一个信号的频谱是离散的，则该信号的频率成分是什么？

（7）在信号采集过程中，如何减少噪声干扰？

（8）在工程测试和信号分析方面的中国科学家有哪些？他们做了哪些贡献？

（9）完成一篇与测试技术和信号分析相关的综述性文章。

本书配套资源

第 2 章
信号分析基础

信号分析是对信号基本性质的研究和表征的过程。它涉及通过解析或者测试方法研究信号的特征，以了解其随时间或者频率变化的规律。例如，在平衡信号分析中，复杂信号可以被分解为简单的分量或用有限的参量表示，从而分析信号的特征。此外，脑电信号分析在临床医学和工程应用中也有广泛的应用，包括使用频域分析和时域分析等方法来处理和理解脑电信号。随机信号分析则侧重于通信系统中的随机信号，利用概率论研究其统计规律性。信号分析还包含了信号的变换、数字处理、随机信号处理等多个方面。

本章学习目标

（1）理论基础与概念理解

信号基础理论：深入理解信号的分类、性质及表示方法，包括连续信号与离散信号、时域信号与频域信号、确定性信号与随机信号等基本概念。

信号处理原理：掌握信号处理的基本原理，包括信号采样定理、信号滤波、调制与解调、相关分析、频谱分析等关键概念和技术。

（2）专业技能培养

信号采集与预处理：学习并掌握信号采集设备的原理和使用方法，熟悉信号预处理技术，包括噪声抑制、滤波、信号放大等，以提高信号质量。

信号分析方法与工具：熟练掌握时域分析、频域分析、小波分析、相关分析等多种信号分析方法，并学会使用 MATLAB、LabVIEW 等工程软件进行信号处理和数据分析。

测试系统设计与优化：理解测试系统的组成与特性，能够针对具体测试任务设计合理的测试方案，优化测试系统以提高信号捕捉的准确性和稳定性。

（3）综合素质提升

团队协作精神：在团队项目中，培养与他人的有效沟通和协作能力，共同完成测试信号分析任务。

责任意识与职业道德：学习于敏等科学家的奉献精神和严谨的科学态度，树立正确的职业观和道德观，为国家和社会的科技进步贡献自己的力量。

持续学习能力：关注工程测试信号分析领域的最新动态和技术发展，培养自主学习和持续学习的能力，以适应不断变化的技术环境。

2.1 工程测试信号分析与处理技术简介

随着科技的进步，测试技术在生产和科研中的应用日益广泛，尤其是在信息收集、处理及应用方面，已成为信息领域的关键支撑技术。这一技术过程基于被测对象的特性，运用相应的传感器将物理量转换为电信号（随时间改变的电压或电流），进而根据特定目标对这些信号进行分析和处理，以揭示被测对象的内在规律。因此，信号的分析与处理构成了测试技术研究的核心部分。

信号分析与处理技术涵盖模拟与数字两大分支。模拟信号处理以其即时性见长，而数字信号处理在精度、稳定性、可靠性、编程便利性及处理灵活性方面展现出了显著优势，因此在信号处理领域内广受青睐。加之近年来电子与计算机技术的迅猛进步，数字信号处理的软硬件资源已相当充裕，且计算速度足以满足实时处理需求。鉴于此，当前大多数测试信号的分析与处理系统均倾向于采用数字信号处理技术。本书的重点即在于阐述数字信号的分析与处理的相关知识。

测试信号的分析与处理技术在当今众多工程领域中已成为技术人员不可或缺的技能。随着数字信号处理理论的日益成熟及高效算法的持续优化，特别是数字信号处理器（DSP）芯片的飞速进步，该技术的应用范围正迅速扩大。DSP 芯片已成为推动产品创新、提升产品性能的核心组件。

测试信号分析与处理的应用领域有：机械振动信号处理与故障分析；医学中的诊断成像（CT、MR、超声波）、心电图信号分析以及成像存储和恢复；语音信号的检测、分析与语音识别；军事领域测试信号的处理和分析，如导航、制导系统中陀螺漂移信号的处理，全球卫星定位系统 GPS 的信号处理，雷达和声呐信号的分析与目标识别；科学研究中的信号分析与处理，如空间高能粒子辐射信号的获取与分析，光谱分析等；地震信号的获取与分析；数据压缩以及实时处理，信号多路传输、滤波等；工业过程控制中的各种传感信号的分析与处理；图像处理。

尽管测试信号分析与处理技术的应用非常广泛，但其在测试领域的主要功能归纳起来主要有 3 个：信号的谱分析、信号的滤波和信号的特征抽取。

2.2 信号及其分类

2.2.1 信号的概念

信号的概念渗透于各个层面，以不同方式承载着具体的信息。在古代战场上，击鼓与鸣金被用作指示前进或撤退的信号，烽火则作为紧急警告，告知敌人入侵的消息。在现代，交通信号灯则以不同颜色传递停止或前行的指令。

广义而言，任何物体的运动或状态变化均可视为信号，各自承载着不同的信息。对于待测对象，其运动或状态变化常可通过一个或多个随时间变化的物理量来描述。因此，信号常被视作时间的函数，例如日气温波动、飞机飞行高度变化、弹簧振动位移变化等。此外，信号亦能以其他独立变量为基准表示，如大气压力与高度的关系、物体速度与受力的关系、电阻电流与电压的关系，以及图像亮度与平面坐标 (x, y) 的对应关系等。

简而言之，信号是传递信息的载体，而非信息的本质。对信号进行解析和处理，方能获取其中的有用信息。

2.2.2 信号的分类

信号可根据不同标准进行分类，如按物理特性分为电信号、光信号、声信号等；或按能量状态分为能量受限信号和功率受限信号等。但在测试信号分析与处理领域，更常依据信号的本质及其随时间变化的特点来进行分类。

（1）确定信号与随机信号

确定信号是指能用具体数学公式来表述的信号，如指数信号、正弦信号、阶跃信号等，如图 2.1 所示。这类信号的变化规律是已知的，能够通过数学手段进行精确的分析和描述。

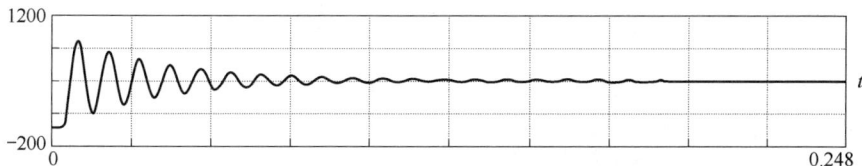

图 2.1 确定信号[$x(t) = \mathrm{e}^{-Bt} A\sin(2\pi ft)$]

随机信号是指其变化具有不可预测性和不确定性的信号，如图 2.2 所示。这类信号的变化模式不能用具体的数学公式来精确描述，而是需要通过概率统计的方法来研究。比如，太阳黑子的时间变化、河流水位的季节性波动等都属于随机信号的范畴。

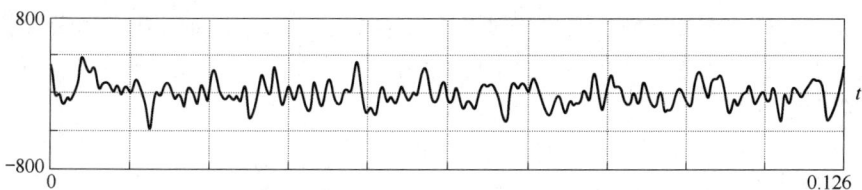

图 2.2 随机信号[$x(t) = \mathrm{rand}(1000)$]

本书将主要关注确定信号的分析。

（2）周期信号与非周期信号

周期信号是指经过一定的周期 T，又精确重复出现的信号，如图 2.3 所示。周期信号可表示为

$$f(t) = f(t + nT), \quad n = 0, \pm 1, \pm 2, \cdots, \pm \infty \tag{2.1}$$

周期信号是无始无终的信号，信号理论中的"无始"意味时间是从 $t = -\infty$ 开始的，而"无终"则意味着截止时间是 $t = +\infty$。因此，如果一个信号自 $t = 0$ 开始周期重复，不能当作周期

信号。但是，只要了解周期信号在一个周期内的特性，也就可以了解到它所具有的全部特性。

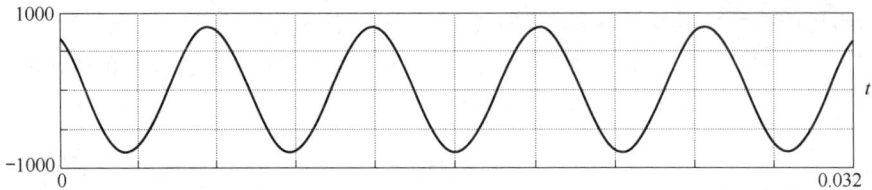

图2.3 周期信号[$x(t) = x(t + nT)$]

非周期信号不具有周期信号的特点，如图2.4所示。例如，指数信号就是非周期信号。

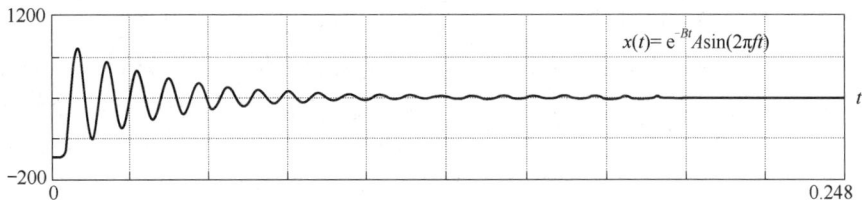

$$x(t) = e^{-Bt} A\sin(2\pi ft)$$

图2.4 非周期信号

（3）连续时间信号与离散时间信号

通常，信号的独立变量——时间，可以是连续的，也可以是间断的。相应地，信号的幅值也可以是连续的或间断的。基于时间的连续性或间断性，信号被划分为连续时间信号和离散时间信号。

在某一时间范围内，除了极少数不连续的点外，信号在每个连续的时间点上都有确定的幅值，这样的信号被称为连续时间信号，简称连续信号。若其幅值连续变化，则称为模拟信号；若其幅值以离散形式存在，则称为具有离散幅值的连续信号，或称为量化信号。

模拟信号与量化信号均属于连续时间信号的范畴，如图2.5所示。在实际应用中，"连续时间信号"与"模拟信号"这两个术语常可互换使用。而在与"数字"概念相对时，更常采用"模拟"这一表述。

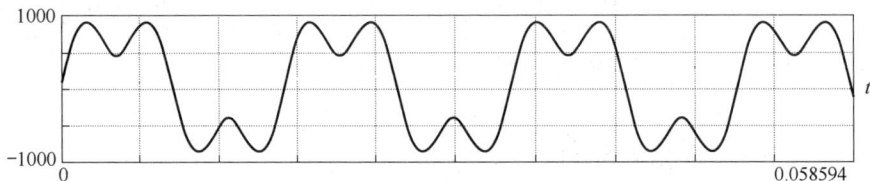

图2.5 连续时间信号

离散时间信号的时间域是离散的，简称离散信号，它仅在时间的特定离散点上被定义，如图2.6所示。通常，离散信号采用均匀的时间间隔，其定义域构成一个整数集合。离散信号常用 $x(n)$ 来表示，其中 n 为整数，代表序号，因此也被称为序列信号。

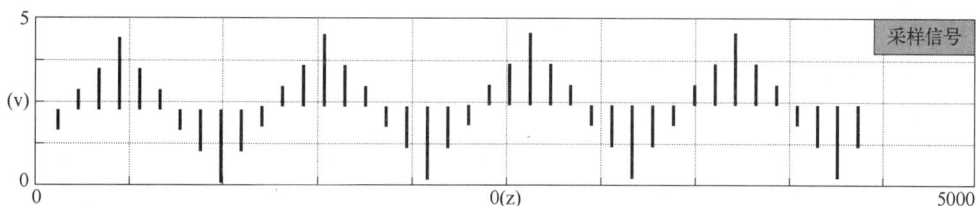

图 2.6　离散时间信号

当一个信号的幅值保持连续，而时间变量变为离散时，该信号被称为抽样信号。这可以被视为在离散时间点上对模拟信号进行的采样。采样是抽样的另一种说法。

若一个信号在时间和幅值上均呈现离散特性，则称其为数字信号。由于数字信号在时间和幅值上都是离散的，所以它适合用计算机进行处理。

（4）奇异信号

当信号函数或其导数、积分存在不连续点时，该信号被称为奇异信号。实际中的信号可能较为复杂，但经过一定条件的理想化处理，常可用一些简单的典型信号来近似表示。其中，冲激信号和阶跃信号是最为常用的两种奇异信号。

2.3　工程测试信号的描述

测试信号一般指的是被测物体运动或状态变化所发出的信号。这些信号既可以通过数学公式来描述，也可以通过图形、图表等方式来展示。例如，图 2.7 就是用图形方式表示的某发动机的振动信号，它显示了发动机振动幅度（已转换为电压信号）随时间的变化情况。

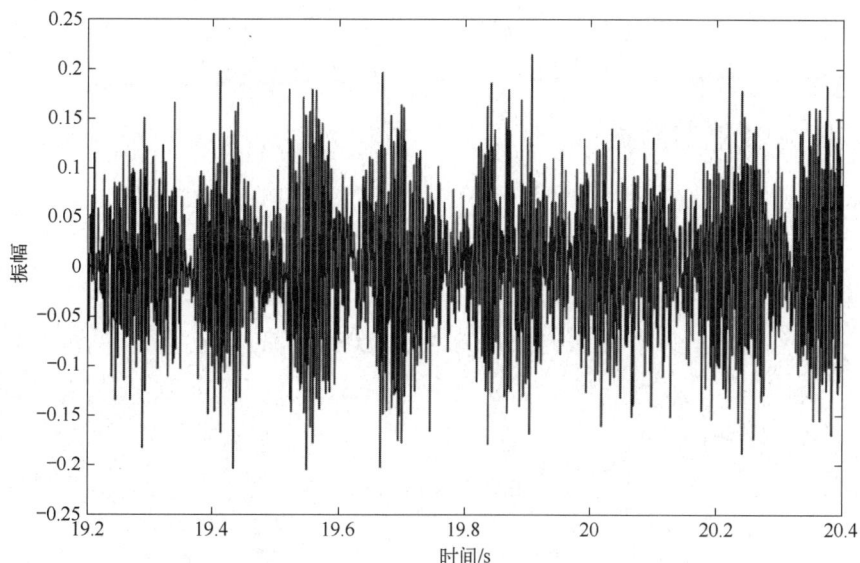

图 2.7　用图形方式表示的某发动机的振动信号

在工程测试领域，部分测试信号能够用数学公式精确表达，但多数测试信号仅能依靠数学公式进行近似描述。为了更有效地分析和处理这些测试信号，接下来将介绍几种工程实践中常见的基础信号（或函数）。

（1）连续时间信号的描述

① 复指数信号

$$f(t) = ke^{st} = ke^{(\sigma + j\omega)t} \tag{2.2}$$

式中，k 为信号的幅度；s 为复频率，$s = \sigma + j\omega$；σ 为衰减系数；ω 为角频率；k、σ 与 ω 皆为实数。

复指数信号的一般展开式为

$$f(t) = ke^{\sigma t}[\cos(\omega t) + j\sin(\omega t)] \tag{2.3}$$

实际上，复指数信号并不存在，但它概括了多种信号。显然，若 $\omega = 0$，则 $s = \sigma$，当 $\sigma > 0$ 时，表示指数增长函数；当 $\sigma = 0$ 时，表示一个常数；当 $\sigma < 0$ 时，表示指数衰减函数。

若 $\sigma = 0$，则 $s = j\omega$，此时

$$f(t) = k[\cos(\omega t) + j\sin(\omega t)] \tag{2.4}$$

它的实部代表余弦函数，虚部代表正弦函数。复指数信号是一种非常重要的基本信号。图 2.8 给出了当参数变化时复指数信号对应的某些波形。

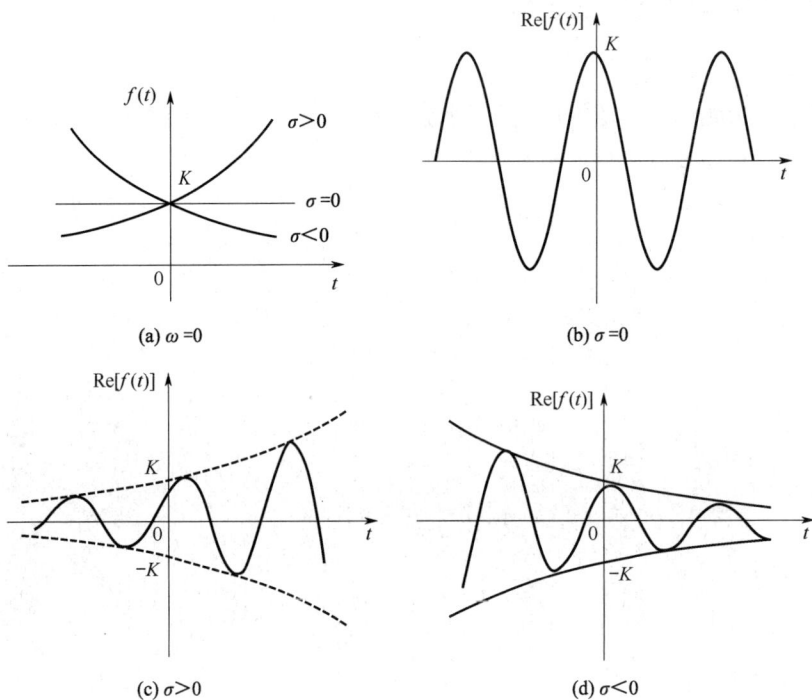

图 2.8 复指数信号

② 抽样函数

$$\text{sinc}(t) = \frac{\sin t}{t} \tag{2.5}$$

抽样函数是一个偶函数，在时间轴正、负两个方向上其振幅都逐渐衰减。当 $t=\pm\pi,\pm2\pi,\cdots,\pm n\pi$ 时，函数值等于零，但定义 $\mathrm{sinc}(0)=1$。图 2.9 为抽样函数。

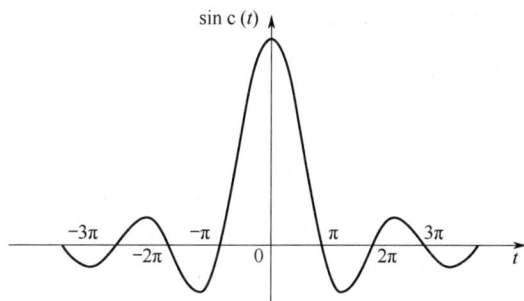

图 2.9　抽样函数

抽样函数具有以下特性：

$$\int_0^\infty \mathrm{sinc}(t)\mathrm{d}t = \frac{\pi}{2} \tag{2.6}$$

$$\int_{-\infty}^\infty \mathrm{sinc}(t)\mathrm{d}t = \pi \tag{2.7}$$

（2）离散时间信号的描述

无论是采样得到的离散信号，还是客观事物给出的离散信号，只要给出函数值的离散时刻是等间隔的，都可以用序列 $x(n)$ 来表示它们，这里 n 是各函数值在序列中出现的序号。

通常可以用 $x(n)$ 在整个定义域内的一组有序数列的集合 $\{x(n)\}$ 来表示一个离散信号，例如

$$\{x(n)\}=\{\cdots,0,1,2,3,4,3,2,1,0,\cdots\}(n=0) \tag{2.8}$$

式（2.8）表示了一个离散信号，n 值规定为自左向右逐一递增。显然，这里 $x(0)=4,x(1)=3,\cdots$。如果 $x(n)$ 有闭式表达式，离散信号也可以用闭式表达式表示。例如，上述的离散信号可表示为

$$x(n)=\begin{cases}0, & 4\leqslant n<\infty \\ 4-n, & 0\leqslant n<4 \\ 4+n, & -3\leqslant n<0 \\ 0, & \infty<n<-3\end{cases} \tag{2.9}$$

或者表示为

$$x(n)=4-|n|,\ |n|\leqslant 3 \tag{2.10}$$

式中，对 $|n|>3$ 的 $x(n)$ 值默认为零，如图 2.10 所示。

与连续信号类似，离散信号的能量也可定义

$$W=\sum_{n=-\infty}^\infty |x(n)|^2 \tag{2.11}$$

常见的序列有单位抽样序列、单位阶跃序

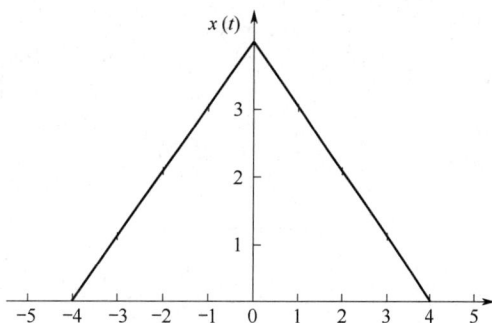

图 2.10　离散信号

列、斜变序列、正弦序列及复指数序列等。

2.4 信号分析中的常用函数

（1）斜坡信号

温度计的时间常数是指由于被测量的比例变化，温度计输出上升到最终值的 63.2%所需的时间。温度计的响应时间是指激励发生突变时刻起，直至响应到达某一规定时刻为止的时间间隔。图 2.11 所示为温度计时间常数测量仪。

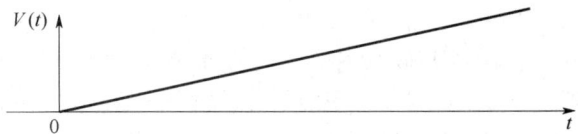

斜坡信号是指在 $t < 0$ 时，信号量恒为 0，在 $t > 0$ 时，函数值与自变量成比例关系：

图 2.12 为斜坡信号的一个案例。

$$V(t) = \begin{cases} t, & t > 0 \\ 0, & t < 0 \end{cases}$$

图 2.11 温度计时间常数测量仪

图 2.12 斜坡信号

（2）单位阶跃信号

$$u(t) = \begin{cases} 1, & t > 0 \\ 0, & t < 0 \end{cases} \tag{2.12}$$

在跳变点 $t = 0$ 处，函数值无定义，或在 $t = 0$ 处用 $u(t)$ 的左右极限的平均值来规定函数值 $u(0) = \dfrac{1}{2}$。对于一个具有延时 t_0 的单位阶跃函数可以表示为

$$u(t - t_0) = \begin{cases} 1, & t > 0 \\ 0, & t < 0 \end{cases} \tag{2.13}$$

图 2.13 与图 2.14 分别为单位阶跃函数和延时单位阶跃函数。

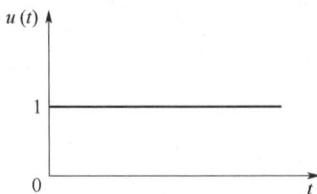

图 2.13 单位阶跃函数

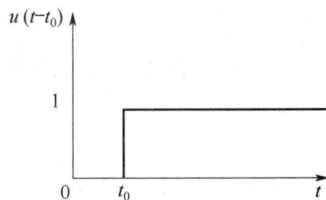

图 2.14 延时单位阶跃函数

在信号分析中，常用阶跃函数和延时阶跃函数表示函数的定义域。例如，图 2.15 所示的幅值为 1、宽度为 τ 的矩形脉冲可表示为

$$\text{Rect}\left(\frac{t}{\tau}\right) = u\left(t + \frac{\tau}{2}\right) - u\left(t - \frac{\tau}{2}\right) \qquad (2.14)$$

该函数有时候被称作窗函数或门函数，τ 被叫作窗宽或门宽。

利用阶跃函数还可以表示符号函数，如图 2.16 所示。符号函数 $\text{sgn}(t)$ 的表示方法如下：

$$\text{sgn}(t) = \begin{cases} 1, & t > 0 \\ -1, & t < 0 \end{cases} \qquad (2.15)$$

符号函数在跳变点的值一般也不予以定义，或定义为 0。显然

$$\text{sgn}(t) = 2u(t) - 1 \qquad (2.16)$$

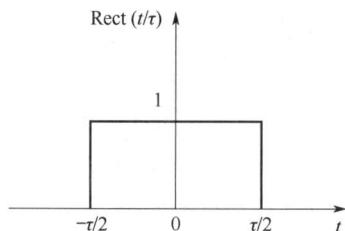

图 2.15　窗函数

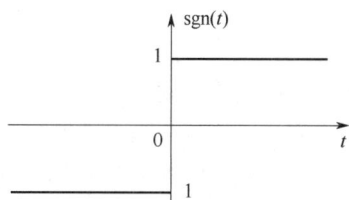

图 2.16　符号函数

（3）单位冲激函数

夏季常见的自然现象——闪电，它会在极短时间内释放巨大能量，这种现象可抽象为单位冲激函数的概念。类似地，一些物理现象，比如力学中的瞬间冲击力或模数转换中的采样脉冲信号，它们的特点都是作用时间极短但取值极大。这类现象通常可以通过单位冲激函数 $\delta(t)$（又称作狄拉克函数）来进行描述。

$$\begin{cases} \int_{-\infty}^{\infty} \delta(t)\mathrm{d}t = 1 \\ \delta(t) = 0, t \neq 0 \end{cases} \qquad (2.17)$$

单位冲激信号也可以利用规则信号（如对称矩形脉冲或三角脉冲信号等）"在保证面积不变的前提下使宽度取极限 0"的逼近方法来定义。

图 2.17 所示为宽度为 τ、高度为 $1/\tau$ 的矩形脉冲，当 τ 趋于 0 时，脉冲的幅度趋于无穷大，但其面积为 1 保持不变。所以，单位冲激函数也可以表示为

$$\delta(t) = \lim_{\tau \to 0} \frac{1}{\tau}\left[u\left(t + \frac{\tau}{2}\right) - u\left(t - \frac{\tau}{2}\right)\right] \qquad (2.18)$$

图 2.17　矩形脉冲

从极限角度看

$$\delta(t) = \begin{cases} \infty, & t = 0 \\ 0, & t \neq 0 \end{cases} \qquad (2.19)$$

从面积的角度看

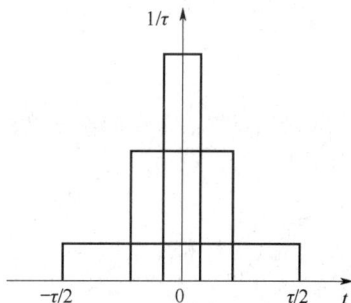

$$\int_{-\infty}^{\infty} \delta(t)\mathrm{d}t = \lim_{n \to \infty}\int_{-\infty}^{\infty} S_\varepsilon \mathrm{d}t = 1 \tag{2.20}$$

单位冲激函数一般用箭头表示，如图 2.18 所示。

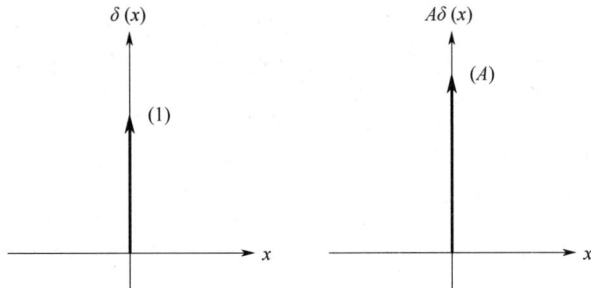

图 2.18 单位冲激函数

在信号分析中经常用到单位冲激函数，它有一些特殊的性质，这些性质的采用常可使被分析问题大大简化。单位冲激函数的性质有：

① 对称性。单位冲激函数是偶函数，因为对任意的 t，$\delta(t) = \delta(-t)$。

② 抽样特性（筛选特性）。根据"函数相乘定义为函数的逐点相乘"，很容易得到

$$x(t)\delta(t-t_0) = x(t_0)\delta(t-t_0) \tag{2.21}$$

再利用式（2.20），得出

$$\int_{-\infty}^{\infty} x(t)\delta(t-t_0)\mathrm{d}t = x(t_0) \tag{2.22}$$

这就是单位冲激信号的"抽样（筛选）特性"。

③ 微积分特性。由 $\delta(t)$ 函数的定义可知：

$$\begin{cases} \displaystyle\int_{-\infty}^{t} \delta(\tau)\mathrm{d}\tau = 1, & t > 0 \\ \displaystyle\int_{-\infty}^{t} \delta(\tau)\mathrm{d}\tau = 0, & t < 0 \end{cases} \tag{2.23}$$

将两个式子结合，可得

$$\int_{-\infty}^{t} \delta(\tau)\mathrm{d}\tau = u(t) \tag{2.24}$$

所以反之，单位阶跃函数的微分等于单位冲激函数

$$\frac{\mathrm{d}u(t)}{\mathrm{d}t} = \delta(t) \tag{2.25}$$

阶跃信号和冲激信号具有不连续的值，它们都属于奇异信号。

2.5 信号与系统

（1）信号与系统的关系

信号的分析与处理离不开系统的概念，因为信号产生于系统，并通过系统进行传输或转

换，所以脱离系统单独讨论信号是不完整的。通过分析系统的输入与输出信号，可以建立系统的数学模型或了解系统的特性。系统是由相互关联、相互制约的元素构成的整体，旨在实现特定功能。系统的范畴广泛，依据研究对象的不同，系统可以涵盖全球经济网络、单个传感器等，既包括物理系统也涵盖非物理系统，既有人工系统也有自然系统。例如，计算机网络属于人工系统，经济组织则属于非物理系统，而我们关注的测试系统、控制系统等则属于物理系统。

在测试技术领域中，系统通常涵盖被测系统与测试系统两大类。被测系统指的是待测量的对象，而测试系统则是用来将被测对象的多种参数自动转化为可直接观测的指示值或信号的装置。从广义上讲，被测系统与测试系统统称为系统。

从信号的角度来看，系统的输入称为"输入信号"，输出则称为"输出信号"，两者统称为"测试信号"。测试的核心任务是借助各类测试系统精确测量被测对象的各项参数，获取测试信号，并进行相应的分析处理。可以说，利用测试系统进行参数测试的整个过程就是信号的流动过程，涉及信号的获取、存储、分析、处理、变换、显示等环节。只有对信号进行适当的分析和处理，才能明确测试系统及其各部分的要求，验证其性能，从而确保测试的质量和效率。

与信号的分类相匹配，系统也相应地分为连续时间系统与离散时间系统，或者可以说成模拟系统与数字系统。

一般而言，用于信号分析和处理的测试系统被称为信号处理系统。典型的信号处理系统包括模拟或数字滤波器，以及更广泛意义上的其他滤波器。这些系统可以划分为两大类：模拟信号处理系统和数字信号处理系统。

① 模拟信号处理系统。模拟信号处理系统如图 2.19 所示。图中，系统的输入 $x(t)$ 和输出 $y(t)$ 都是模拟信号。常用的模拟系统有：模拟电路系统（R，L，C 等）、机械系统以及机电混合系统等。

图 2.19　模拟信号处理系统

② 数字信号处理系统。数字信号处理系统如图 2.20 所示。A/D 转换器将模拟信号转化为数字信号输出，D/A 转换器则将数字信号转化为模拟信号输出。图示中的通用或专用计算机可以是数字计算机、微型计算机或单片机，它们通过软件编程对输入信号 $x(n)$ 进行解析和处理，这属于软件实现途径。另一种途径则是利用基础数字硬件构建专用处理器，或采用专用的数字信号处理芯片作为处理器。还有一种流行的数字信号处理器是专为信号处理设计的通用芯片，它内置了专门执行信号处理算法的硬件组件（如乘法累加器、位翻转硬件等），并通过架构设计支持流水线操作模式、并行处理、多总线数据传输，并配备有专门的信号处理指令集。采用这种数字信号处理器，既具备实时处理的优势，又兼具软件实现的灵活性和多功能性，是一种关键的数字信号处理实现方式。

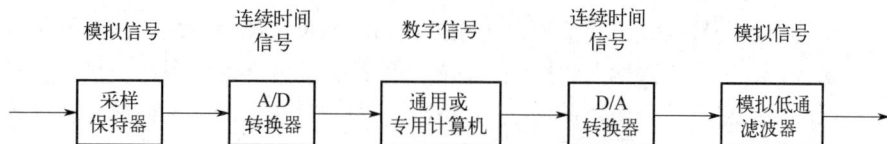

图 2.20　模拟信号处理系统

常用的数字信号处理芯片有两种类型：一种是专用 DSP 芯片，一种是通用 DSP 芯片。

专用 DSP 芯片常用的有：用于横向滤波器的 INMOS 公司的 A100、PLESSY 公司的 PDSP 16256 等；用于快速傅里叶变换的 PLESSY 公司的 PDSP16510、AUSTEK 公司的 A41102；还有用于复乘-累加以及求模/相角等的专用 DSP 芯片。

通用 DSP 芯片常用的有：TI 公司的 TMS320C1X/C2X/C2XX/C54X/C62X 系列定点制 DSP 芯片、TMS320C3X/C4X/C8X/C67X 系列浮点制 DSP 芯片，AD 公司的 ADSP21XX 定点制 DSP 芯片、ADSP21020/2106X/21160 系列浮点制 DSP 芯片，AT&T（现名 LUCENT）公司的 DSP32C/3210、DSP96002 浮点制 DSP 芯片等。

相较于模拟信号处理系统，数字信号处理系统在多方面展现出优势，因此，在当前的大多数信号处理应用中，数字信号处理系统成为了主流选择。

（2）系统的主要性质

测试系统的设计旨在实现信号的获取、分析、传输、变换和处理。系统类型多样，各自基于不同的理论构建。若仅从数学模型的抽象层面来看，它们都具有满足特定微分方程或差分方程的共性。接下来，根据系统的数学模型，简要阐述系统的主要特性。

① 线性与非线性。满足叠加性（可加性）与齐次性（均性）的系统称为线性系统，否则称为非线性系统。

设 $x(t)$ 和 $y(t)$ 分别表示系统 $f(x)$ 的输入和输出，如果

$$y_1(t) = f[x_1(t)] \qquad y_2(t) = f[x_2(t)] \tag{2.26}$$

则叠加行表示为

$$f[x_1(t) + x_2(t)] = y_1(t) + y_2(t) \tag{2.27}$$

则齐次性表示为

$$f[ax_1(t)] = ay_1(t) \qquad 或 \qquad f[bx_2(t)] = by_2(t) \tag{2.28}$$

式中，a、b 为任意常数。

上面两式也可统一表示为

$$f[ax_1(t) + bx_2(t)] = ay_1(t) + by_2(t) \tag{2.29}$$

②记忆性。若系统的输出仅由当前时刻的输入决定，而不受系统过去状态（历史）的影响，则该系统被称为无记忆系统或即时系统。举例来说，仅包含电阻元件的系统就是一种无记忆系统。

若系统的输出不仅由当前时刻的输入决定，还与其过去的工作状态相关联，则该系统被称为记忆系统或动态系统。例如，包含电容、电感等元件的电路，以及配备有寄存器、累加器等记忆元件的系统，均属于记忆系统。

③ 因果系统与非因果系统。如果一个系统的输出在任何时刻都仅依赖于当前的输入以及之前的输入，那么该系统被称为因果系统。无记忆系统的输出仅与当前输入相关，因此它们也属于因果系统。所有物理上可实现的系统，其输出均不会早于输入出现，因此同样被视为因果系统。换言之，因果系统不具备预测未来的能力。相反，如果系统的输出不仅依赖于当前和过去的输入，还受到未来输入的影响，那么该系统被称为非因果系统。尽管如此，非因果系统在实际应用中也有其价值，例如在人口统计、股票市场预测以及数据处理等领域，有时使用非因果系统会更为便捷。

④ 时不变系统与时变系统（移不变系统与移变系统）。若系统的输入在时间轴上发生平移，而其输出也随之发生相同的时间平移，这样的系统被称为时不变系统或移不变系统。反

之，若输出不随输入的时间平移而平移，则该系统被称为时变系统或移变系统。时不变系统的特性可以描述如下：

如果

$$y(t) = f[x(t)] \tag{2.30}$$

则

$$y(t - t_0) = f[x(t - t_0)] \tag{2.31}$$

时不变性揭示了系统特性不会随时间推移而改变，意味着在不同时间点以相同方式操作同一系统会得到一致的结果。虽然现实中几乎没有系统是完全不随时间变化的，但当系统参数随时间变化非常缓慢时，可以近似视其为时不变系统。

⑤ 稳定系统与非稳定系统。若系统的输入保持有限度，其输出也必然保持有限度的系统被称为稳定系统；反之，则称为非稳定系统。稳定性是系统的一个关键特性，它表明只要输入不无限增大，输出就不会无限制地发散。

习题

（1）简要说明确定性信号与随机信号的不同。

（2）简要说明模拟信号、量化信号和数字信号三者之间的不同。

（3）试证明冲激函数为偶函数，即 $\delta(t) = \delta(-t)$。

（4）试证明常系数线性微分方程 $a\dfrac{\mathrm{d}^2 y(t)}{\mathrm{d}t} + b\dfrac{\mathrm{d}y(t)}{\mathrm{d}t} + cy(t) = x(t)$ 描述的是一个线性系统。

（5）简要说明什么是因果系统，什么是非因果关系。

本书配套资源

第**3**章
工程测试系统的基本特性

本章学习目标

（1）理解测试系统的基本概念，掌握线性系统及其微分方程描述及系统的主要特性；

（2）了解测试系统在静态测量中，输入和输出之间的传递关系；掌握测试系统的静态传递特性曲线及相应的评定指标；

（3）熟悉测试系统的动态传递特性，掌握推导系统动态特性的频域及时域特征函数，能够在输入、输出以及系统传递特性两者已知的情况下，估计未知量。

（4）掌握测试系统不失真传递信号的条件，以及这些条件如何影响测试结果的可靠性。

通过本章的学习，全面理解和掌握机械工程测试系统中的基本特性，为后续的深入学习和实际应用打下坚实的基础。

3.1　工程测试系统概述

所谓测试，就是通过试验装置对研究对象进行具有试验性质的测量，以获取研究对象有关信息的认识过程。在测试过程中，将对被测对象的特征量进行检测、变换、传输、分析、处理、判断和显示等，这些不同功能环节所构成的一个总体，称为测试系统。图 3.1 为一个典型测试系统的组成框图，主要包括被测对象、测量装置、数据处理装置、显示记录装置。

被测对象 ⟹ 测量装置 ⟹ 数据处理装置 ⟹ 显示记录装置

图 3.1　测试系统的基本构成框图

因此，一个完整的测试系统从被检测对象特征量的检测到最后的处理和显示，包含若干器件、仪器和装置。例如，通过传感器拾取被测对象所输出的特征信号，并将其转换成电信号，再经后续仪器进行变换、放大运算等，使之成为易于处理和记录的信号，这些变换器件和仪器总称为测量装置。经测量装置输出的信号需要进一步进行数据处理，以排除干扰、估计数据的可靠性以及抽取信号中各种特征信息等，最后将测试、分析处理的结果记录或显示，得到所需要的信息。

实际的测试系统，根据测试的目的和具体要求的不同，可能是很简单的测试系统，也可能是一个复杂的系统。但准确可靠且经济实用，是任何一个测试系统的基本要求。

3.1.1　线性系统及其微分方程的描述

测试系统是由连接输入与输出的各个功能块组成的，各功能块可简化为一个方框以此表示测试系统，并用 $h(t)$ 表示该系统的传递特性，以 $x(t)$ 表示输入量，$y(t)$ 表示输出量。为此，无论一个测试系统多么复杂，都可将其用图 3.2 所示的输入、输出和测试系统之间的关系表示。其中，$x(t)$、$y(t)$ 和 $h(t)$ 是三个彼此具有确定关系的量，若已知其中任意两个

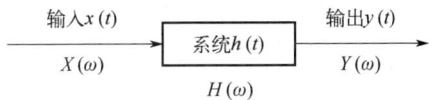

图 3.2　输入、输出与系统传递特性之间的关系

量，便可以推断或估计第三个量，由此便构成了工程测试中需要解决的三个方面的实际问题：

① 当输入 $x(t)$、输出 $y(t)$ 是可测的，推断系统的传递特性 $h(t)$。（系统辨识）

② 当输入 $x(t)$ 和系统的传递特性 $h(t)$ 已知，预估系统输出 $y(t)$。（系统预测）

③ 当输出 $y(t)$ 和系统的传递特性 $h(t)$ 已知，推断系统输入 $x(t)$。（系统反求）

给定某一输入信号，系统对输入信号进行相应的传输和变换，得到输出响应。因此，为使得测试系统的输出信号能够真实地反映被测物理量（输入信号）的状态，测试系统必须满足一定的性能要求。

一个理想的测试系统的传递特性：

① 应该具有单值的、确定的输入-输出关系。即对于每一个输入量都应该只有单一的输出量与之对应，已知其中一个量就可以确定另一个量。当系统的输入、输出之间成线性关系时，分析处理最为简便，如图 3.3 所示。

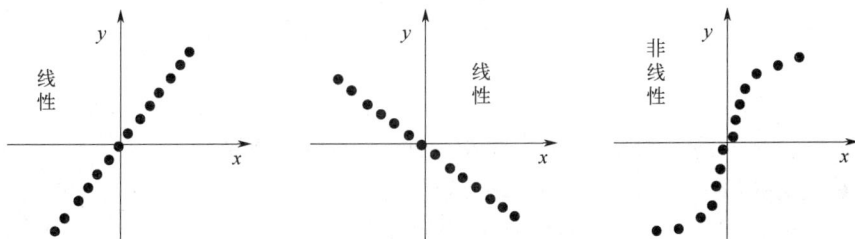

图 3.3　系统传递特性

② 系统的特性不应随时间的推移而发生改变。在此基础上并满足上述要求的系统，称为线性时不变系统，是最佳测试系统。

在工程测试中，大多数测试系统都属于线性时不变系统。一些非线性系统或时变系统，在限定的范围与指定的条件下，也遵从线性时不变的规律。

对于线性时不变系统，其输入 $x(t)$ 和输出 $y(t)$ 之间的关系可以用常系数微分方程来描述：

$$a_n \frac{\mathrm{d}^n y(t)}{\mathrm{d}t^n} + a_{n-1} \frac{\mathrm{d}^{n-1} y(t)}{\mathrm{d}t^{n-1}} + \cdots + a_1 \frac{\mathrm{d}y(t)}{\mathrm{d}t} + a_0 y(t) \\ = b_m \frac{\mathrm{d}^m x(t)}{\mathrm{d}t^m} + b_{m-1} \frac{\mathrm{d}^{m-1} x(t)}{\mathrm{d}t^{m-1}} + \cdots + b_1 \frac{\mathrm{d}x(t)}{\mathrm{d}t} + b_0 x(t) \tag{3.1}$$

式中，a_n，a_{n-1}，$\cdots$，a_0 和 b_m，b_{m-1}，$\cdots$，b_0 是与测试装置结构有关的系数。

3.1.2 线性系统的特性

线性定常系统主要特性有叠加性、比例特性、时不变特性、可微分性、可积分性和频率保持性,这些特性在测试工作中具有重要的作用。

(1)叠加特性

若

$$x_1(t) \to y_1(t)$$
$$x_2(t) \to y_2(t) \tag{3.2}$$

则

$$x_1(t) \pm x_2(t) \to y_1(t) \pm y_2(t) \tag{3.3}$$

式(3.3)可推广为

$$[x_1(t) + x_2(t) + \cdots + x_n(t)] \to [y_1(t) + y_2(t) + \cdots + y_n(t)] \tag{3.4}$$

式(3.4)表明系统对各个输入和的响应等于系统对各个输入响应的和。为此,分析线性系统在多输入同时作用下的总输出时,可以将多输入分解成许多单独的输入分量,先分析各分量单独作用于系统所引起的输出,然后将各分量单独作用的输出叠加起来便可得到系统总输出。这样就可以将一个复杂信号看成若干简单信号叠加的和,简化问题。

(2)比例特性

常数倍输入所得的输出等于原所得输出的常数倍。

若

$$x(t) \to y(t) \tag{3.5}$$

则

$$kx(t) \to ky(t) \tag{3.6}$$

该式表明,对于线性系统,若输入放大,则输出将成比例放大。

线性系统的叠加特性和比例特性可统一表示为

$$[a_1 x_1(t) \pm a_2 x_2(t)] \to [a_1 y_1(t) \pm a_2 y_2(t)] \tag{3.7}$$

(3)时不变特性

对于线性时不变系统,由于系统参数不随时间改变,系统对输入的影响也不会随时间而改变。

若

$$x(t) \to y(t) \tag{3.8}$$

则

$$x(t \pm t_0) \to y(t \pm t_0) \tag{3.9}$$

式(3.9)表明当输入提前或延迟一段时间 t_0 时,其输出也相应提前或延迟 t_0 并保持原有的输出波形不变。

(4)微分特性

线性系统对输入信号微分等于对输出响应的微分。

若

$$x(t) \to y(t) \tag{3.10}$$

则

$$\frac{\mathrm{d}x(t)}{\mathrm{d}t} \to \frac{\mathrm{d}y(t)}{\mathrm{d}t} \qquad (3.11)$$

此结论可根据线性时不变系统的叠加性与时不变特性得以证明。

（5）积分特性

当初始条件为零时，线性系统对输入信号积分等于对输出响应的积分。

若

$$x(t) \to y(t) \qquad (3.12)$$

则

$$\int_0^T x(t)\mathrm{d}t \to \int_0^T y(t)\mathrm{d}t \qquad (3.13)$$

此结论根据线性特性的叠加关系和积分的求和特征即可得证。

（6）频率保持特性

若线性系统的输入 $x(t)$ 为某一频率的谐波信号，则系统的稳态输出响应 $y(t)$ 将为同一频率的谐波信号。

若

$$x(t) = A\cos(\omega t + \varphi_x) \qquad (3.14)$$

则

$$y(t) = B\cos(\omega t + \varphi_y) \qquad (3.15)$$

该特性表明，若测试系统处于线性工作范围内，当其输入是正弦信号时，它的稳态输出一定是与输入信号同频率的正弦信号，只是幅值的相位有所变化。若系统的输出信号中含有其他频率成分时，可以认为是外界干扰的影响或系统内部的噪声等原因，应采用滤波等方法进行处理，予以排除。

线性系统具有频率保持特性的含义是指输入信号的频率成分通过线性系统后仍保持原有的频率成分。如果发现输入和输出信号的频率成分不同，则该系统就不是线性系统。图 3.4 所示的余弦信号通过非线性系统（二极管），则输出被整流，其频率成分被改变。

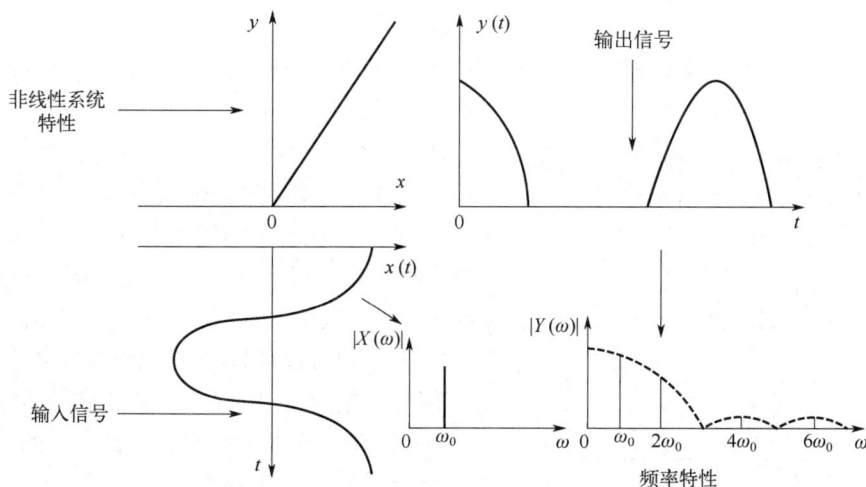

图 3.4　信号通过二极管的时频域图

3.2 工程测试系统的静态传递特性

如 3.1.1 节所述，测试系统的输入量与输出量之间的关系称为系统传递特性。若在测量过程中，系统输入量和输出量不随时间变换或者变化缓慢时，输入与输出之间的关系可以代数方程表示，此时系统特性称为静态传递特性。

测试系统的静态传递特性包括描述输入与输出关系的方程（静态传递方程）、图形（定度曲线）、参数（如灵敏度、线性度、回程误差、漂移等表征测试系统静态特性的主要参数）等。根据定度曲线便可以进一步研究测试系统的静态特性参数。测试系统的准确度在很大程度上与静态传递特性有关。

3.2.1 静态传递方程与定度曲线

若输入量和输出量的幅值不随时间而变化或其随时间变化的周期远远大于测试时间，则线性微分方程式中的各阶导数均为零，式（3.1）给出的微分方法将演变为代数方程：

$$y(t) = \frac{b_0}{a_0} x(t) \tag{3.16}$$

式（3.16）称为测试系统的静态传递方程，简称静态方程，也是常系数线性微分方程的特例。如果 a_0 和 b_0 都是不随时间变化的常数，则该式所描述的系统是一个理想的测试系统，其输出与输入之间成线性关系。

静态特性也可以在直角坐标系中用一条曲线来表示，其中输入量 x 为自变量，输出量 y 为因变量，该曲线称为测试系统的静态特性曲线或定度曲线。静态特性曲线反映了测试系统输入与输出之间的静态传输特性。工程上通常采用实验的方法来确定静态特性曲线，根据静态特性曲线进行相应的数据处理，即可得到相应的静态特性参数。

3.2.2 静态特性的评定指标

为了全面而方便地描述测试系统的静态特性，通常采用静态特性参数来对系统的静态特性进行评价。下面介绍一些常用的静态特性参数。

（1）线性度

一般希望测试系统的输入量与输出量之间成线性关系，但实际的测试系统输出与输入之间，并非严格的线性关系。如图 3.5 所示，线性度就是用来表示标定曲线偏离理想直线程度的技术指标。确定拟合直线的方法较多，目前国内尚无统一的标准，其中"最小二乘法"是较为常用的方法。根据实测的标定曲线找出一条拟合的理想直线，使标定曲线上的所有点与此拟合直线间偏差的平方值之和最小。

测试系统的实际静态标定曲线与拟合直线的偏

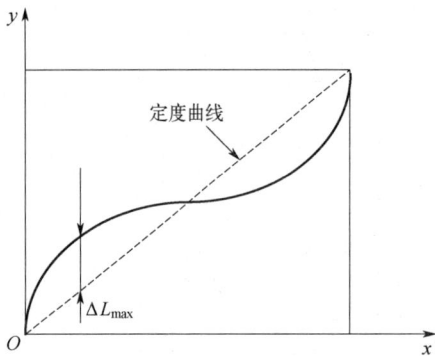

图 3.5 线性度曲线

离程度称为线性度，通常也称为非线性误差。线性度 δ_L 是采用在系统标称输出范围 YFS 内，静态标定曲线与拟合曲线直线间的最大偏差 ΔL_{max} 的百分比来表示，如图 3.5 所示，即

$$\delta_L = \pm \frac{\Delta L_{max}}{A} \times 100\% \qquad (3.17)$$

式中，A 为系统的标称输出范围。

任何测试系统都有一定的线性范围，在线性范围内，输出与输入成比例关系。线性范围越宽，表明测试系统的有效量程越大。测试系统在线性范围内工作是保证测量精度的基本条件。然而测试系统是不容易保证其绝对线性的。在某些情况下，只要能满足测量精度，也可以在近似线性的区间内工作，必要时可以进行非线性补偿。

（2）灵敏度

灵敏度是指单位输入量所引起的输出量的大小。如水银温度计输入量是温度，输出量是水银柱高度，若温度每升高 1℃，水银柱高度升高 2mm，则它的灵敏度可以表示为 2mm/℃。测试系统的静态灵敏度是指测试系统在静态测量时，输出量的增量与输入量的增量之比的极限值，用 S 表示：

$$S = \lim_{\Delta x \to 0} \frac{\Delta y}{\Delta x} = \frac{dy}{dx} \qquad (3.18)$$

一般情况下，灵敏度 S 将随输入 x 的变化而改变，它是系统输入-输出特性曲线的斜率，反映了测试系统对输入信号变化的反应能力。

对线性系统来说，其灵敏度为

$$S = \frac{\Delta y}{\Delta x} = \frac{y}{x} = \frac{b_0}{a_0} = \tan\theta = 常数 \qquad (3.19)$$

灵敏度是一个有量纲的量，其量纲取决于输入和输出的单位。例如，某位移传感器的输入位移变化 0.1mm 时，输出电压的变化为 9mV，则该传感器的灵敏度 S=90mV/mm，此时灵敏度的量纲是 mV/mm。当输入和输出的单位相同时，灵敏度将呈现量纲为一的形式，此时常用"增益"或"放大倍数"来替代灵敏度。此外，如果系统由多个环节串联组成，总灵敏度为各环节灵敏度的积。

在技术数据中，经常出现"灵敏度阈"这一技术参数，它是指最小单位输出量所对应的输入量，与灵敏度有密切的关系，是灵敏度的倒数，表示测试系统对引起输出的有可察觉变化的输入量的最小变化值，也称为测试系统的分辨率。

灵敏度反映了测试系统对输入信号变化的敏感程度，其值越大表示系统越灵敏。因此原则上说，测试系统的灵敏度应尽可能高，这意味着它能测试到被测参量极微小的变化。在选择测试系统时，应综合考虑选择各参数，既要满足时域要求，又要做到经济合理。一般来说，系统的灵敏度越高，测量范围越宽，系统的稳定性往往也越差。

（3）回程误差

实际的测试系统，内部的弹性元件的弹性滞后、磁性元件的磁滞现象以及机械摩擦、材料受力变形、间隙等原因，使得相同的测试条件下，在输入量由小到大（正行程）或由大到小（反行程）的测试过程中，对应于同一输入量所得到的输出量往往存在差值，如图 3.6 中曲线所示，这种现象称为迟滞。

对于测试系统的迟滞程度，用回程误差来描述。测试系统的回程误差是在相同的测试条件下，用同一输入量所对应的两个不同输出量之间的最大差值与全量程之比的百分数来表示

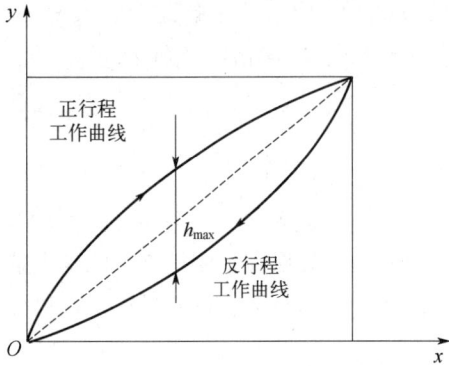

图 3.6 回程误差

的，即

$$\delta_{\mathrm{H}} = \frac{h_{\max}}{A} \times 100\% \tag{3.20}$$

显然，δ_{H} 越小，测试系统的迟滞性越好。

（4）稳定性

稳定性表示测量系统在一个较长时间内保持其性能参数的能力，也就是在规定的条件下，测试系统的输出特性随时间的推移而保持不变的能力。测试系统的稳定性有两种指标：一是时间上的稳定性，以稳定度表示；二是测试仪器外部环境和工作条件变化所引起的示值的不稳定性，以各种影响系数表示。

① 稳定度。稳定度是指在规定的工作条件下，测试系统的某些性能随时间变化的程度。它是由测试系统内部存在的随机性变动、周期性变动和漂移等原因所引起的示值变化。一般用示值的波动范围与时间之比来表示。例如，示值的电压在 8h 内的波动幅度为 1.3mV，则系统的稳定度为：δ_{S}=1.3mV/8h。

② 环境影响。环境影响是指室温、大气压等外界环境的状态变化对测试系统示值的影响，以及电源电压、频率等工作条件的变化对示值的影响。因此，选用测试系统时应该考虑其稳定性，特别是在复杂环境下工作时，应考虑各种干扰的影响，提高测试系统的抗干扰能力和稳定性。

在正常使用的条件下，在输入量不发生任何变化时，测试系统的输出量在经过一段时间后会发生改变，这种现象称为漂移。当输入量为零时，测试系统也会有一定的输出，习惯上称其为零漂。漂移与仪器自身结构参数变化和周围环境的变化（如温度、湿度等）有关，工程上常在零输入时，对漂移进行观测和度量。测量时，只需将输入端对地短接，再测其输出，即可得到零漂值，并以此修正测试系统的输出零点，减小漂移对测试精度的影响。

3.3　工程测试系统的动态传递特性

3.2 节介绍了系统的静态传递特性，它是指被测量不随时间变化或随时间变化很缓慢时测试系统的输入输出及其关系的特性或技术指标。系统的动态传递特性是指输入量和输出量随时间迅速变化时输入与输出之间的关系，可用微分方程表示。对于测量动态信号的测试系统，要求测试系统在输入量改变时，其输出量能立即随之不失真地改变。因此，在进行动态测量时，掌握测试系统的动态传递特性有着十分重要的意义，尤其是在测试系统工作的频率范围内。

测试系统的动态特性不仅取决于系统的结构参数，还与输入量有关，研究测试系统的动态特性的实质就是建立输入量、输出量和系统结构参数三者之间的数学关系。系统动态特性的数学描述包括系统微分方程、传递函数、频率响应函数、阶跃响应函数以及脉冲响应函数等。

由 3.1.1 节可知，对于线性定常系统，可用常系数线性微分方程式（3.1）来描述系统输入与输出之间的关系。但对于一个复杂的测试系统和复杂的输入信号,求解式(3.1)的微分方程比较困难,甚至是不可求解的。为此,根据数学理论,可不求解微分方程,而应用拉普拉斯变换等求出传递函数、频率响应函数等来描述动态特性。

3.3.1 工程测试系统的动态传递特性的频域描述

(1)测试系统的频率响应函数

当某一单一频率的简谐激励 $x(t) = X_0 e^{j(\omega t + \varphi_x)}$ 作为输入作用于测试系统时,根据线性时不变系统的频率保持特性,输出应该只有与输入频率相同的频率成分,而幅值和相位却可能存在差别。因此,输出信号一定有以下的函数形式:

$$y(t) = Y_0 e^{j(\omega t + \varphi_y)} \tag{3.21}$$

显然,如果以选定的频率为参变量,这对特定条件下的输入、输出的频域描述分别为

$$X(\omega) = X_0(\omega) e^{j(\omega t + \varphi_x)} \tag{3.22}$$

$$Y(\omega) = Y_0(\omega) e^{j(\omega t + \varphi_y)} \tag{3.23}$$

所以,频率响应函数可定义为

$$H(\omega) = \frac{F[y(t)]}{F[x(t)]} = \frac{Y(\omega)}{X(\omega)} = \frac{Y_0(\omega)}{X_0(\omega)} e^{j(\varphi_y - \varphi_x)} \tag{3.24}$$

如前所述,线性时不变系统可以用式(3.1)所给出的常系数线性微分方程来描述,注意到对于形如 $x(t) = X_0 e^{j(\omega t + \varphi_x)}$ 的函数,其 n 阶微分为 $\dfrac{d^n x(t)}{dt^n} = (j\omega)^n x(t)$,其傅氏变换为 $(j\omega)^n X(\omega)$。所以,当输入信号为 $x(t) = X_0 e^{j(\omega t + \varphi_x)}$,并达到稳态输出的时候,式(3.1)有如下形式的方程:

$$\begin{aligned} &[a_n(j\omega)^n + a_{n-1}(j\omega)^{n-1} + \cdots + a_0]y(t) \\ &= [b_m(j\omega)^m + b_{m-1}(j\omega)^{m-1} + \cdots + b_0]x(t) \end{aligned} \tag{3.25}$$

可得

$$H(\omega) = \frac{F[y(t)]}{F[x(t)]} = \frac{Y(\omega)}{X(\omega)} = \frac{b_m(j\omega)^m + b_{m-1}(j\omega)^{m-1} + \cdots + b_0}{a_n(j\omega)^n + a_{n-1}(j\omega)^{n-1} + \cdots + a_0} \tag{3.26}$$

由此可见,频率响应函数也是等于输出和输入的傅氏变换之比。另外,测试系统的阶数,可以由式中分母 ω 的幂的次数 n 确定。从式(3.26)中还可以看到:决定 $H(\omega)$ 的是由系统结构参数和测试系统的布置情况所确定的微分方程的常系数,与输入输出本身没有关系,因此,$H(\omega)$ 反映系统本身所具备的特性。对于任一具体的输入 $x(t)$,由于 $Y(\omega) = X(\omega)H(\omega)$,都可以由系统的频率响应函数确定相应的输出 $y(t)$,它反映测试系统的传输特性。另外,对于完全不同的物理系统,由于建立的描述系统的微分方程的形式不外乎一阶微分方程、二阶微分方程等,因此可能有传递特性和形式完全相同的频率响应函数,这为分类研究 $H(\omega)$ 的传递特性带来了方便。微分方程的各系数具有不同的量纲,对应于不同的物理系统,有特定的输入和输出。

在控制工程技术中,常采用传递函数来描述系统的传递特性。传递函数是定义在系统的初始条件为零的前提下,输出量的拉氏变换与输入量的拉氏变换之比,记为 $H(s)$。根据拉普拉斯变换的微分性质,如果以下拉普拉斯变换存在:

$$L[f(t)] = \int_0^\infty f(t)\mathrm{e}^{-st}\mathrm{d}t = F(s) \tag{3.27}$$

则当系统的初始条件为零时，有

$$L[f^n(t)] = s^n F(s) \tag{3.28}$$

利用这一性质，对式（3.1）两边做拉普拉斯变换

$$(a_n s^n + a_{n-1}s^{n-1} + \cdots + a_0)Y(s) = (b_m s^m + b_{m-1}s^{m-1} + \cdots + b_0)X(s) \tag{3.29}$$

可得

$$H(s) = \frac{Y(s)}{X(s)} = \frac{b_m s^m + b_{m-1}s^{m-1} + \cdots + b_0}{a_n s^n + a_{n-1}s^{n-1} + \cdots + a_0} \tag{3.30}$$

与式（3.26）进行比较，频率响应函数只不过是传递函数的一种特例，是 $s=\mathrm{j}\omega$ 时的传递函数，因此，频率响应函数可以通过传递函数的求解后，取 $s=\mathrm{j}\omega$ 即可。

（2）幅频特性和相频特性

一般情况下，$H(\omega)$ 是复函数，可以将其写成如下形式：

$$H(\omega) = A(\omega)\mathrm{e}^{\mathrm{j}\varphi(\omega)} \tag{3.31}$$

式中

$$A(\omega) = |H(\omega)| = \frac{|Y(\omega)|}{|X(\omega)|} = \frac{Y_0(\omega)}{X_0(\omega)} \tag{3.32}$$

$$\varphi(\omega) = \varphi_y - \varphi_x(\omega) \tag{3.33}$$

可见，$A(\omega)$ 是 $H(\omega)$ 的模，是给定频率点输出信号幅值与输入信号幅值之比。换句话说，给定频率点的输出信号幅值可以由该频率点输入信号幅值 $X_0(\omega)A(\omega)$ 求得。因此，$A(\omega)$ 相当于一个比例系数，反映测试系统对输入信号的 ω 频率分量的幅值的缩放能力，称 $A(\omega)$ 为系统的幅频特性。

$\varphi(\omega)$ 是给定频率点输出信号与该频率点输入信号的相位差，反映出测试系统对输入信号的 ω 频率分量的初相位的移动程度，称为测试系统的相频特性。

一般的信号多数情况下都是由多个频率成分构成的，当其通过测试系统时，受系统幅频特性的影响，各频率成分的幅值将会被相应频率点的系统幅频特性所缩放；受系统相频特性的影响，各频率成分的相位将发生相应的移动。

如果将 $H(\omega)$ 表示为实部 $P(\omega)$ 与虚部 $Q(\omega)$ 之和的形式，则 $H(\omega)$ 又可以表示为

$$H(\omega) = P(\omega) + \mathrm{j}Q(\omega) \tag{3.34}$$

其幅频特性和相频特性分别为

$$A(\omega) = \sqrt{P^2(\omega) + Q^2(\omega)} \tag{3.35}$$

$$\varphi(\omega) = \arctan\frac{Q(\omega)}{P(\omega)} \tag{3.36}$$

以 $A(\omega)$、$\varphi(\omega)$、$P(\omega)$ 和 $Q(\omega)$ 为纵坐标，ω 为横坐标，绘出的 $A(\omega)$-ω、$\varphi(\omega)$-ω、$P(\omega)$-ω、$Q(\omega)$-ω 曲线分别称为幅频特性曲线、相频特性曲线、实频特性曲线、虚频特性曲线。

在工程应用技术中，对于幅频特性曲线和相频特性曲线的纵坐标、横坐标，除了取线性标尺外，还常对自变量 ω 取对数标尺，幅值取分贝数，画出的 $20\lg A(\omega)$-$\lg\omega$ 曲线和 $\varphi(\omega)$-$\lg\omega$ 曲线，分别称为对数幅频特性曲线和对数相频特性曲线，两种曲线总称为伯德（Bode）图，

如图 3.7 所示。

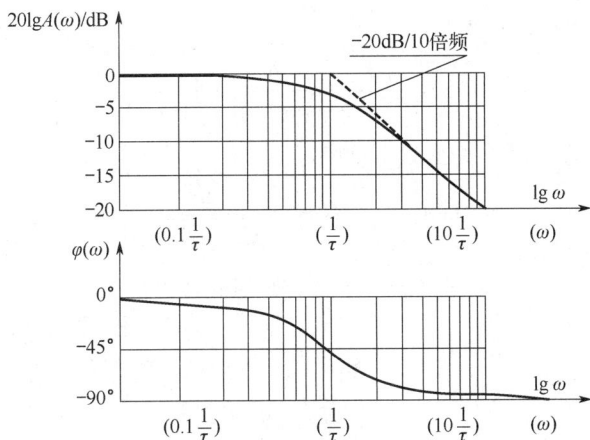

图 3.7　一阶系统的伯德图

如果以 $H(\omega)$ 的实部和虚部分别作为横坐标和纵坐标，在此复平面画出 $Q(\omega)$-$P(\omega)$ 曲线并在曲线对应点上标注相应的频率，则所得曲线图称为奈奎斯特（Nyquist）图。图中自原点到 $Q(\omega)$-$P(\omega)$ 曲线的矢量的矢径，即为 $A(\omega)$，该矢量与实轴的夹角即为 $\varphi(\omega)$，如图 3.8 所示。

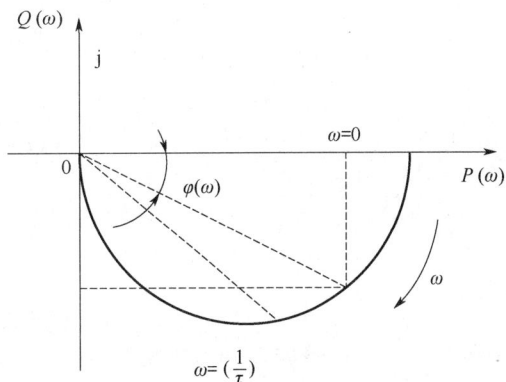

图 3.8　一阶系统的奈奎斯特图

（3）一阶系统和二阶系统的传递函数及频率响应特性

对于前面所列举的一阶系统，如无质量的弹簧质量系统、RC 积分变换电路等，其运动微分方程的一般形式为

$$a_1 \frac{\mathrm{d}y(t)}{\mathrm{d}t} + a_0 y(t) = b_0 x(t) \tag{3.37}$$

对于以上的微分方程，总可以将其改写成标准归一化的形式

$$\tau \frac{\mathrm{d}y(t)}{\mathrm{d}t} + y(t) = S x(t) \tag{3.38}$$

式中，$\tau = a_1/a_0$ 具有时间的量纲，称为时间常数。$S = b_0/a_0$ 是一阶系统的静态灵敏度常数，由具体的系统参数决定。在线性系统中，S 为常数，在对系统的特性作动态分析时，它仅仅使系统的传递特性放大 S 倍，而不会改变特性曲线的变化规律。因此，为了讨论和分析的方便，突出系统的特性，约定 $S = 1$，则式（3.38）可写成

$$\tau \frac{\mathrm{d}y(t)}{\mathrm{d}t} + y(t) = x(t) \tag{3.39}$$

对式（3.39）做拉氏变换得

$$\tau s Y(s) + Y(s) = X(s) \tag{3.40}$$

一阶系统的传递函数为

$$H(s) = \frac{Y(s)}{X(s)} = \frac{1}{\tau s + 1} \tag{3.41}$$

令 $s = \mathrm{j}\omega$，其频率响应函数为

$$H(\omega) = \frac{1}{1 + \mathrm{j}\tau\omega} = \frac{1}{1 + (\tau\omega)^2} - \mathrm{j}\frac{\tau\omega}{1 + (\tau\omega)^2} \tag{3.42}$$

则其幅频特性函数和相频特性函数分别为

$$A(\omega) = \left| H(\omega) \right| = \frac{1}{\sqrt{1 + (\tau\omega)^2}} \tag{3.43}$$

$$\varphi(\omega) = \angle H(\omega) = -\arctan(\tau\omega) \tag{3.44}$$

根据式（3.43）和式（3.44）绘出幅频特性曲线和相频特性曲线，如图 3.9 所示，其伯德图和奈奎斯特图如图 3.7 和图 3.8 所示。

从频率响应特性图上可以看出，一阶系统有以下几个特点。

① 一阶系统是一个低通环节，只有 ω 远小于 $1/\tau$ 时，幅频特性 $A(\omega)$ 才近似为 1，且相差沿近似斜直线趋近于 0，信号通过系统后，各频率成分的幅值基本保持不变。在高频段，幅频特性与 ω 成反比，其水平渐近线为 $A(\omega) = 0$，此时的一阶系统演变成积分环节。从图 3.9 中可以看出，当 $\omega > 4/\tau$ 时，$A(\omega) < 0.25$，且存在较大的相差，信号通过系统，各频率成分的幅值将有很大的衰减。因此，一阶装置只适用于测量缓变或低频信号。

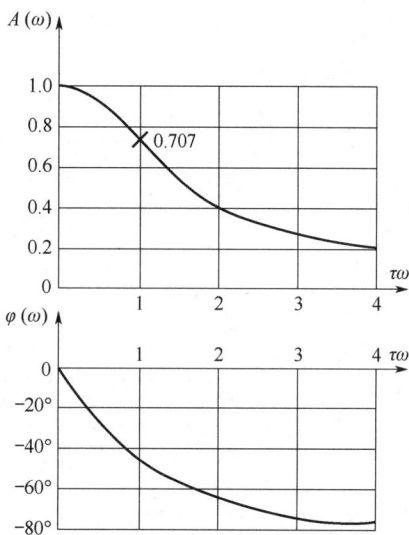

图 3.9 一阶系统的幅频特性曲线和相频特性曲线

② 时间常数 τ 决定了一阶系统适用的频率范围。从幅频特性曲线和相频特性曲线可以看到，当 $\omega = 1/\tau$ 时，输出输入的幅值比 $A(\omega)$ 降为 0.707(-3dB)，此点对应着输出信号的功率衰减到输入信号的半功率的频率点，此点被视为系统信号通过的截止点。因此，τ 是反映一阶系统动态特性的重要参数。

③ 伯德图中的幅频特性曲线，可以用一条折线近似描述：以 $\omega = 1/\tau$ 为转折频率，左侧以 $A(\omega) = 0$ 的直线代替，其右侧的特性曲线用 "−20dB/10 倍频" 的斜直线代替，经简化后的幅频特性曲线与实际幅频特性曲线之间的最大误差出现在转折频率点，其误差为−3dB。

④ 一阶系统的奈奎斯特图是一个单位直径的半圆，当 $\omega=0$ 时，只有实部且 $P(\omega) = 1$，过原点到特性曲线的矢量的模，对应着某一频率成分的 $A(\omega)$，频率坐标在半圆上非均匀分布。

对于一般的二阶系统

$$a_2\frac{\mathrm{d}^2 y(t)}{\mathrm{d}t} + a_1\frac{\mathrm{d}y(t)}{\mathrm{d}t} + a_0 y(t) = b_0 x(t) \tag{3.45}$$

同样可以通过数学处理使其变为以下标准化归一的形式：

$$\frac{\mathrm{d}^2 y(t)}{\mathrm{d}t} + 2\xi\omega_\mathrm{n}\frac{\mathrm{d}y(t)}{\mathrm{d}t} + \omega_\mathrm{n}^2 y(t) = S\omega_\mathrm{n}^2 x(t) \tag{3.46}$$

式中，$\omega_n = \sqrt{a_0/a_2}$ 为系统的固有频率；$\xi = \dfrac{a_1}{2\sqrt{a_0 a_2}}$ 为系统的阻尼比；$S = b_0/a_0$ 为系统的灵敏度系数。

S 是取决于输出与输入量纲的比值的常数因子。不同的 S 对动态特性的影响有：对于幅频特性而言，只不过是乘上了一个比例因子，不会改变特性曲线的变化规律；对相频特性则没有影响。因此，约定取 $S = 1$，则二阶系统的频率响应函数为

$$H(\omega) = \frac{\omega_n^2}{(j\omega)^2 + 2j\xi\omega_n\omega + \omega_n^2} \tag{3.47}$$

分子分母同除以 ω_n^2 并令 $\eta = \omega/\omega_n$，则

$$H(\omega) = H(\eta) = \frac{1}{(1-\eta^2) + 2j\xi\eta} \tag{3.48}$$

其幅频特性和相频特性分别为

$$A(\omega) = A(\eta) = |H(\eta)| = \frac{1}{\sqrt{(1-\eta^2)^2 + 4\xi^2\eta^2}} \tag{3.49}$$

$$\varphi(\omega) = \varphi(\eta) = \angle H(\eta) = -\arctan\frac{2\xi\eta}{1-\eta^2} \tag{3.50}$$

相应的幅频、相频特性曲线如图 3.10 所示。

从幅频特性曲线、相频特性曲线上可以看到，当 η 远小于 1 时，$A(\omega) \approx 1$，而 $\varphi(\omega) \approx 0$，表明该频率段的信号通过系统后，其幅值将会以 1 的比率输出，相位基本上不受影响；当 η 远大于 1 时，$A(\omega) \approx 0$，系统将仅有微弱的信号输出，输出信号与输入信号的相差约为 180°，所以二阶系统也是一个低通环节。

当 $\eta = 1$ 也即 $\omega = \omega_n$ 的时候，幅频特性曲线出现了一个很大的峰值，$A(\omega) \approx \dfrac{1}{2\xi}$ 随着 ξ 的减小而增大。该频率成分的信号通过系统后，其输出信号将可能成倍放大，此即所谓的"共振"现象。测试系统是不宜在共振区域工作的，但可以短时快速越过共振区，因为要形成共振，需要一定的时间才能积聚共振能量。

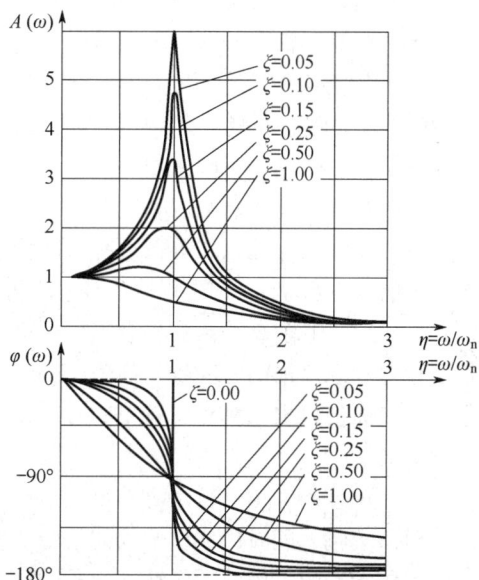

图 3.10 二阶系统的幅频特性曲线和相频特性曲线

综上所述，一阶系统的参数 S、τ，二阶系统参数 S、ω_n、ξ 是由系统的结构参数决定的，当测试系统制造、调试完毕后，以上参数也就随之确定。它们决定了测试系统的动态传递特性。

3.3.2 测试系统动态传递特性的时域描述

测试系统动态传递特性的时域描述，指的是用时域函数或时域特征参数来描述测试系统的输出量与变化的输入量之间的内在联系。通常是以一些典型信号，如脉冲信号、阶跃信号、

斜坡信号、正弦信号等作为输入加载到测试系统，以特定输入下的时域响应或时域响应的特征参数（如响应速度、峰值时间、稳态输出、超调量等）来描述系统的动态传递特性。

（1）输入为单位脉冲信号的响应

若输入信号为单位脉冲信号 $x(t) = \delta(t)$，根据 $\delta(t)$ 函数的筛选性质有

$$X(\omega) = \int_0^\infty \delta(t)e^{-j\omega t}dt \qquad (3.51)$$

根据测试系统的传递关系，则

$$Y(\omega) = H(\omega)X(\omega) = H(\omega) \qquad (3.52)$$

对式（3.52）两边求傅氏逆变换可得

$$y(t) = F^{-1}[H(\omega)] = h(t) \qquad (3.53)$$

$h(t)$ 常被称为单位脉冲响应函数或权函数。

从以上推导可以看出，在单位脉冲信号输入的时候，时域响应函数 $y(t)$ 就是脉冲响应函数 $h(t)$，而系统输出的频域函数 $Y(\omega)$ 就是系统的频率响应函数 $H(\omega)$。同样道理可知：系统输出的拉氏变换，就是系统的传递函数，所以，脉冲响应函数是测试系统动态传递特性的时域描述。实际上，理想的单位脉冲函数是不存在的，当输入信号的作用时间小于 0.1τ（τ 为一阶系统的时间常数或二阶系统的振荡周期）时，可以近似地认为输入信号是脉冲信号，其响应则可视为脉冲响应函数。

（2）输入为单位阶跃信号的时域响应

当单位阶跃信号输入一阶系统时，其稳态输出的理论误差为零，系统的初始响应速率为 $1/\tau$，若初始响应的速率不变，则经过时间 τ 后，其输出应等于输入。但实际上响应的上升速率随时间 t 的增加而减慢。当 $t = \tau$ 时，其输出仅达到输入量的 63%，当 $t = 4\tau$ 时，其输出才为输入量的 98.2%，所以 τ 越小，响应越快，动态性能越好。通常采用输入量的 95%～98% 所需要的时间作为衡量响应速度的指标。

单位阶跃信号输入二阶系统时，其稳态输出的理论误差也为零。响应在很大程度上取决于系统的固有频率 ω_n 和阻尼比 ξ。ω_n 越高，系统的响应越快。阻尼比将影响超调量和振荡周期。$\xi \geqslant 1$ 时，其阶跃输出将不会产生振荡，但需要经过较长时间才能达到稳态输出，ξ 越大，输出接近稳态输出的时间越长；$\xi < 1$ 时，系统的输出将产生振荡，ξ 越小，超调量会越大，也会因振荡而使输出达到稳态输出的时间加长。显然，ξ 存在一个比较合理的取值，ξ 取值一般为 0.6～0.7。

（3）单位斜坡信号输入时的响应

对系统输入随时间线性增大的信号，即为斜坡信号输入。由于输入量的不断增大，一、二阶系统的输出总是滞后于输入一段时间，存在一定的误差。随时间常数 τ、阻尼比 ξ 的增大和固有频率 ω_n 的减小，其稳态误差增大，反之亦然。

（4）单位正弦信号输入时的响应

当输入为正弦信号时，一、二阶系统的稳态输出是与输入信号同频率的正弦信号，只是输出的幅值发生了变化，相位产生了滞后。由于标准正弦信号容易获得，用不同的正弦信号激励系统，观察稳态时响应的幅值和相位，就可以较为正确地测得幅频和相频特性。这一方法准确可靠，但需要花费较长的时间。

（5）任意输入作用下的响应

对于任意输入 $x(t)$，如果系统的脉冲响应函数为 $h(t)$，则响应 $y(t)$ 为

$$y(t) = \int_0^t x(\tau)h(t-\tau)\mathrm{d}\tau = x(t)*h(t) \qquad (3.54)$$

这表明测试系统的时域响应等于输入信号 $x(t)$ 与系统的脉冲响应函数的卷积。

3.4　工程测试系统不失真条件

人们总是希望被测信号通过测试系统后仍然能够保持信号的波形不变。但实际的测试系统很难达到这种要求，有时也是不必要的。例如，对微弱信号进行测量时，经常需要对其加强、放大，有时还需要对其进行变换等，测试系统不可避免地会对测试信号产生影响。

测试信号的失真包括幅值失真和相位失真。根据测试的目的和要求，信号通过测试系统后，只要能够准确有效地反映原信号的运动与变化状态并保留原信号的特征和全部有用信息，则认为该测试系统是一个不失真的系统。

通常意义下，如果输入信号 $x(t)$ 通过测试系统后，输出信号 $y(t)$ 仅仅是波形的幅值被线性地放大或同时还产生一定的时间滞后，这时均认为是属于不失真的范畴，并称之为波形相似，如图 3.11 所示。这时，测试系统输入与输出之间的关系可以用以下数学关系式表示：

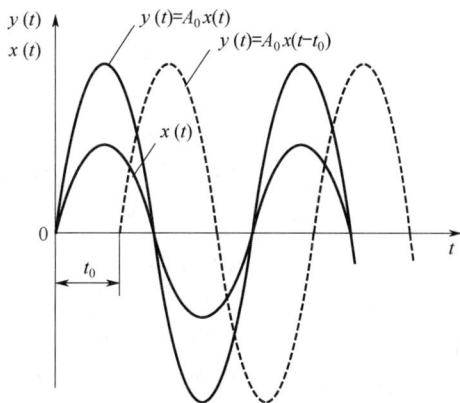

图 3.11　波形相似

$$y(t) = A_0 x(t) \qquad (3.55)$$

$$y(t) = A_0 x(t - t_0) \qquad (3.56)$$

式中，A_0、t_0 为常数。

根据式（3.56），下面将进一步考察测试系统能实现不失真测试时所具备的特性，即频率响应特性、幅频特性和相频特性。

设当 $t < 0$ 时，$x(t) = 0$（即初始条件为零时），对式（3.55）进行拉式变换，并利用拉式变换的延迟性质，可得

$$Y(s) = A_0 \mathrm{e}^{-st_0} X(s) \qquad (3.57)$$

则其传递函数为

$$H(s) = \frac{Y(s)}{X(s)} = A_0 \mathrm{e}^{-st_0} \qquad (3.58)$$

令 $s = \mathrm{j}\omega$，得系统的频率响应函数为

$$H(\mathrm{j}\omega) = \frac{Y(\mathrm{j}\omega)}{X(\mathrm{j}\omega)} = A_0 \mathrm{e}^{-\mathrm{j}t_0\omega} = A(\omega)\mathrm{e}^{-\mathrm{j}\varphi(\omega)} \qquad (3.59)$$

则其幅频特性和相频特性分别为

$$A(\omega) = A_0 = 常量 \qquad (3.60)$$

$$\varphi(\omega) = -t_0\omega \qquad (3.61)$$

以上两式表明，实现不失真测试时测试系统必须满足两个条件：①系统的幅频特性在输

入信号 $x(t)$ 的频谱范围内为常量；②系统的相频特性 $\varphi(\omega)$ 是过原点且具有负斜率的直线（与输入信号的频率成线性关系）。例如，某信号的频谱函数如图 3.12 所示，为不失真测试的频率响应曲线。

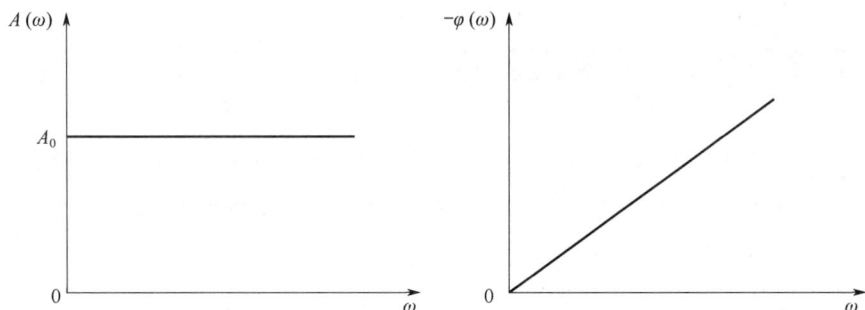

图 3.12 不失真系统的幅频和相频特性

实际的测试系统不可能在很宽的频率范围内满足不失真测试的条件，只能在一定的频段按一定的精度要求近似满足不失真测试条件。保证实际的与理想的频响特性之差不超过允许误差的频率区域，称为测试系统的工作频率范围。

一般情况下，通过测试系统传递的信号既存在幅值失真又有相位失真，即使只在某一频率范围内工作，也难以完全理想地实现不失真的测试，只能将波形失真限制在一定误差范围内。为此，首先应根据被测对象的特征，选用合适的测试系统，使其幅频特性和相频特性在测试范围内尽可能接近不失真测试条件；其次，应对被测信号做必要的前置处理，及时滤除非信号频带内的噪声，以避免噪声进入测试系统的共振区，造成信噪比降低。

本书配套资源

习题

（1）线性时不变系统有哪些基本特性？简述频率保持性在动态测试中的重要意义。

（2）测试系统有哪些静态指标？

（3）求周期信号 $x(t) = 0.5\cos(10t) + 0.2\cos(100t - 45°)$ 通过传递函数为 $H(t) = \dfrac{1}{0.005s + 1}$ 的装置后的稳态响应。

（4）用时间常数为 0.5s 的一阶测量装置进行测量，若被测参数按正弦规律变化，如果要求仪表指示值的幅值误差小于 2%，问：被测参数变化的最高频率是多少？如果被测参数的周期是 2s 和 5s，幅值误差是多少？

（5）用一阶测量仪器进行 100Hz 正弦信号的测量，如要限制振幅误差在 5% 以内，则该测量仪器的时间常数 τ 应为多少？若用该仪器测试 50Hz 正弦信号，问此时的振幅误差和相角差是多少？

（6）设某力传感器可作为二阶振荡系统处理。已知传感器的固有频率为 800Hz，阻尼比为 $\xi = 0.14$。用该传感器进行频率为 400Hz 正弦力测试时，其幅值比 $A(\omega)$ 和相角比 $\varphi(\omega)$ 各为多少？若该装置的阻尼波可改为 $\xi = 0.7$，问 $A(\omega)$ 和 $\varphi(\omega)$ 又将做何种变化？

（7）实现不失真测试的条件是什么？分别叙述一、二阶装置满足什么条件才能基本上保证不失真测试。

第 4 章
连续时间信号分析

本章学习目标

（1）理论知识掌握

① 信号采集与采样信号分析：理解信号采集的基本原理和方法，包括模拟信号到数字信号的转换过程。掌握奈奎斯特采样定理及其条件，理解采样频率对信号重建的影响。分析采样信号的特性，包括频谱混叠现象及其避免方法。

② 周期信号分析：深入理解周期信号的定义和特性，包括其重复性和频谱特性。熟练掌握傅里叶级数（三角形式和复指数形式）的展开方法，能够计算周期信号的频谱。分析周期信号的频谱特性，理解不同频率成分对信号的影响。

③ 非周期信号分析：理解非周期信号与周期信号的区别，掌握非周期信号的傅里叶变换（FT）的概念。学习并掌握傅里叶变换的基本性质，如线性性、时移性、频移性等。分析非周期信号的频谱特性，理解其在信号处理中的应用价值。

④ 卷积：掌握卷积的定义和计算方法，理解其在信号处理中的重要作用。分析卷积运算对信号特性的影响，如信号的时间延迟、频谱变换等。学习并应用卷积定理，简化计算过程，提高处理效率。

⑤ 调制与解调：理解调制与解调的基本原理及其在通信系统中的应用。掌握常见调制方式（如 AM、FM、PSK 等）的特点和解调方法。分析调制信号和解调信号的频谱特性，理解调制过程对信号传输的影响。

⑥ 滤波器：理解滤波器的定义、分类及其在信号处理中的作用。掌握不同类型滤波器（如低通、高通、带通、带阻等）的设计原理和实现方法。分析滤波器对信号频谱的影响，理解滤波器在信号去噪、特征提取等方面的应用。

（2）技能提升与应用

① 信号采集与采样技能：能够设计并实施信号采集方案，选择合适的采样频率和采样设备。能够分析采样信号的频谱特性，判断是否存在频谱混叠现象。

② 周期与非周期信号分析能力：能够运用傅里叶级数或傅里叶变换分析周期信号和非周期信号的频谱特性。能够根据信号的频谱特性提出信号处理方案，如滤波、去噪等。

③ 卷积运算与调制解调技能：能够熟练运用卷积运算进行信号处理，如信号平滑、边缘检测等。能够设计并实现简单的调制解调系统，分析调制信号和解调信号的频谱特性。

④ 滤波器设计与应用能力：能够根据信号处理需求设计不同类型的滤波器，并选择合适的实现方法。能够应用滤波器进行信号去噪、特征提取等处理，评估处理效果。

（3）综合素质与拓展学习

① 跨学科融合能力：认识到连续时间信号分析在通信、电子、控制等多个领域的广泛应用，增强跨学科学习和交流的意识。关注连续时间信号分析与其他技术的结合应用，如机器学习、人工智能等。

② 问题解决与创新思维：针对具体信号处理问题，能够提出创新性的解决方案，并运用所学知识进行验证和优化。培养批判性思维，勇于质疑现有方法和理论，推动信号分析技术的不断发展。

③ 持续学习与探索：保持对连续时间信号分析领域最新研究成果和技术动态的关注，不断学习新知识、新技术。积极参与相关学术活动和实践项目，提升自己的专业素养和创新能力。

4.1 信号采集与采样信号分析

信号采集是工程测试的第一步，它涉及使用传感器等设备从被测对象中获取物理量（如温度、压力、振动等）并将其转换为可测量和处理的电信号。以下是一个典型的信号采集案例：电动机振动信号采集。

背景：在某电动机生产线上，需要对传送带上运送的电动机进行在线振动测试，以评估其运行状况和性能。

设备：使用装有微型加速度计的测头作为传感器，将加速度计固定在电动机外壳上，以采集其振动信号，如图 4.1 所示。

图 4.1 加速度计

过程：①将加速度计测头接触电动机外壳，确保传感器与被测对象紧密接触；②振动信号经过加速度计转换为电信号，并通过信号线传输至数据采集系统；③数据采集系统对接收到的信号进行初步处理（如滤波、放大等），并存储或传输至信号分析系统。

基于上述信号采集案例，对采集到的电动机振动信号进行分析，以判断电动机是否存在故障或异常。分析方法如下。

时域分析：观察振动信号的波形图，分析信号的振幅、频率等基本参数。通过比较正常与异常电动机的振动波形，可以初步判断电动机的运行状态。

频域分析：利用快速傅里叶变换（FFT）将时域信号转换为频域信号，得到振动频谱图。

通过分析频谱图中的主频、次频及其幅值，可以进一步判断电动机的故障类型和严重程度。例如，不平衡、轴承故障等都会在频谱图上产生特定的频率成分。

　　包络分析：对于某些复杂的振动信号，如包含冲击成分的振动信号，可以采用包络分析技术提取冲击成分并进行进一步分析。

　　结果应用：根据信号分析的结果，可以对电动机进行故障诊断和性能评估。对于存在故障的电动机，可以及时进行维修或更换，以避免因故障导致的生产中断和损失，如图 4.2 所示。

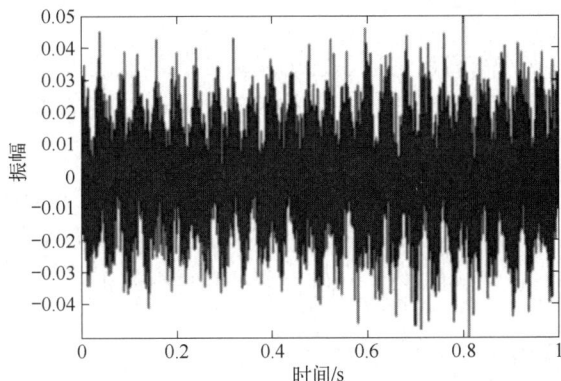

图 4.2　电动机实时振动波形图均值

案例分析总结：

　　通过上述两个案例可以看出，信号采集与信号分析在工程测试中扮演着重要角色。信号采集是获取被测对象信息的基础，而信号分析则是提取有用信息、评估系统性能和进行故障诊断的关键手段。在实际应用中，需要根据具体的测试需求和被测对象的特点选择合适的传感器和数据采集系统，并采用合适的信号分析方法进行分析和处理。同时，还需要注意信号采集过程中的噪声干扰和信号失真等问题，以确保测试结果的准确性和可靠性。

4.1.1　信号采集

　　在将连续时间信号转化为数字信号以进行计算机处理的过程中，采样与模数转换是两个关键步骤。采样过程涉及以固定时间间隔从连续信号 $f(t)$ 中提取样本值，生成采样信号。这一过程对信号的频谱和所携带的信息有着显著影响，同时也提出了关于信息完整性和信号重建的重要问题。

　　连续时间信号经过采样后，其频谱会发生一个称为"频谱扩展"或"频谱混叠"的现象。具体来说，原始信号的频谱会按照采样频率的整数倍进行周期性地重复，形成所谓的"周期化频谱"。如果采样频率不满足奈奎斯特采样定理（即采样频率至少为信号最高频率分量的两倍），则这些重复的频谱成分可能会相互重叠，导致原始信号中的某些频率成分无法区分，从而引发频谱混叠。

　　从表面上看，采样过程似乎减少了数据量，但这并不意味着信息总是丢失。实际上，当采样频率足够高（满足或超过奈奎斯特速率）时，采样信号能够保留原始连续时间信号的所有关键信息，使得信号能够在后续过程中被准确重建。然而，如果采样频率过低，导致频谱混叠发生，那么原始信号中的某些信息确实会丢失，且无法从采样信号中恢复。

为了从采样信号中无失真地恢复出原始的连续时间信号，必须满足以下主要条件。

① 满足奈奎斯特采样定理：采样频率至少是信号最高频率分量的两倍。这一条件确保了采样过程中不会发生频谱混叠，从而保留了信号的所有必要信息。

② 理想的重建滤波器：在数字信号处理和转换回模拟信号的过程中，需要使用一个理想的低通滤波器（或称为"重建滤波器"），其截止频率等于信号最高频率分量的一半。该滤波器能够去除采样过程中引入的高频重复分量，只保留原始信号的频谱成分，从而实现信号的准确重建。

③ 采样信号是一种时间离散信号，它表示只在时间轴上的一些离散点 $(0, T_n, 2T_n, 3T_n, \cdots, nT_n, \cdots)$ 上才有信号值。采样信号也是一种序列，以 $f(n)$ 表示，其定义为

$$f = \{f(n)\}, \quad -\infty < n < \infty \tag{4.1}$$

式中，n 为整数；$f(n)$ 为采样序列中的第 n 值；{}表示全部采样值的集合。

$f(n)$ 仅对整数的 n 才有定义，对于非整数的 n 值，不能认为 $f(n)$ 为零值，而仅仅是在 n 为非整数时 $f(n)$ 没有定义。一般情况下，序列 $\{f(n)\}$ 常用 $f(n)$ 来表示。

4.1.2 采样信号分析

采样器可理解为一个开关，它每隔 T（单位为 s）就短暂地闭合一次，对连续时间信号进行一次采样。如果开关每次闭合时间为 τ（单位为 s），那么，采样器的输出将是一串重复周期为 T、宽度为 τ 的脉冲，而脉冲的幅度，却是时间 τ 内连续信号的幅值，如图 4.3 所示。如果以 $f_a(t)$ 代表输入的连续时间信号，如图 4.3（a）所示，以 $f_p(nT_s)$ 代表采样输出信号，如图 4.3（b）所示，显然，这个过程可以看作脉冲调幅过程，其载波是一串周期为 T_s、宽度为 τ、幅度为 1 的矩形脉冲 $P(t)$，如图 4.3（c）所示。而调制信号就是输入的连续时间信号，即

$$f_p(nT_s) = f_a(t)P(t) \tag{4.2}$$

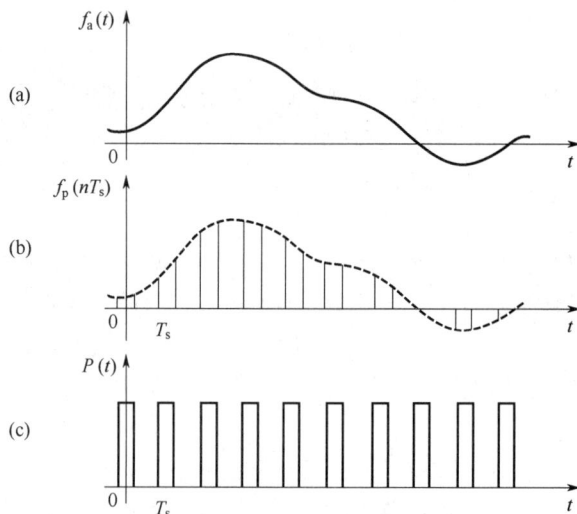

采样信号

连续信号 $\longrightarrow$ 采样 $\longrightarrow$ 量化编号 $\longrightarrow$ 数字信号

$f_a(t)$　　　　　$f_p(nT_s)$　　　　　$f(n)$

采样脉冲 $P(t)$

(d)

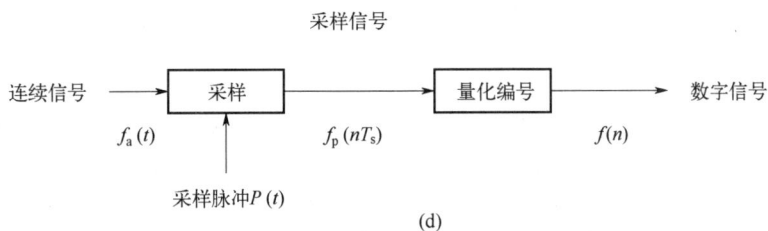

图 4.3　连续时间信号的采样过程

图 4.3（d）为连续时间信号 $f_a(t)$ 经过采样和量化编号后输出数字信号的原理框图。

下面讨论采样信号 $f_p(nT_s)$ 的频谱 $f_p(\omega)$。为此目的，先将 $P(t)$ 表示为它的傅里叶级数形式

$$P(t) = \sum_{n=-\infty}^{\infty} c_n e^{jn\omega_s t} \qquad (4.3)$$

式中

$$\omega_s = 2\pi f_s = \frac{2\pi}{T_s} \qquad (4.4)$$

$$c_n = \frac{\tau}{T_s} \times \frac{\dfrac{\sin(n\pi\tau)}{T_s}}{\dfrac{n\pi\tau}{T_s}} \qquad (4.5)$$

将式（4.4）代入式（4.3），得

$$f_p(nT_s) = \sum_{n=-\infty}^{\infty} f_a(t) c_n e^{jn\omega_s t} \qquad (4.6)$$

对式（4.6）两端进行傅里叶变换，得

$$F_p(\omega) = \sum_{n=-\infty}^{\infty} c_n F_a(\omega - n\omega_s) \qquad (4.7)$$

图 4.4 粗略地画出了 $|F_a(\omega)|$ 和 $F_p(\omega)$。由于频谱函数是偶函数，所以它在正、负频率范围内情况相同，为了节约篇幅，往往在负频率范围只画出很小的一部分。

由式（4.7）和图 4.4 可以清楚地看出：连续时间信号，经过采样器采样后，所得采样信号的频谱将从 $\omega = 0$ 开始，沿着频率轴正、负方向，每隔一个采样频率 ω 重复一次，重复时其值的大小需乘以系数 c_n。由于 c_n 是按 sinc 函数规律变化的，它将随频率增高而减小。c_n 减小的快慢以及它第一次过零点的频率大小均取决于 τ/T_s（占空因数）的大小。若 $\tau \ll T_s$，则频谱 $F_a(\omega)$ 的幅值将减小得很慢，它第一次过零点的频率也很大。若采样脉冲的宽度 τ 趋于零，这时其载波将是一串周期为 T_s 的冲激函数 $\delta_T(t)$：

$$\delta_T(t) = \sum_{n=-\infty}^{\infty} \delta(t - nT_s) \qquad (4.8)$$

此时，采样信号将为一系列冲激函数，这样的采样信号称为理想采样信号，用顶部符号（∧）来表示。例如，信号 $f_a(t)$ 的理想采样信号为 $\hat{f}_a(t)$，理想采样信号的表达式为

$$\hat{f}_a(t) = f_a(t)\delta_T(t) \qquad (4.9)$$

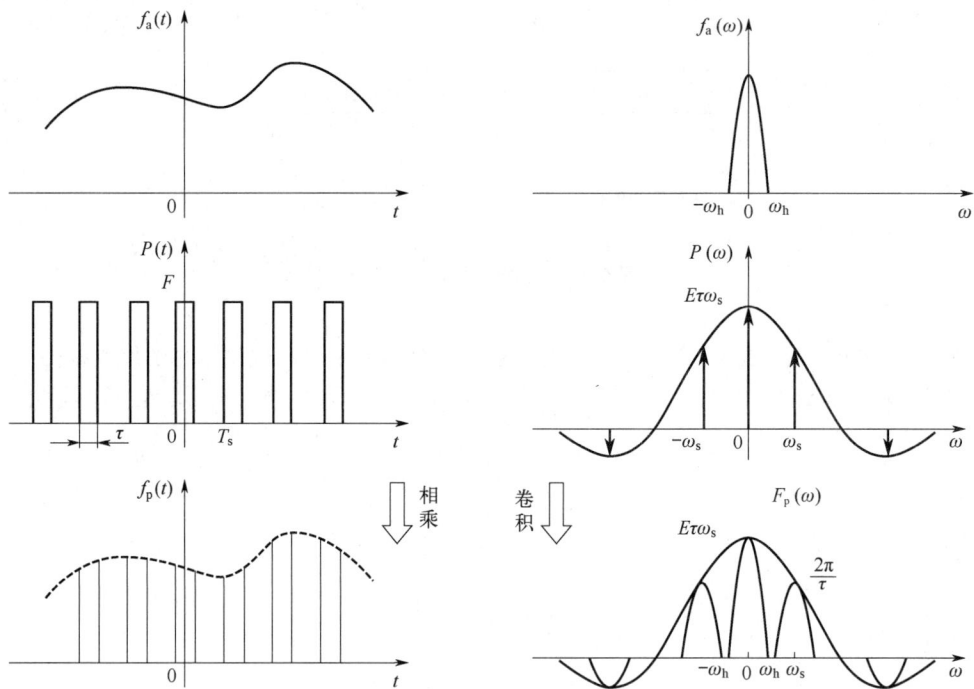

图4.4 连续时间信号和相应采样信号的频谱

$$\hat{f}_a(t) = \sum_{n=-\infty}^{\infty} f_a(t)\delta(t - nT_s) \tag{4.10}$$

由于 $\delta(t - T_s)$ 只在 $t = nT_s$ 时非零，故式（4.10）又可写作

$$\hat{f}_a(t) = \sum_{n=-\infty}^{\infty} f_a(nT_s)\delta(t - nT_s) \tag{4.11}$$

由于 $\delta_T(t)$ 是以采样周期 T_s 重复的冲激脉冲，它也是一个周期函数，因此可用傅里叶级数表示为

$$\delta_T(t) = \sum_{n=-\infty}^{\infty} \delta(t - nT_s) = \sum_{m=-\infty}^{\infty} c_m e^{jm\omega_s t} \tag{4.12}$$

式中

$$\omega_s = \frac{2\pi}{T_s} \qquad c_m = \frac{1}{T_s}\int_{-\frac{T_s}{2}}^{\frac{T_s}{2}} \delta_T(t)e^{-jm\omega_s t}\mathrm{d}t = \frac{1}{T_s} \tag{4.13}$$

于是

$$\delta_T(t) = \frac{1}{T_s}\sum_{m=-\infty}^{\infty} e^{jm\omega_s t} \tag{4.14}$$

式（4.14）表明，冲激序列 $\delta_T(t)$ 具有梳状谱的结构，它的各次谐波都具有相同的幅度 $\dfrac{1}{T_s}$，因此，理想采样信号 $\hat{f}_a(t)$ 的傅里叶变换为

$$\hat{F}_a(\omega) = \frac{1}{T_s} \sum_{m=-\infty}^{\infty} F_a(\omega - m\omega_s) = \frac{1}{T_s} \sum_{m=-\infty}^{\infty} F_a\left(\omega - m\frac{2\pi}{T_s}\right) \qquad (4.15)$$

式（4.15）表明，连续时间信号经理想采样后，其理想采样信号 $\hat{f}_a(t)$ 的频谱 $\hat{F}_a(\omega)$ 的幅值将是连续时间信号频谱 $F_a(\omega)$ 的 $1/T_s$ 倍，并从 $\omega = 0$ 开始，沿频率轴正、负方向，每隔一个采样频率 ω_s 重复一次。即理想采样信号的频谱 $\hat{F}_a(\omega)$ 是原连续时间信号频谱 $F_a(\omega)$ 的周期延拓，其延拓周期为 ω_s。

理想采样信号的频谱 $\hat{F}_a(\omega)$ 与非理想采样信号 $f_p(t)$ 的频谱 $F_p(\omega)$ 相比较，它们都是频率的周期函数，其周期均为 ω_s，但 $\hat{F}_a(\omega)$ 在各周期延拓的频谱中其幅值与其基带频谱的幅值相同，没有衰减，而 $F_p(\omega)$ 在各周期延拓的频谱中其幅值与其基带频谱的幅值不同，是按 sinc(x) 函数的规律衰减的。

4.1.3 采样定理

（1）时域采样定理

在信号处理领域，如果一个连续时间信号 $f_a(t)$ 的频谱存在一个明确的上限频率 ω_h，这样的信号称为带限信号。为了通过理想采样过程后仍能不失真地还原出原始带限信号，一个关键条件是确保采样后信号的周期延拓频谱中，各个频率分量之间不得相互重叠。这种重叠现象，一旦发生，会导致频谱的相加结果中，原本带限内的频谱结构被改变，这一现象被形象地称为"频率混叠"。

频率混叠是一种不希望出现的效应，因为它会破坏信号的完整性，使得通过傅里叶反变换在带限内重建的信号与原始连续时间信号不再一致。为了有效防止频率混叠的发生，需要满足以下两个基本条件：

① 信号本身必须是带限的：这意味着信号的频谱必须有一个清晰的截止频率，即 $2\omega_h$，超出此频率的信号能量几乎为零。这一条件确保了信号在频率域上的有限性和可处理性。

② 采样频率必须足够高：具体来说，采样频率 ω_s 必须大于或等于信号最高频率的两倍，即 $\omega_s \geq 2\omega_h$。这一准则，即奈奎斯特采样定理，保证了在采样过程中，信号的最高频率分量在频谱周期延拓时不会与其自身的其他副本重叠，从而维护了信号的频谱结构，使得后续的信号重建成为可能。

时域采样定理，为信号的数字处理提供了一个重要的基础框架。该定理深刻指出，为了确保连续时间信号在采样后能够不失真地被重建，采样频率 ω_s 必须设定在信号最高频率 ω_h 的两倍或以上。这里的 ω_h 作为信号的最高频率，常被称为奈奎斯特频率，而满足此条件的采样频率 $\omega_s = 2\omega_h$，则被称为奈奎斯特采样频率。在实际操作中，鉴于信号的频谱可能包含高于 ω_h 的频率分量，若不对这些分量加以处理，在采样过程中可能会导致频率混叠，进而损害信号的完整性。因此，许多数据采集系统在设计时，都会包含一个前置的滤波步骤，即抗混叠滤波。这一步骤的目的是通过滤除高于奈奎斯特频率的频率成分，确保信号在采样前是带限的，从而满足采样定理的先决条件。抗混叠滤波器的应用，不仅提升了数据采集的准确性，也确保了后续信号处理流程的可靠性和有效性。它如同一道守护关卡，阻止了高频噪声和不必要的信号成分对采样结果的影响，为高质量的信号重建铺平了道路。

在采样信号处理中，若要确保采样频谱不发生混叠，需通过一个设计合理的低通滤波器，其截止频率位于 ω_h 和 $\omega_s - \omega_h$ 之间，能够精确且不失真地还原出原始的连续时间信号。然而，理想中的低通滤波器，即那种具有极其陡峭截止频率特性的滤波器，在现实中是难以实现的。这种理想滤波器的缺失，促使我们在实际工程应用中采取更为保守的策略。为了克服这一限制，通常会将采样频率 ω_s 设定得远高于信号最高频率 ω_h 的两倍。常见的做法是将采样频率选在信号最高频率的 4～10 倍之间，这样做的好处在于，即便使用非理想的低通滤波器，也能在较大程度上避免频谱混叠的风险，因为更大的频率间隔为滤波器提供了更大的设计裕量，使得其过渡带可以更平缓而不影响信号的恢复质量。这种增加采样频率的做法，虽然会增加数据处理和存储的负担，但它是确保信号质量和重建精度的一种有效手段。在实际应用中，工程师们会根据信号的具体特性、系统性能要求以及成本考虑，权衡选择合适的采样频率。因此，尽管理想条件难以实现，但通过合理的采样频率设计和滤波器选择，我们仍然可以接近无失真地恢复出原始的连续时间信号，如图 4.5 所示。

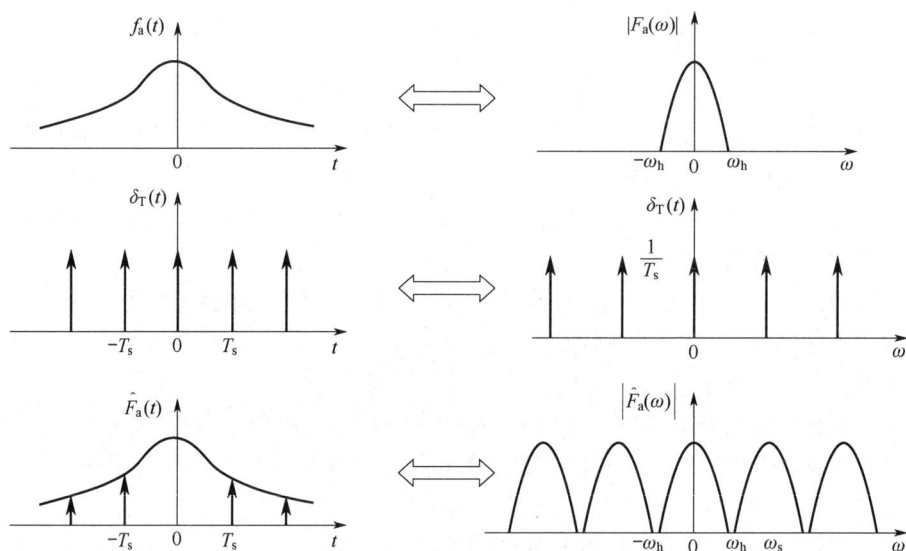

图 4.5 理想采样信号及其频谱

（2）采样信号的恢复

若连续时间信号 $f_a(t)$ 的频谱函数为 $F_a(\omega)$，它经理想采样后的频谱 $\hat{F}_a(\omega)$ 为

$$\hat{F}_a(\omega) = \frac{1}{T_s} \sum_{m=-\infty}^{\infty} F_a(\omega - m\omega_s) \tag{4.16}$$

当采样频率 ω_s 高于连续时间信号 $f_a(t)$ 的最高频率 ω_h 的两倍时，则在 $[-\omega_s/2, \omega_s/2]$ 范围内，$\hat{F}_a(\omega)$ 可表示为

$$\hat{F}_a(\omega) = F_a(\omega), \qquad |\omega| \leqslant \frac{\omega_s}{2} \tag{4.17}$$

这个要求可以将采样信号 $\hat{f}_a(t)$ 通过一个理想低通滤波器来实现。该理想低通滤波器应该

只让采样信号频谱 $\hat{f}(\omega)$ 的基带频谱通过，它的频带宽度应该等于 $\omega_s/2$，其特性表示为

$$G(\omega) = \begin{cases} T_s, & |\omega| \leqslant \omega_s/2 \\ 0, & |\omega| > \omega_s/2 \end{cases} \qquad (4.18)$$

采样信号频谱经过该理想滤波器后，就可以得到原连续时间信号的频谱

$$Y(\omega) = \hat{F}_a(\omega)G(\omega) = F_a(\omega) \qquad (4.19)$$

于是得到由 $F_a(\omega)$ 恢复的连续时间信号

$$y(t) = f_a(t) \qquad (4.20)$$

显然，在工程实践中，实现一个完全理想的低通滤波器是不可能的，然而，我们可以通过达到一定的精确度来近似地实现它。

（3）采样信号恢复的内插公式

接下来探讨采样信号经过理想低通滤波器处理后的输出结果，图 4.6（a）为采样信号的频谱。

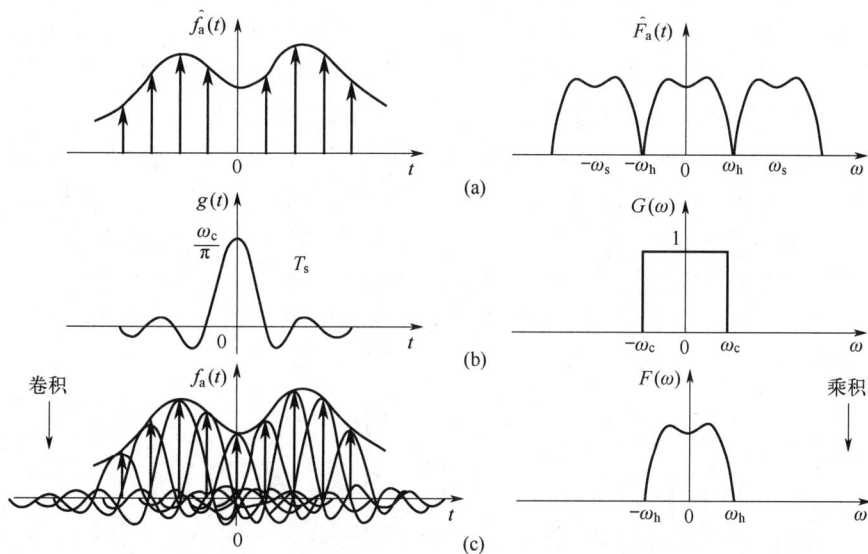

图 4.6　内插函数的图形

理想低通滤波器的冲激响应为

$$g(t) = \frac{1}{2\pi} \int_{-\infty}^{\infty} G(\omega)\mathrm{e}^{\mathrm{j}\omega t}\mathrm{d}\omega = \frac{T_s}{2\pi} \int_{-\frac{\omega_s}{2}}^{\frac{\omega_s}{2}} \mathrm{e}^{\mathrm{j}\omega t}\mathrm{d}\omega = \frac{\sin\left(\dfrac{\omega_s}{2}t\right)}{\dfrac{\omega_s}{2}t} = \mathrm{sinc}\left(\frac{\pi}{T_s}t\right) \qquad (4.21)$$

采样信号 $\hat{f}_a(t)$ 经过理想低通滤波器的输出可以由卷积公式得

$$y(t) = \int_{-\infty}^{\infty} \hat{f}_a(\tau)g(t-\tau)\mathrm{d}\tau = \int_{-\infty}^{\infty} \left[\sum_{n=-\infty}^{\infty} f_a(\tau)\delta(\tau-n\tau)\right]g(t-\tau)\mathrm{d}\tau$$

$$= \sum_{n=-\infty}^{\infty} \int_{-\infty}^{\infty} f_a(\tau)g(t-\tau)\delta(\tau-nT_s)\mathrm{d}\tau = \sum_{n=-\infty}^{\infty} f_a(nT_s)g(t-nT_s) \qquad (4.22)$$

这里，$g(t-nT_s)$ 称为内插函数

$$g(t - nT_\mathrm{s}) = \frac{\sin\left[\dfrac{\pi}{T_\mathrm{s}}(t - nT_\mathrm{s})\right]}{\dfrac{\pi}{T_\mathrm{s}}(t - nT_\mathrm{s})} \tag{4.23}$$

它的波形如图 4.6（b）所示。其特征表现为：在采样时刻，其函数取值达到峰值（通常为1）；而在非采样时刻，函数值则降为零。

由于 $y(t) = f_\mathrm{a}(t)$，所以式（4.22）可以表示为

$$f_\mathrm{a}(t) = \sum_{n=-\infty}^{\infty} f_\mathrm{a}(nT_\mathrm{s}) \frac{\sin\left[\dfrac{\pi}{T_\mathrm{s}}(t - nT_\mathrm{s})\right]}{\dfrac{\pi}{T_\mathrm{s}}(t - nT_\mathrm{s})} \tag{4.24}$$

式（4.24）称为采样内插公式，它表明了连续时间信号 $f_\mathrm{a}(t)$ 如何由它的采样值 $f_\mathrm{a}(nT_\mathrm{s})$ 来表达，即 $f_\mathrm{a}(t)$ 等于 $f_\mathrm{a}(nT_\mathrm{s})$ 分别乘上相应的内插函数后再求和，如图 4.6（c）所示。在每一个采样点上，由于只有该采样值不变，而各采样点之间的信号则是由各采样值内插函数的波形延伸叠加而成的。这也是理想低通滤波器 $G(\omega)$ 对各采样值响应的叠加。

显然，虽然上述公式能够精确地将采样信号还原为连续时间信号，但在实际操作中却难以实现，因为连续信号在各采样点之间的值需要通过无限多项的求和来计算。为了解决这个问题，通常采用两种近似的插值方法来恢复原始的连续时间信号，即"零阶保持法"和"一阶保持法"，如图 4.7 所示。在零阶保持法中，两个采样点之间的信号值保持为前一个采样点的值。尽管这种方法是恢复连续时间信号最简单的方式，但它可能会引入较大的误差，除非采样频率远高于连续时间信号的最高频率，才能有效地减小误差。而一阶保持法则是在两个采样值之间采用这两个值的线性插值。

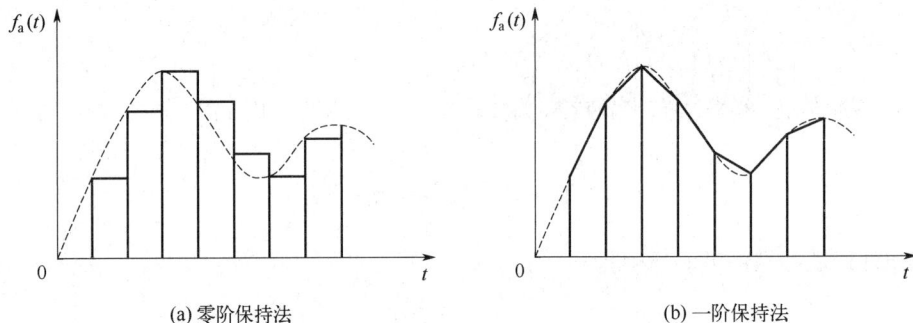

(a) 零阶保持法　　　　　　　　　　(b) 一阶保持法

图 4.7 零阶保持法和一阶保持法

4.2　周期信号分析

4.2.1　傅里叶级数与周期信号的分解

（1）三角函数展开式

对于满足狄利克雷条件，即在区间（$-T/2$，$T/2$）连续或只有有限个第一类间断点且只有

有限个极值点的周期信号，均可展开为

$$x(t) = a_0 + \sum_{n=1}^{\infty}[a_n\cos(n\omega_0 t) + b_n\sin(n\omega_0 t)] \tag{4.25}$$

式中，常值分量

$$a_0 = \frac{1}{T_0}\int_{-\frac{T_0}{2}}^{\frac{T_0}{2}}x(t)\mathrm{d}t \tag{4.26}$$

余弦分量的幅值

$$a_n = \frac{2}{T_0}\int_{-\frac{T_0}{2}}^{\frac{T_0}{2}}x(t)\cos(n\omega_0 t)\mathrm{d}t \tag{4.27}$$

正弦分量的幅值

$$b_n = \frac{2}{T_0}\int_{-\frac{T_0}{2}}^{\frac{T_0}{2}}x(t)\cos(n\omega_0 t)\mathrm{d}t \tag{4.28}$$

式中，a_0、a_n、b_n 分别为傅里叶系数；T_0 为信号的周期，$T_0 = 2\pi/\omega_0$；ω_0 为信号的基频，用圆频率或角频率表示；$n\omega_0$ 为 n 次谐波；n 为正整数。

由式（4.28）可知，a_n 是 n 或 $n\omega_0$ 的偶函数；b_n 是 n 或 $n\omega_0$ 的奇函数。应用三角函数变换，可将式（4.25）正、余弦函数的同频率项合并、整理，可得信号 $x(t)$ 另一种形式的傅里叶级数表达式

$$x(t) = A_0 + \sum_{n=1}^{\infty}A_n\sin(n\omega_0 t + \varphi_n) \tag{4.29}$$

式中，常值分量

$$A_0 = a_0 = \frac{1}{T_0}\int_{-\frac{T_0}{2}}^{\frac{T_0}{2}}x(t)\mathrm{d}t \tag{4.30}$$

各次谐波分量频率成分的幅值

$$A_n = \sqrt{a_n^2 + b_n^2} \tag{4.31}$$

各次谐波分量频率成分的初相角

$$\varphi_n = \arctan\frac{a_n}{b_n} \tag{4.32}$$

从式（4.30）～式（4.32）可知，周期信号可分解成众多具有不同频率的正、余弦（即谐波）分量。式中，第一项 A_0 为周期信号中的常值或直流分量，从第二项依次向下分别称为信号的基波或一次谐波、二次谐波、三次谐波、…、n 次谐波，即当 $n=1$ 时的谐波称为基波（fundamental wave），n 次倍频成分 $A_n\sin(n\omega_0 t + \varphi_n)$ 称为 n 次谐波（harmonic）。A_n 为 n 次谐波的幅值，φ_n 为其初相角。

为直观地表示出一个信号的频率成分结构，以 ω 为横坐标，以 A_n 和 φ_n 为纵坐标所作的图称为频谱（spectrum）图。$A_n - \omega$ 图称为幅值谱（amplitude spectnum）图，$\varphi_n - \omega$ 图称为相位谱（phase spectrum）图。

由于 n 是整数序列，相邻频率的间隔为 $\Delta\omega = \omega_0 = 2\pi/T_0$，即各频率成分都是 ω_0 的整数倍，因此谱线是离散的。频谱中的每一根谱线对应其中一个谐波，频谱比较形象地反映了周期信

号的频率结构及其特征。

例 4.1　求周期方波［见图 4.8（a）］频谱，并作出频谱图。

解： 周期方波 $x(t)$ 在一个周期内表示为

$$x(t) = \begin{cases} A, & 0 \ll t < \dfrac{T_0}{2} \\ -A, & -\dfrac{T_0}{2} \ll t < 0 \end{cases} \tag{4.33}$$

因 $x(t)$ 是奇函数，所以有

$$a_n = 0$$

$$b_n = \frac{2}{T_0}\int_{-\frac{T_0}{2}}^{\frac{T_0}{2}} x(t)\sin(n\omega_0 t)\mathrm{d}t = \frac{4}{T_0}\int_0^{\frac{T_0}{2}} A\sin(n\omega_0 t)\mathrm{d}t$$

$$= -\frac{4A}{T_0}\times\frac{\cos(n\omega_0 t)}{n\omega_0}\Bigg|_0^{\frac{T_0}{2}} \tag{4.34}$$

$$= -\frac{2A}{\pi n}[\cos(\pi n)-1]$$

$$= \begin{cases} \dfrac{4A}{\pi n}, & n = 1,3,5,\cdots \\ 0, & n = 2,4,6,\cdots \end{cases}$$

于是，有

$$x(t) = \frac{4A}{\pi}\left[\sin(\omega_0 t)+\frac{1}{3}\sin(3\omega_0 t)+\frac{1}{5}\sin(5\omega_0 t)+\cdots\right] \tag{4.35}$$

$$\varphi_n = \arctan\frac{a_n}{b_n} = \arctan\frac{0}{b_n} = 0 \tag{4.36}$$

幅值谱和相位谱分别如图 4.8（b）和（c）所示。幅值谱只包含基波和奇次谐波的频率分量且谐波幅值以 $1/n$ 的倍数衰减；相位谱中各次谐波的相角均为零。

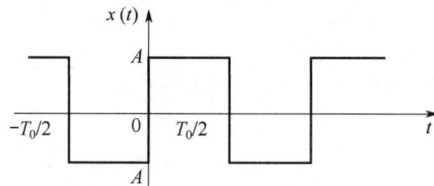

(a) 周期方波

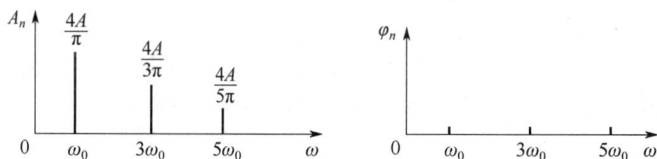

(b) 幅值谱　　　　　　　　(c) 相位谱

图 4.8　周期方波的频谱图

基波波形如图 4.9（a）所示：若将第 1、3 次谐波叠加，图形如图 4.9（b）所示；若将第 1、3、5 次谐波叠加，则图形如图 4.9（c）所示。显然，叠加项越多，叠加后越接近周期方波，当叠加项无穷多时，则叠加成周期方波。

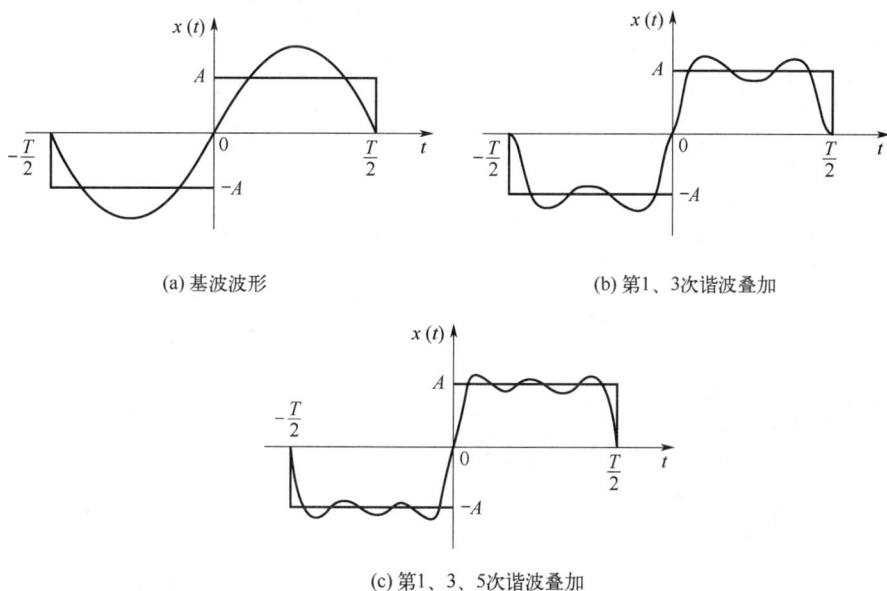

(a) 基波波形

(b) 第1、3次谐波叠加

(c) 第1、3、5次谐波叠加

图 4.9　周期方波谐波成分的叠加

图 4.10 采用波形分解的方式形象地说明了周期方波信号的时域表示和频域表示及其相互关系。

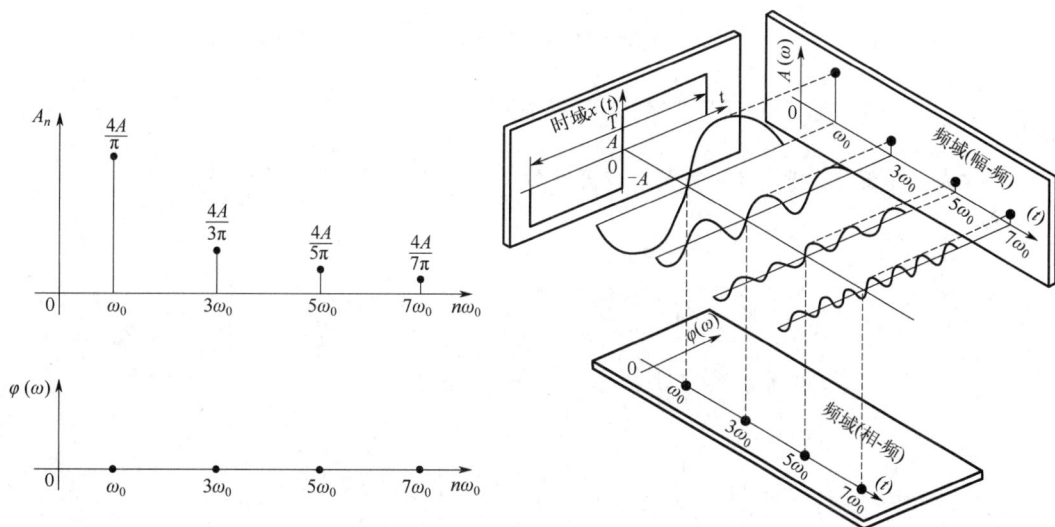

图 4.10　周期方波信号的时域和频域表示及其相互关系

（2）傅里叶级数的复指数展开式

由欧拉公式

$$e^{\pm jn\omega_0 t} = \cos(n\omega_0 t) \pm j\sin(n\omega_0 t) \tag{4.37}$$

或

$$
\begin{cases}
\cos(n\omega_0 t) = \dfrac{1}{2}(e^{-jn\omega_0 t} + e^{jn\omega_0 t}) \\[2mm]
\sin(n\omega_0 t) = \dfrac{j}{2}(e^{-jn\omega_0 t} - e^{jn\omega_0 t})
\end{cases}
\tag{4.38}
$$

式（4.35）改写为

$$
x(t) = a_0 + \sum_{n=1}^{\infty}\left[\frac{1}{2}(a_n + jb_n)e^{-jna_0 t} + \frac{1}{2}(a_n - jb_n)e^{jna_0 t}\right]
\tag{4.39}
$$

令 $c_0 = a_0$，$c_n = \dfrac{1}{2}(a_n - jb_n)$，$c_{-n} = \dfrac{1}{2}(a_n + jb_n)$，则有

$$
x(t) = c_0 + \sum_{n=1}^{\infty}(c_{-n}e^{-jn\omega_0 t} + c_n e^{jn\omega_0 t})
\tag{4.40}
$$

即

$$
x(t) = \sum_{n=-\infty}^{\infty} c_n e^{jn\omega_0 \mu}, \quad n = 0, \pm 1, \pm 2, \cdots
\tag{4.41}
$$

式中，$c_n = \dfrac{1}{T_0}\displaystyle\int_{-\frac{T_0}{2}}^{\frac{T_0}{2}} x(t)e^{-jn\omega_0 t}\mathrm{d}t$。

一般情况下，c_n 是复变函数，可以写成

$$
c_n = \mathrm{Re}c_n + j\mathrm{Im}c_n = |c_n|e^{j\varphi_n}
\tag{4.42}
$$

其中，$\mathrm{Re}c_n$、$\mathrm{Im}c_n$ 分别称为实频谱和虚频谱；$|c_n|$、φ_n 分别称为幅值谱和相位谱。它们之间的关系为

$$
|c_n| = \sqrt{(\mathrm{Re}c_n)^2 + (\mathrm{Im}c_n)^2}
$$

$$
\varphi_n = \arctan\frac{\mathrm{Im}c_n}{\mathrm{Re}c_n}
\tag{4.43}
$$

例 4.2 对图 2-3 所示周期方波，以复指数展开形式求频谱，并作频谱图。

解：

$$
c_0 = \frac{1}{T_0}\int_{-\frac{T_0}{2}}^{\frac{T_0}{2}} x(t)\mathrm{d}t = 0
$$

$$
\begin{aligned}
c_n &= \frac{1}{T_0}\int_{-\frac{T_0}{2}}^{\frac{T_0}{2}} x(t)e^{j\sin n\omega_0 t} \\[2mm]
&= \frac{1}{T_0}\int_{-\frac{T_0}{2}}^{\frac{T_0}{2}} x(t)[\cos(n\omega_0 t) - j\sin(n\omega_0 t)]\mathrm{d}t \\[2mm]
&= -j\frac{2}{T_0}\int_{0}^{\frac{T_0}{2}} A\sin(n\omega_0 t)\mathrm{d}t \\[2mm]
&= \begin{cases} -j\dfrac{2A}{\pi n}, & n = \pm 1, \pm 3, \pm 5, \cdots \\[2mm] 0, & n = \pm 2, \pm 4, \pm 6, \cdots \end{cases}
\end{aligned}
\tag{4.44}
$$

于是，幅值谱

$$c_n = \begin{cases} \dfrac{2A}{\pi n}, & n = \pm 1, \pm 3, \pm 5, \cdots \\ 0, & n = \pm 2, \pm 4, \pm 6, \cdots \end{cases} \tag{4.45}$$

相位谱

$$\varphi_n = \arctan \dfrac{-\dfrac{2A}{\pi n}}{0} = \begin{cases} -\dfrac{\pi}{2}, & n > 0, n = 1, 3, 5, \cdots \\ \dfrac{\pi}{2}, & n < 0, n = -1, -3, -5, \cdots \end{cases} \tag{4.46}$$

幅值谱和相位谱如图 4.11 所示。三角函数展开形式的频谱是单边谱（ω 为 $0 \sim \infty$），复指数展开形式的频谱是双边谱（ω 为 $-\infty \sim \infty$），两种幅值谱的关系为

$$|c_0| = A_0 = a_0, \quad |c_n| = \dfrac{1}{2}\sqrt{a_n^2 + b_n^2} = \dfrac{A_n}{2} \tag{4.47}$$

c_n 与 c_{-n} 共轭，即 $c_n = c_{-n}^*$，且 $\varphi_{-n} = -\varphi_n$，双边幅值谱为偶函数，双边相位谱为奇函数。周期信号经三角函数或复指数函数展开后，其频谱展现出以下特性。

① 离散性：周期信号的频谱呈现为离散状态，每条谱线均代表一个正弦成分的幅度大小。

② 谐波性：谱线的位置仅出现在基频的整数倍频率点上。

③ 收敛性：各频率成分的谱线高度直接反映了相应谐波的振幅大小，且通常情况下，谐波的振幅随着谐波次数的增加而逐渐降低，因此在频谱分析中，对于次数过高的谐波分量，可以考虑忽略不计。

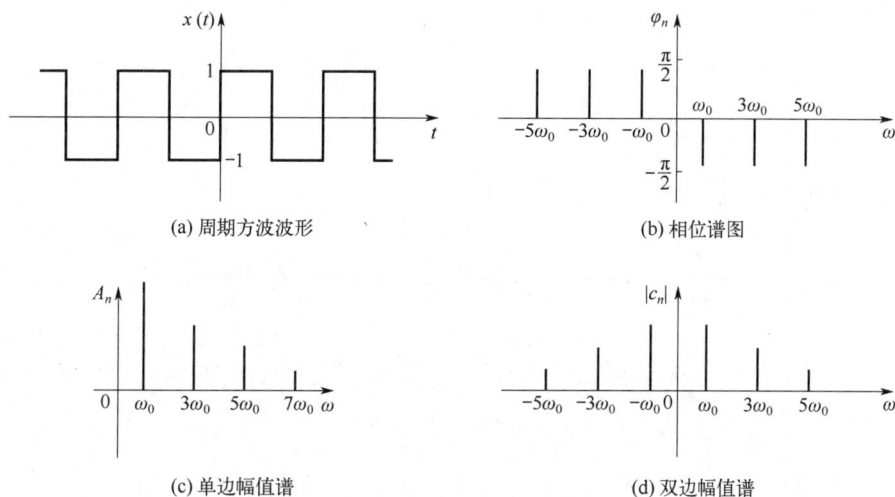

图 4.11 周期方波的单、双边幅值谱和相位谱

4.2.2 周期信号的频谱

当一个周期信号满足狄里克雷条件时，它可以被分解为一系列正弦信号或复指数信号的叠加。不同的周期信号波形，其分解后的谐波构成也会有所不同。为了描述和区分各种信号

的波形特征，我们通常需要绘制出各次谐波分量的频谱图。通过观察周期信号的傅里叶级数展开式，我们可以发现，A_n、φ_n 和 ω_0 是描述周期信号谐波组成的三个基本要素。将 A_n、φ_n 分别称为信号 $x(t)$ 的幅值谱和相位谱，由于 n 值取正整数，故采用实三角函数形式的傅里叶级数时，周期信号的频谱是位于频率轴右侧的离散谱，谱线间隔为整数个 ω_0。对于指数形式的傅里叶级数，c_n 为幅值谱，ϕ_n 为相位谱，由于 n 值取正负整数，故其频谱为双边频谱。幅值谱的量纲与信号的量纲是一致的。

例 4.3 求图 4.12 所示的周期性三角波的傅里叶级数表示。

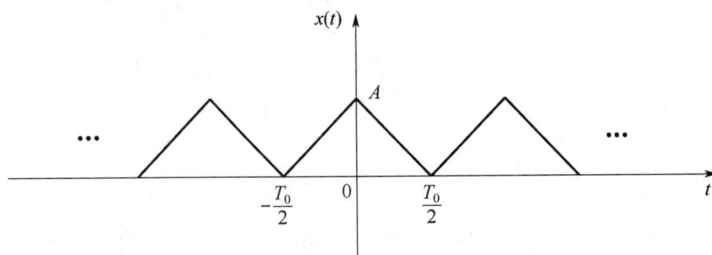

图 4.12 周期性三角波

解： $x(t)$ 的一个周期可表示为

$$x(t) = \begin{cases} A + \dfrac{2A}{T_0}t, & -\dfrac{T_0}{2} \leqslant t \leqslant 0 \\ A - \dfrac{2A}{T_0}t, & 0 < t \leqslant \dfrac{T_0}{2} \end{cases} \tag{4.48}$$

常值分量：

$$\frac{a_0}{2} = \frac{1}{T_0}\int_{-\frac{T_0}{2}}^{\frac{T_0}{2}} x(t)\mathrm{d}t = \frac{2}{T_0}\int_0^{\frac{T_0}{2}}\left(A - \frac{2A}{T_0}t\right)\mathrm{d}t = \frac{A}{2}$$

余弦分量的幅值：

$$a_n = \frac{2}{T_0}\int_{-\frac{T_0}{2}}^{\frac{T_0}{2}} x(t)\cos(n\omega_0 t)\mathrm{d}t = \frac{4}{T_0}\int_0^{\frac{T_0}{2}}\left(A - \frac{2A}{T_0}t\right)\cos(n\omega_0 t)\mathrm{d}t$$

$$= \frac{4A}{n^2\pi^2}\sin^2\frac{n\pi}{2} = \begin{cases} \dfrac{4A}{n^2\pi^2}, & n = 1,3,5,\cdots \\ 0, & n = 2,4,6,\cdots \end{cases} \tag{4.49}$$

正弦分量的幅值：

$$b_n = \frac{2}{T_0}\int_{-\frac{T_0}{2}}^{\frac{T_0}{2}} x(t)\sin(n\omega_0 t)\mathrm{d}t = 0 \tag{4.50}$$

这样，该周期性三角波的傅里叶级数展开式为

$$x(t) = \frac{A}{2} + \frac{4A}{\pi^2}\left[\cos(\omega_0 t) + \frac{1}{3^2}\cos(3\omega_0 t) + \frac{1}{5^2}\cos(5\omega_0 t) + \cdots\right] = \frac{A}{2} + \frac{4A}{\pi^2}\sum_{n=1}^{\infty}\frac{1}{n^2}\cos(n\omega_0 t) \tag{4.51}$$

周期性三角波的频谱图如图 4.13 所示，其幅频谱只包含常值分量、基波和奇次谐波的频

率分量，谐波的幅值以 $1/n^2$ 的规律收敛。在其相频谱中基波和各次谐波的初相位 φ_n 均为零。

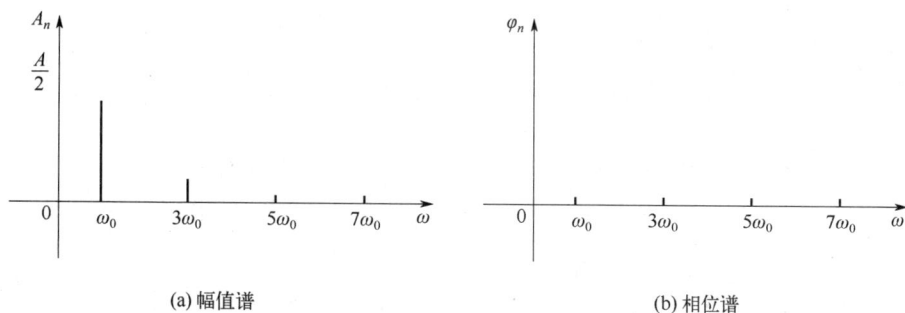

(a) 幅值谱　　　　　　　　　　　　　　(b) 相位谱

图 4.13　周期性三角波的频谱

例 4.4　画出余弦、正弦信号的实、虚部频谱图。

解：根据欧拉公式得

$$\cos(\omega_0 t) = \frac{1}{2}(e^{-j\omega_0 t} + e^{j\omega_0 t}) \tag{4.52}$$

$$\sin(\omega_0 t) = j\frac{1}{2}(e^{-j\omega_0 t} - e^{j\omega_0 t}) \tag{4.53}$$

余弦信号的频谱是实数且关于纵轴对称（偶对称），而正弦信号的频谱则是虚数且关于纵轴反对称（奇对称）。图 4.14 展示了这两种函数的频谱特性。

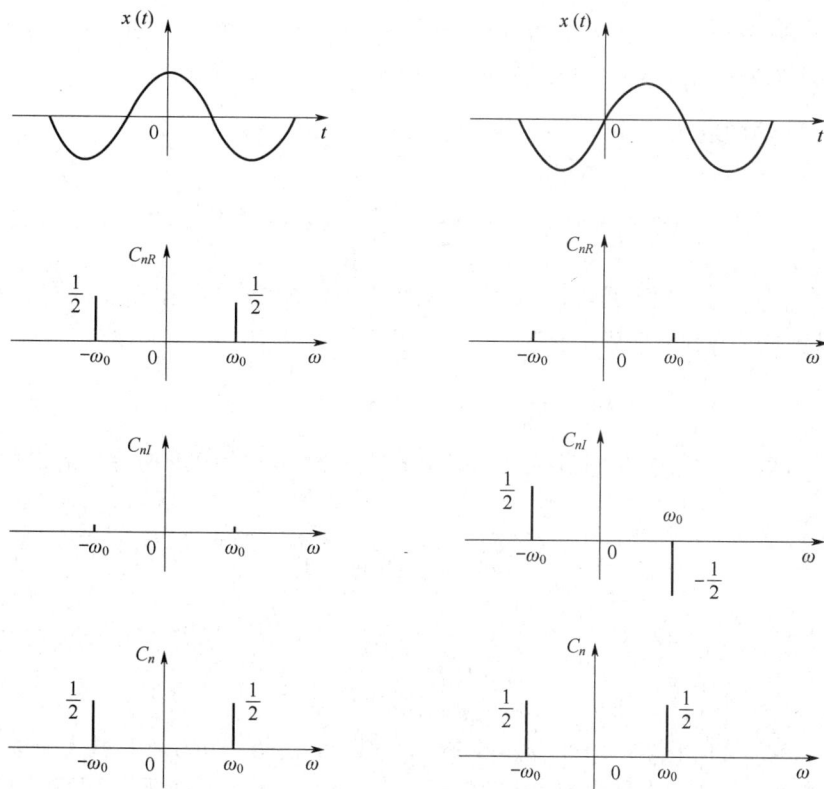

图 4.14

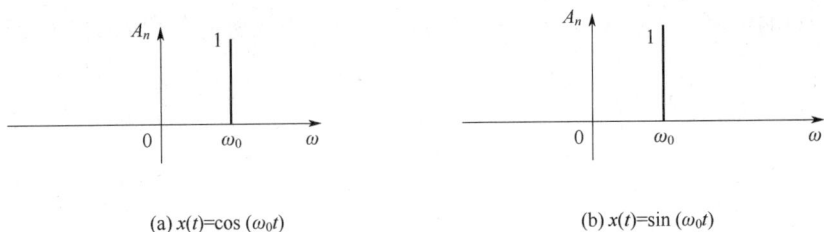

(a) $x(t)=\cos(\omega_0 t)$ (b) $x(t)=\sin(\omega_0 t)$

图 4.14 正、余弦函数的频谱图

　　基于上述例子可以进一步得出以下结论：一般周期实函数在通过傅里叶级数的复指数形式展开后，其实部频谱（对应于三角函数展开中的余弦分量）总是表现出偶对称性，而虚部频谱（对应于三角函数展开中的正弦分量）则总是表现出奇对称性。更进一步地，如果周期实函数是实偶函数，那么其傅里叶级数的复指数展开将仅包含偶对称的实部；相反，如果周期函数是实奇函数，则其傅里叶级数的复指数展开将仅包含奇对称的虚部。

4.3　非周期信号分析

4.3.1　傅里叶变换

　　周期信号的频谱是离散的，谱线的角频率间隔 $\Delta\omega=\omega_0=2\pi/T_0$。当 $T_0\to\infty$ 时，谱线间隔 $\Delta\omega\to0$，于是周期信号的离散频谱就变成了非周期信号的连续频谱。

　　周期信号 $x(t)$ 在区间 $\left(-\dfrac{T_0}{2},\dfrac{T_0}{2}\right)$ 的傅里叶级数的复指数形式为

$$x(t)=\sum_{n=-\infty}^{\infty}c_n\mathrm{e}^{jn\omega y}=\sum_{n=-\infty}^{\infty}\left(\frac{1}{T_0}\int_{-\frac{T_0}{2}}^{\frac{T_0}{2}}x(t)\mathrm{e}^{-jn\omega_0 t}\mathrm{d}t\right)\mathrm{e}^{jn\omega_0 t} \qquad (4.54)$$

　　当周期 $T_0\to\infty$ 时，频率间隔 $\omega\to\mathrm{d}\omega$，离散频谱中相邻的谱线无限接近，离散变量 $n\to\omega$，求和运算就变成了求积分运算，于是有

$$x(t)=\frac{1}{2\pi}\int_{-\infty}^{\infty}\left[\int_{-\infty}^{\infty}x(t)\mathrm{e}^{-j\omega t}\mathrm{d}t\right]\mathrm{e}^{j\omega t}\mathrm{d}\omega \qquad (4.55)$$

　　这就是傅里叶积分式，由于中括号内时间 t 是积分变量，所以积分后仅是 ω 的函数，记作 $X(\omega)$，即

$$X(\omega)=\int_{-\infty}^{\infty}x(t)\mathrm{e}^{-j\omega t}\mathrm{d}t \qquad (4.56)$$

　　于是

$$x(t)=\frac{1}{2\pi}\int_{-\infty}^{\infty}X(\omega)\mathrm{e}^{j\omega t}\mathrm{d}\omega \qquad (4.57)$$

　　称式（4.56）的 $X(\omega)$ 为 $x(t)$ 的傅里叶变换，表示为 $F[x(t)]=X(\omega)$；称式（4.57）的 $x(t)$ 为 $X(\omega)$ 的傅里叶逆变换，表示为 $F^{-1}[X(\omega)]=x(t)$。$x(t)$ 和 $X(\omega)$ 称为傅里叶变换 FT（fourier transform）对，表示为 $x(t)\leftrightarrow X(\omega)$。

把 $\omega = 2\pi f$ 代入式（4.56）和式（4.57），有

$$X(f) = \int_{-\infty}^{\infty} x(t)\mathrm{e}^{-\mathrm{j}2\pi f t}\mathrm{d}t \tag{4.58}$$

$$X(t) = \int_{-\infty}^{\infty} X(f)\mathrm{e}^{\mathrm{j}2\pi f t}\mathrm{d}f \tag{4.59}$$

一般情况下，$X(f)$ 是实变量 f 的复函数，可以写成

$$X(f) = X_R(f) + \mathrm{j}X_1(f) \tag{4.60}$$

或

$$X(f) = |X(f)|\,\mathrm{e}^{\mathrm{j}\varphi(f)} \tag{4.61}$$

式中，$|X(f)|$ 为幅值谱，简称为频谱；$\varphi(f)$ 为相位谱。它们都是连续的。

$|X(f)|$ 代表的是单位频率宽度上的幅度值，也被称为频谱密度或谱密度。相比之下，周期信号的幅度谱 $|C_n|$ 是离散的，并且其度量单位与信号的幅度单位一致。这是瞬态信号与周期信号在频谱特性上的一个主要差异。

4.3.2　非周期信号的频谱

当两个或更多个正弦或余弦信号相加时，如果这些信号中任意两个分量的频率比不是有理数，即它们的周期没有共同的倍数，那么这些信号组合后的结果将不再是周期性的，例如，下式所描述的信号就属于这种情况：

$$x(t) = A_1 \sin(\sqrt{2}t + \theta_1) + A_2 \sin(3t + \theta_2) + A_3 \sin(2\sqrt{7}t + \theta_3)$$

由不具有公共整数倍周期的分量组合而成的信号为非周期信号，然而，其频谱图却仍然保持离散性，这一特点与周期信号相似，因此这类信号被称为准周期信号。在工程技术领域，多个独立振动源共同产生的振动现象通常就表现为这种准周期信号。

除了准周期信号之外，其余的非周期信号被归类为瞬变信号。所以，非周期信号可以进一步细分为准周期信号和瞬变信号两大类。在通常的语境下，当我们提及非周期信号时，往往指的是瞬变信号。

瞬变信号在工程实践中具有广泛的应用实例。例如，图 4.15（a）描绘了电容器在放电过程中其两端电压随时间的变化情况；图 4.15（b）则展示了具有初始位移 A 的质量块在进行阻尼自由振动时的运动轨迹；而图 4.15（c）则描绘了一根受拉伸的弦在突然断裂瞬间的形变曲线。

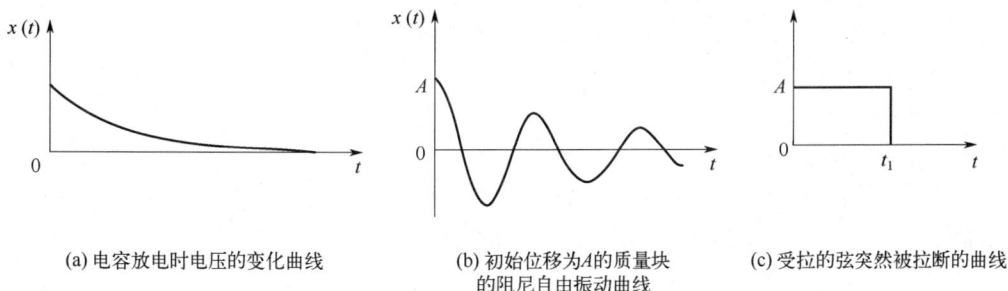

(a) 电容放电时电压的变化曲线　　　(b) 初始位移为A的质量块　　　(c) 受拉的弦突然被拉断的曲线
　　　　　　　　　　　　　　　　　 的阻尼自由振动曲线

图 4.15　瞬变信号的波形

4.3.3　傅里叶变换的主要性质

傅里叶变换是信号分析与处理领域里实现时域与频域相互转换的核心数学手段。深入理解傅里叶变换的主要特性，能够帮助我们把握信号在一个域内变化时，在另一个域内相应的变化规律，进而简化复杂信号的计算与分析过程。表 4.1 所列的各项性质均可通过定义公式进行推导验证，接下来，对其中的关键性质进行详细证明与阐释。

（1）奇偶虚实性质

一般 $X(f)$ 是实变量 f 的复变函数。由欧拉公式，有

$$\begin{aligned} X(f) &= \int_{-\infty}^{\infty} x(t) e^{-j2\pi ft} dt \\ &= \int_{-\infty}^{\infty} x(t)\cos(2\pi ft) dt - j\int_{-\infty}^{\infty} x(t)\sin(2\pi ft) dt \\ &= X_R(f) - jX_1(f) \end{aligned} \tag{4.62}$$

表 4.1　傅里叶变换的主要性质

性质	时域	频域	性质	时域	频域
函数的奇偶虚实性	实偶函数	实偶函数	频移	$x(t)e^{\mp j2\pi f}$	$X(f \pm f_0)$
	实奇函数	虚奇函数	翻转	$x(-t)$	$X(-f)$
	虚偶函数	虚偶函数	共轭	$x^*(t)$	$X^*(-f)$
	虚奇函数	实奇函数	时域卷积	$x_1(t) * x_2(t)$	$X_1(t)X_2(t)$
线性叠加	$ax(t)+by(t)$	$ax(f)+by(f)$	频域卷积	$x_1(t)x_2(t)$	$X_1(t) * X_2(t)$
对称	$X(\pm t)$	$X(mf)$	时域微分	$\dfrac{d^n x(t)}{dt^n}$	$(j2\pi f)^n * X(f)$
尺度改变	$x(kt)$	$\dfrac{1}{k} X\left(\dfrac{f}{k}\right)$	频域微分	$(-j2\pi t)^n * X(t)$	$\dfrac{d^n X(f)}{df^n}$
时域	$x(t \pm t_0)$	$X(f)e^{\pm j2\pi ft_0}$	积分	$\int_{-\infty}^{t} x(t) dt$	$\dfrac{1}{j2\pi f} X(f)$

显然，通过分析时域函数的奇偶特性，我们可以直观地推断出其实频谱和虚频谱的奇偶性质。

（2）线性叠加性质

由傅里叶变换的定义容易证明，若 $x(t) \Leftrightarrow X(f)$，$y(t) \Leftrightarrow Y(f)$，有

$$ax(t)+by(t) \Leftrightarrow aX(f)+bY(f) \tag{4.63}$$

式中，a，b 为常数。

（3）对称性质

若 $x(t) \leftrightarrow X(f)$，则有

$$X(t) \Leftrightarrow x(-f) \tag{4.64}$$

证明

$$x(t) = \int_{-\infty}^{\infty} X(f) e^{j2\pi ft} df \tag{4.65}$$

以 $-t$ 替换 t，有

$$x(-t) = \int_{-\infty}^{\infty} X(f)\mathrm{e}^{-\mathrm{j}2\pi ft}\mathrm{d}f \tag{4.66}$$

将 t 与 f 互换，得 $X(t)$ 的傅里叶变换

$$x(-f) = \int_{-\infty}^{\infty} X(t)\mathrm{e}^{-\mathrm{j}2\pi ft}\mathrm{d}t \tag{4.67}$$

即

$$X(t) \Leftrightarrow x(-f) \tag{4.68}$$

此性质揭示了傅里叶变换与其逆变换之间的对称性，意味着信号的波形与其频谱函数的波形之间存在一种互换关系。凭借这一性质，可以根据已知的傅里叶变换结果，推导出对应的变换对。图 4.16 提供了对称性应用的一个实例说明。

（4）时间尺度改变性质

若 $x(t) \Leftrightarrow X(f)$，则有

$$x(kt) \Leftrightarrow \frac{1}{k}X\left(\frac{f}{k}\right), \quad k > 0 \tag{4.69}$$

证明：当信号 $x(t)$ 的时间尺度变为 kt 时

$$\int_{-\infty}^{\infty} x(kt)\mathrm{e}^{-\mathrm{j}2\pi ft}\mathrm{d}t = \frac{1}{k}\int_{-\infty}^{\infty} x(kt)\mathrm{e}^{-\mathrm{j}2\pi\frac{f}{k}(kt)}\mathrm{d}(kt) = \frac{1}{k}X\left(\frac{f}{k}\right) \tag{4.70}$$

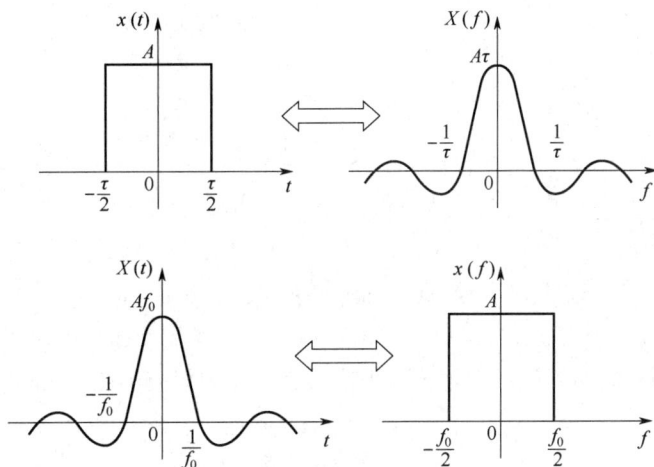

图 4.16　对称性应用举例

图 4.17 展示了时间尺度变化对信号频谱影响的实例。通过对比图 4.17（a）与图 4.17（b）可以观察到，当时间尺度被拉伸（即 $k<1$）时，频谱的频带宽度会减小，而幅度则会增大。另一方面，对比图 4.17（a）与图 4.17（c）可以看出，当时间尺度被压缩（即 $k>1$）时，频谱的频带宽度会增加，而幅度则会降低。

（5）时移和频移性质

设 $x(t) \Leftrightarrow X(f)$，若把信号在时域沿时间轴平移一常值 t_0，则在其频域引起相应的相移 $2\pi ft_0$，即

$$x(t \pm t_0) \Leftrightarrow X(f)e^{\pm j2\pi ft_0}$$

$$\int_{-\infty}^{\infty} x(t \pm t_0)e^{-j2\pi ft}dt = \int_{-\infty}^{\infty} x(t \pm t_0)e^{-j2\pi f(t \pm t_0)}e^{\pm j2\pi ft_0}d(t \pm t_0) \qquad (4.71)$$

$$= x(f)e^{\pm j2\pi t_0}$$

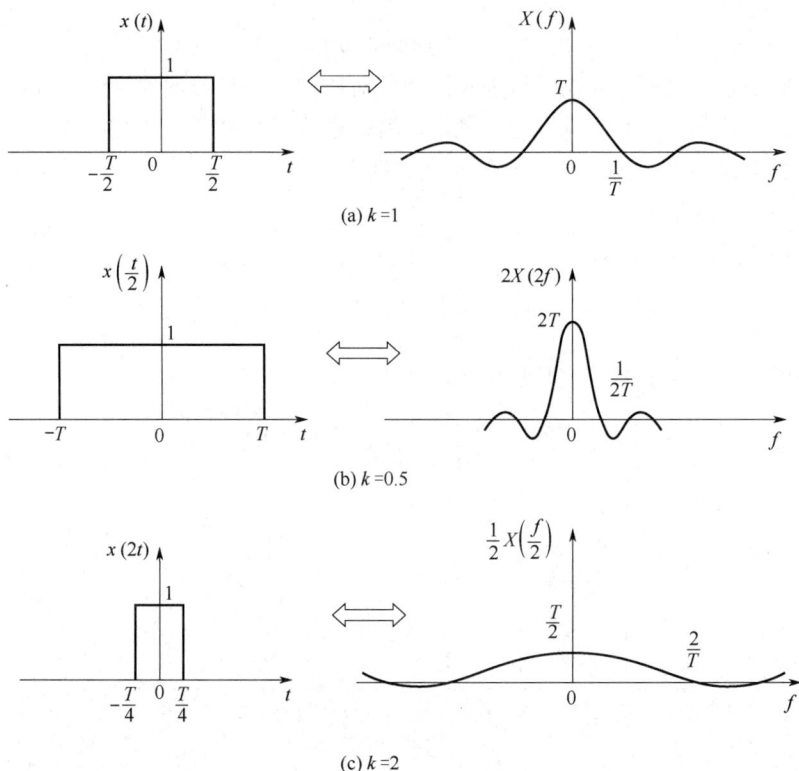

(a) $k=1$

(b) $k=0.5$

(c) $k=2$

图 4.17 时间尺度改变性质举例

同理，在频域中将频谱沿频率轴向右平移常值 f_0，则相当于在对应时域中将信号乘以因子 $e^{j2\pi f_0 t}$，即

$$x(t)e^{\pm j2\pi f_0 t} \Leftrightarrow X(f - f_0) \qquad (4.72)$$

（6）微分和积分特性

若 $x(t) \Leftrightarrow X(f)$，则对式（4.71）两边取时间微分，可得

$$\frac{dx(t)}{dt} \Leftrightarrow j2\pi f X(f) \qquad (4.73)$$

这说明一个函数求导后取傅里叶变换等于其傅里叶变换乘以因子 $j2\pi f$。一般有

$$\frac{d^n x(t)}{dt^n} \Leftrightarrow (j2\pi f)^n X(f) \qquad (4.74)$$

同样，将式（4.74）对频率 f 进行微分，可得频域微分特性表达式为

$$\frac{d^n X(f)}{df^n} \Leftrightarrow (-j2\pi t)^n x(t) \qquad (4.75)$$

积分特性的表达式为

$$\int_{-\infty}^{t} x(t)\mathrm{d}t \Leftrightarrow \frac{1}{\mathrm{j}2\pi f} X(f) \tag{4.76}$$

这说明一个函数积分后取傅里叶变换等于其傅里叶变换除以因子 $\mathrm{j}2\pi f$。

证明：因为

$$\frac{\mathrm{d}}{\mathrm{d}t}\int_{-\infty}^{t} x(t)\mathrm{d}t = x(t) \tag{4.77}$$

又根据式（4.75）频域微分特性，有

$$F\left[\frac{\mathrm{d}}{\mathrm{d}t}\int_{-\infty}^{t} x(t)\mathrm{d}t\right] = \mathrm{j}2\pi f F\left[\int_{-\infty}^{t} x(t)\mathrm{d}t\right] \tag{4.78}$$

所以

$$\int_{-\infty}^{t} x(t)\mathrm{d}t \Leftrightarrow \frac{1}{\mathrm{j}2\pi f} X(f) \tag{4.79}$$

上述提到的微分与积分特性在信号处理领域具有极大的实用价值。在进行振动测试时，一旦获得了位移、速度或加速度中的任意一项参数，就可以利用傅里叶变换的微分或积分特性来求解其他参数的频谱。

（7）卷积性质

定义 $\int_{-\infty}^{\infty} x_1(\tau)x_2(t-\tau)\mathrm{d}\tau$ 为函数 $x_1(t)$ 与 $x_2(t)$ 的卷积，记作 $x_1(t)*x_2(t)$。

若 $x_1(t) \Leftrightarrow X_1(f)$，$x_2(t) \Leftrightarrow X_2(f)$，则有

$$x_1(t)*x_2(t) \Leftrightarrow X_1(f)X_2(f) \tag{4.80}$$

式（4.80）描述了这样一个事实：两个时间函数的卷积结果的傅里叶变换，等于这两个时间函数各自傅里叶变换的乘积。接下来，我们将对此进行证明：

$$
\begin{aligned}
F[x_1(t)*x_2(t)] &= \int_{-\infty}^{\infty}\left[\int_{-\infty}^{\infty} x_1(\tau)x_2(t-\tau)\mathrm{d}\tau\right]\mathrm{e}^{-\mathrm{j}2\pi f t}\mathrm{d}t \\
&= \int_{-\infty}^{\infty} x_1(\tau)\mathrm{e}^{-\mathrm{j}2\pi f\tau}\left[\int_{-\infty}^{\infty} x_2(t-\tau)\mathrm{e}^{-\mathrm{j}2\pi f(t-\tau)}\mathrm{d}(t-\tau)\right]\mathrm{d}\tau \\
&= \int_{-\infty}^{\infty} x_1(\tau)\mathrm{e}^{-\mathrm{j}2\pi f\tau} X_2(f)\mathrm{d}\tau \\
&= X_2(f)\int_{-\infty}^{\infty} x_1(\tau)\mathrm{e}^{-\mathrm{j}2\pi f\tau}\mathrm{d}\tau \\
&= X_1(f)X_2(f)
\end{aligned} \tag{4.81}
$$

同理

$$x_1(t)x_2(t) \Leftrightarrow X_1(f)*X_2(f) \tag{4.82}$$

式（4.82）表明，两个时间函数相乘后的傅里叶变换结果，等于这两个时间函数各自傅里叶变换进行卷积所得的结果。

4.3.4 几种典型信号的频谱

（1）$\delta(t)$ 的频谱密度

设 $s(t)$ 为一个能量信号，其频谱密度 $S(\omega)$ 可以由傅里叶变换求得。对于单位脉冲函数 $\delta(t)$，其傅里叶变换具有特殊的性质。根据傅里叶变换的定义和性质，单位脉冲函数 $\delta(t)$ 的傅里叶变换是常数（通常归一化为 1 或 2π，取决于傅里叶变换的定义形式），这意味着它在所有频率上都有相同的幅度。

将 $\delta(t)$ 进行傅里叶变换

$$\Delta(f) = \int_{-\infty}^{\infty} \delta(t)\mathrm{e}^{-\mathrm{j}2\pi ft}\mathrm{d}t = \mathrm{e}^0 = 1 \tag{4.83}$$

其逆变换为

$$\delta(t) = \int_{-\infty}^{\infty} 1\mathrm{e}^{\mathrm{j}2\pi ft}\mathrm{d}f = \int_{-\infty}^{\infty} \mathrm{e}^{\mathrm{j}2\pi ft}\mathrm{d}f \tag{4.84}$$

由此可知，单位冲击函数具备极为宽广的频谱密度，且在全部频率范围内均保持不衰减，其强度在各个频率上都是相等的，如图 4.18 所示。这种类型的信号被视为理想的白噪声。利用傅里叶变换的对称性、时移以及频移等特性，我们可以推导出以下的傅里叶变换对。

$$
\begin{array}{ccc}
\text{时域} & & \text{频域} \\
\delta(t) & \Leftrightarrow & 1 \\
1 & \Leftrightarrow & \delta(f) \\
\delta(t-t_0) & \Leftrightarrow & \mathrm{e}^{-\mathrm{j}2\pi ft_0} \\
\mathrm{e}^{\mathrm{j}2\pi f_0 t} & \Leftrightarrow & \delta(f-f_0)
\end{array} \tag{4.85}
$$

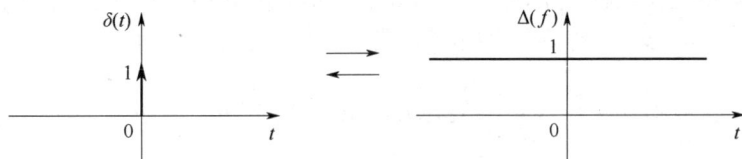

图 4.18 δ 函数及其频谱密度

（2）正、余弦函数的频谱密度

正弦和余弦函数的频谱密度特征是在其基频处有一个显著的峰值，表示信号能量主要集中在这个频率上，且正弦和余弦函数的频谱在相位上有所不同，余弦函数的频谱相位与基频同相，而正弦函数的频谱相位则与基频正交。

由于正弦和余弦函数不满足绝对可积的条件，因此我们不能直接使用式（4.76）对它们进行傅里叶积分变换。在进行傅里叶变换时，需要引入 δ 函数来处理这类函数。

根据欧拉公式，正、余弦函数可以写为

$$\sin(2\pi f_0 t) = \mathrm{j}\frac{1}{2}(\mathrm{e}^{-\mathrm{j}2\pi f_0 t} - \mathrm{e}^{\mathrm{j}2\pi f_0 t}) \tag{4.86}$$

$$\cos(2\pi f_0 t) = \frac{1}{2}(e^{-j2\pi f_0 t} + e^{j2\pi f_0 t}) \qquad (4.87)$$

根据式（4.86）和式（4.87），可以求得正、余弦函数的傅里叶变换如下：

$$\sin(2\pi f_0 t) \Leftrightarrow j\frac{1}{2}[\delta(f+f_0) - \delta(f-f_0)] \qquad (4.88)$$

$$\cos(2\pi f_0 t) \Leftrightarrow \frac{1}{2}[\delta(f+f_0) + \delta(f-f_0)] \qquad (4.89)$$

（3）周期信号的频谱密度

周期信号的频谱密度是由一系列离散的谱线组成，每条谱线代表一个正弦分量，谱线的位置对应于各次谐波的频率，而谱线的幅度则反映了各次谐波的幅值，这些谱线在频域上呈现离散分布的特性，如图 4.19 所示。

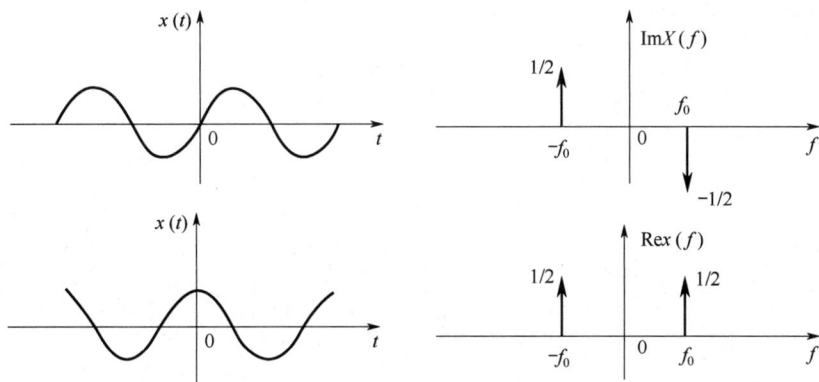

图 4.19 正、余弦函数及其频谱密度

与正弦和余弦函数相类似，周期信号在严格意义上也不满足绝对可积的条件。因此，为了求解其频谱密度，同样需要借助 δ 函数。以下是具体的求解步骤。

设 $x(t)$ 为周期信号，将其展开为傅里叶级数有：

$$x(t) = \sum_{n=-\infty}^{+\infty} c_n e^{j2\pi f_0 t} \qquad (4.90)$$

式中

$$c_n = \frac{1}{T}\int_{-\frac{T}{2}}^{\frac{T}{2}} x(t)e^{-jn2\pi f_0 t}\,\mathrm{d}t \qquad (4.91)$$

求得 $x(t)$ 的傅里叶变换为

$$F[x(t)] = \sum_{n=-\infty}^{+\infty} c_n \delta(f-nf_0) = \sum_{n=-\infty}^{+\infty}\{\mathrm{Re}[c_n]\delta(f-nf_0) + j\mathrm{Im}[c_n]\delta(f-nf_0)\} \qquad (4.92)$$

例 4.5 求均匀冲击序列的频谱密度。

均匀冲击序列是周期为 T_0 的单位冲击函数组成的无穷序列，如图 4.20（a）所示，其数学表达式为

$$g(t) = \sum_{n=-\infty}^{\infty} \delta(t - nT_0) \tag{4.93}$$

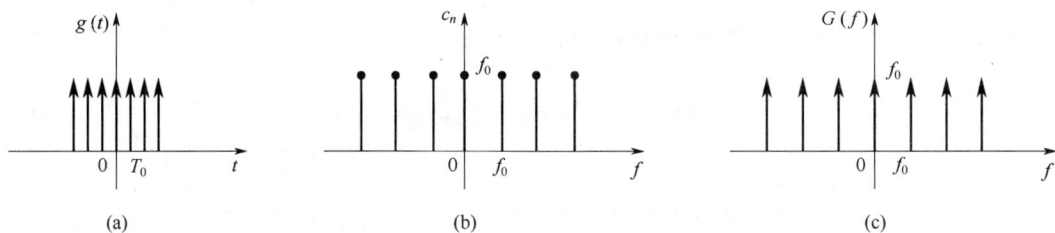

图 4.20 均匀冲击序列的频谱密度

由于均匀冲击序列是周期函数，故可由式（4.93）写出其傅里叶变换为

$$G(f) = \sum_{n=-\infty}^{\infty} c_n \delta(f - nf_0) \tag{4.94}$$

式中

$$f_0 = \frac{1}{T_0}$$

$$c_n = \frac{1}{T_0} \int_{-\frac{T_0}{2}}^{\frac{T_0}{2}} g(t) e^{-jn2\pi f_0 t} dt = f_0 \int_{-\frac{T_0}{2}}^{\frac{T_V}{2}} \delta(t) e^{-jn2\pi f_0 t} dt = f_0 \tag{4.95}$$

$$G(f) = \sum_{n=-\infty}^{+\infty} f_0 \delta(f - nf_0) \tag{4.96}$$

图 4.20（b）和（c）即时域均匀冲击序列的频谱对应强度和周期都为 f_0 的频域冲击序列。

4.4 卷积

卷积积分作为一种数学工具，在信号与系统理论研究中扮演着至关重要的角色，尤其是在信号的时域与变换域分析中，起到了连接时域与频域的桥梁作用。相关性与卷积有着共通之处，在信号分析中同样占据重要地位。因此，深入理解它们的数学物理意义是极为必要的。

（1）卷积积分的物理意义

"卷积"或"褶积"（Convolution）这一术语被广泛应用，以至于产生了多种不同的称呼。这些名称包括但不限于：叠加积分（Superposition Integral）、结合乘积（Composition Product）、（加权）滑动平均［（Weighted）Sliding Average］、杜阿迈尔（Duhamel）积分、法都（Faltung）积分以及波雷尔（Borel's）定理等。

函数 $x(t)$ 与 $h(t)$ 的卷积积分定义为

$$y(t) = \int_{-\infty}^{\infty} x(\tau) h(t - \tau) d\tau = x(t) * h(t) \tag{4.97}$$

或

$$y(t) = \int_{-\infty}^{\infty} h(\tau) x(t - \tau) d\tau = h(t) * x(t) \tag{4.98}$$

通过卷积运算来阐述线性时不变系统的输出与输入之间的关系，在物理层面上是相当直观的。具体而言，系统的输出 $y(t)$ 可以被视为任意输入 $x(t)$ 与系统脉冲响应函数 $h(t)$ 进行卷积的结果。如图 4.21 所示，这一过程可以概括为以下三个要点。

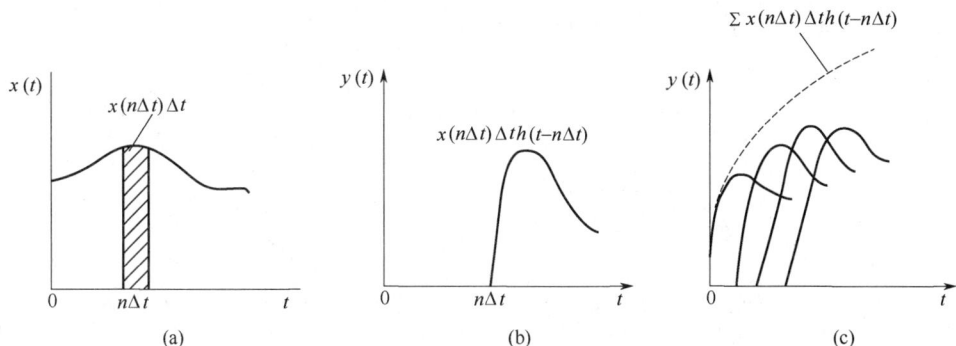

图 4.21 用卷积积分描述任意输入下系统的响应

① 信号 $x(t)$ 可以表示为多个宽度为 Δt 的窄条面积之和，$t = n\Delta t$ 时的第 n 个窄条高度为 $x(n\Delta t)$，在 $\Delta t \to 0$ 的情况下，窄条可以看作强度等于窄条面积的脉冲。

② 如果已知系统的单位脉冲响应是 $h(t)$，根据线性系统的齐次性与时不变性，在 $t = n\Delta t$ 时刻，窄条脉冲引起的响应是

$$\lim_{\Delta t \to 0}[x(n\Delta t)\Delta t h(t - n\Delta t)] \tag{4.99}$$

③ 根据线性系统的叠加性，由所有脉冲分量引起的响应是许多窄条脉冲响应之和，即

$$y(t) = \lim_{\Delta t \to 0}\sum_{n=0}^{\infty} x(n\Delta t)\Delta t h(t - n\Delta t) \tag{4.100}$$

当 $\Delta t \to 0$ 时，离散和变为积分，并令 $\Delta t \to d\tau$，$n\Delta t \to \tau$，则有积分式

$$y(t) = \int_0^{\infty} x(\tau)h(t - \tau)d\tau \tag{4.101}$$

（2）卷积积分的几何图形表示

卷积的图示化表达在信号与系统分析中极具价值，因为它能够让人们直观地理解许多抽象的关系。图 4.22 表示了函数 $x(t)$ 与函数 $h(t)$ 的卷积运算过程，它包括下列四个步骤。

① 反折：把 $h(\tau)$ 相对纵轴折叠过去，得到 $h(\tau)$ 的镜像 $h(-\tau)$，如图 4.22（b）所示。

② 平移：将 $h(-\tau)$ 移动 t_1 得到 $h(t_1 - \tau)$，如图 4.22（c）所示；移动 t_2，得到 $h(t_2 - \tau)$，如图 4.22（d）所示；以此类推。

③ 相乘：将位移后的函数 $h(t_1 - \tau)$ 乘以 $x(\tau)$，如图 4.22（c）中虚线所示。

④ 积分：$h(t - \tau)$ 与 $x(\tau)$ 乘积曲线下所包面积即为 t 时刻的卷积值，如图 4.22（c）、（d）所示。A_1 代表 $x(\tau)h(t_1 - \tau)$ 下的面积，是 t_1 时刻的卷积值；A_2 代表 $x(\tau)h(t_2 - \tau)$ 下的面积，是 t_2 时刻的卷积值。

当 $h(-\tau)$ 沿整个时间轴经过上述四个步骤后，即可得 $x(\tau)$ 与 $h(t)$ 的卷积，如图 4.22（e）所示。

$$y(t) = \int_0^{\infty} x(\tau)h(t - \tau)d\tau = x(t) * h(t) \tag{4.102}$$

一般卷积积分的积分限是 $(-\infty, \infty)$，如果两个函数中，$h(-\tau)$ 非零值下限是 $-\infty$，如 $x(\tau)$

下限是零，则积分下限为零；如果 $h(-\tau)$ 与 $x(t)$ 的非零值上限为 ∞，则积分上限为 ∞；如果其中之一的非零值上限为 t，则积分上限取为 t。此点从卷积的几何图解中很容易得到解释。

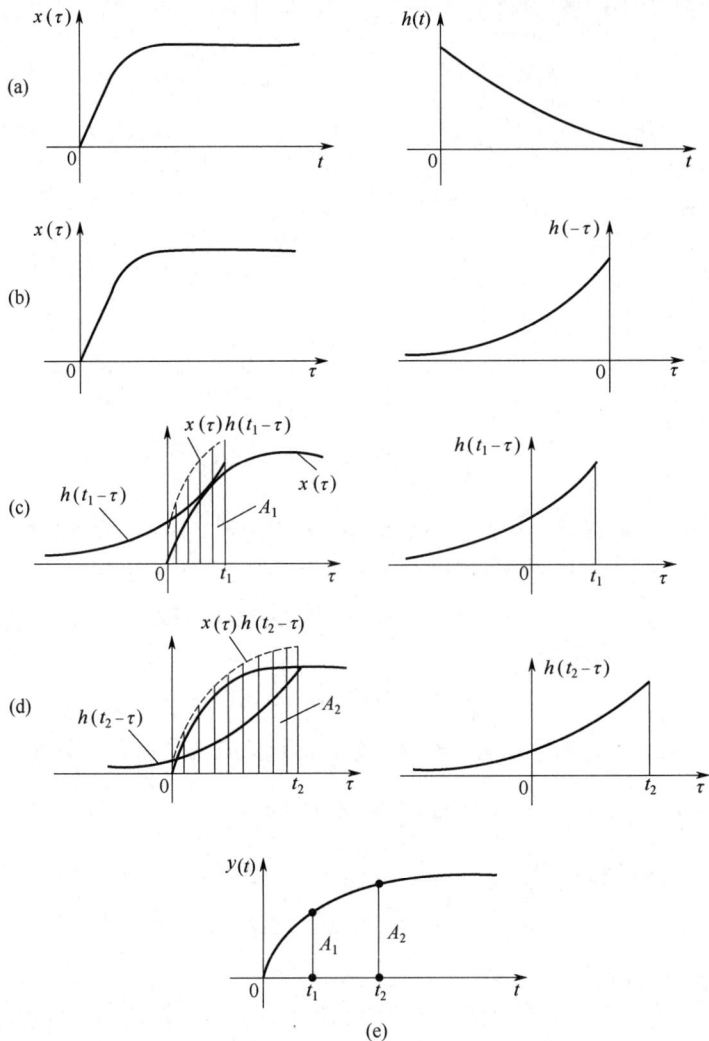

图 4.22 卷积积分的几何图形表示

4.4.1　含有单位脉冲函数的卷积

如图 4.23（a）所示，设

$$h(t) = [\delta(t-T) + \delta(t+T)]$$
$$x(t) = \begin{cases} A, & 0 \leqslant t \leqslant a \\ 0, & \text{其他} \end{cases} \tag{4.103}$$

按式（4.97）计算

$$y(t) = \int_{-\infty}^{\infty} h(\tau)x(t-\tau)\mathrm{d}\tau = \int_{-\infty}^{\infty} [\delta(\tau-T) + \delta(\tau+T)]x(t-\tau)\mathrm{d}\tau \tag{4.104}$$

根据 δ 函数的筛选特性，得

$$y(t) = x(t-T) + x(t+T) \qquad (4.105)$$

另一方面，用作图法，将 $x(t)$ 反折，然后沿时间轴 $(-\infty,\infty)$ 做位移、相乘、积分，也可得到同样结果。由此可知，计算函数 $x(t)$ 与脉冲函数的卷积，就是简单地将 $x(t)$ 在产生脉冲函数的坐标位置上重新构图。同理，亦可以得到含有脉冲序列的卷积图形，如图 4.23（b）所示。

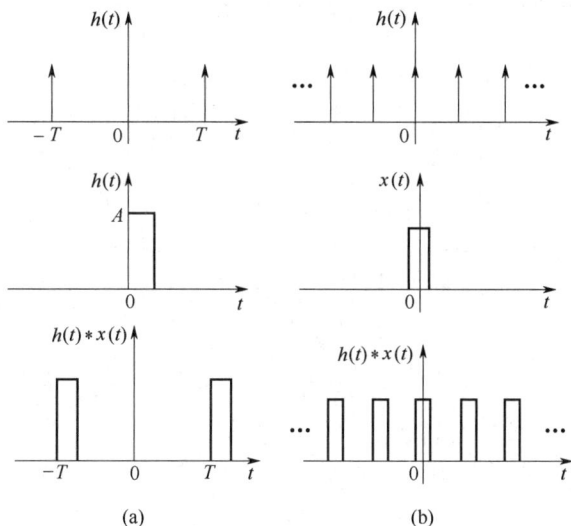

图 4.23 含有脉冲函数的卷积

4.4.2 时域卷积定理

时域卷积定理：两个时间函数进行卷积后得到的频谱，等于这两个时间函数各自频谱的乘积。换言之，在时域中对两个信号进行卷积操作，等价于在频域中将它们的频谱进行相乘。

如果

$$h(t) \xrightarrow{\text{FT}} H(\omega)$$
$$x(t) \xrightarrow{\text{FT}} X(\omega) \qquad (4.106)$$

则

$$h(t) * x(t) \leftrightarrow H(\omega)X(\omega) \qquad (4.107)$$

或

$$h(t) * x(t) \leftrightarrow H(f)X(f) \qquad (4.108)$$

证明

$$
\begin{aligned}
F[h(t) * x(t)] &= \int_{-\infty}^{\infty}\left[\int_{-\infty}^{\infty} h(\tau)x(t-\tau)\mathrm{d}\tau\right]\mathrm{e}^{-\mathrm{j}\omega\tau}\mathrm{d}t \\
&= \int_{-\infty}^{\infty} h(\tau)\left[\int_{-\infty}^{\infty} x(t-\tau)\mathrm{e}^{-\mathrm{j}\omega\tau}\mathrm{d}t\right]\mathrm{d}\tau \\
&= \int_{-\infty}^{\infty} h(\tau)X(\omega)\mathrm{e}^{-\mathrm{j}\omega\tau}\mathrm{d}\tau \\
&= X(\omega)H(\omega)
\end{aligned}
\qquad (4.109)
$$

例 4.6 用时域卷积定理研究两个矩形脉冲信号 $h(t)$ 和 $x(t)$ 的卷积与傅里叶变换的关系。

如图 4.24 所示，两个矩形函数的卷积是图（c）所示的三角形函数；单个矩形函数的傅里叶变换是图（e）、（f）所示的 $\text{sinc}(t)$ 型函数。根据时域卷积定理：时域中的卷积相应于频域中的乘积，可知图中三角形与 $[\text{sinc}(t)]^2$ 型函数是一个傅里叶变换对，此例可以说明，时域卷积定理是分析其他傅里叶变换对的一个方便的工具。

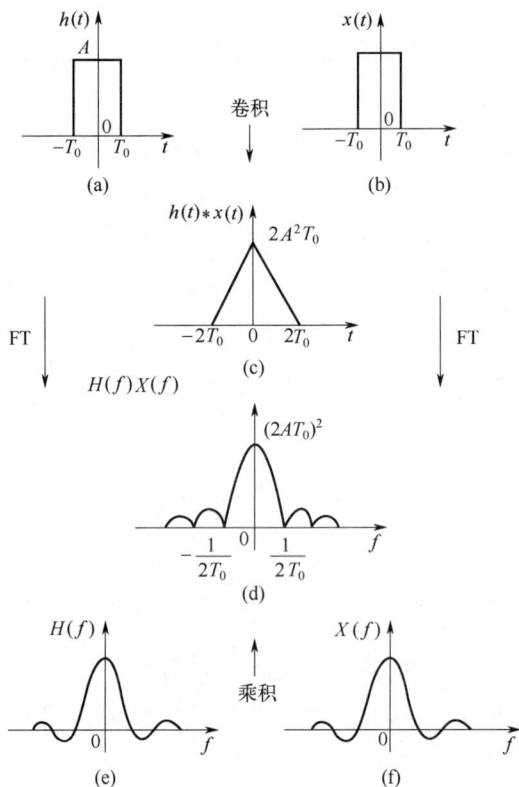

图 4.24 两矩形脉冲信号的卷积与傅里叶变换的关系

例 4.7 研究脉冲序列 $h(t)$ 与矩形脉冲 $x(t)$ 的卷积与傅里叶变换之间的关系，如图 4.25 所示。脉冲序列 $h(t)$ 与单个矩形脉冲的卷积为矩形脉冲序列 [图（c）]；脉冲序列 $h(t)$ 的傅里叶变换仍为脉冲序列 [图（e）]；矩形脉冲函数的傅里叶变换是 $\text{sinc}(t)$ 型函数 [图（f）]；由卷积定理可知，时域卷积的傅里叶变换相应于频域乘积，故而矩形脉冲序列的傅里叶变换，是幅度被 $\text{sinc}(t)$ 型函数所加权的脉冲序列 [图（d）]。

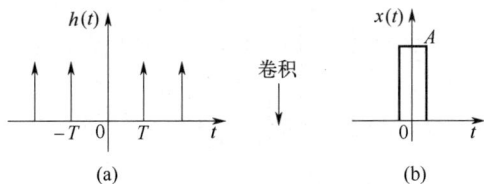

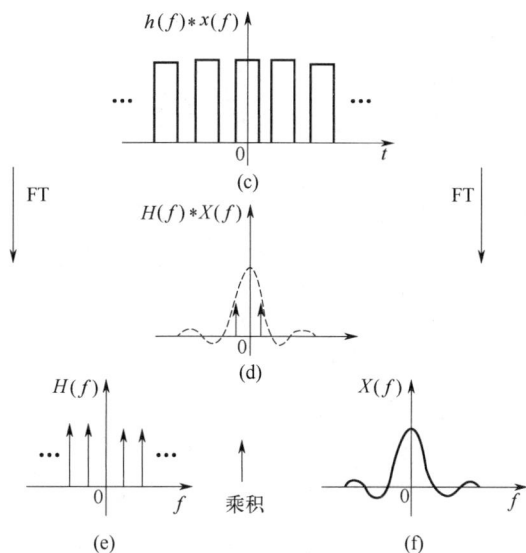

图 4.25　脉冲序列与矩形脉冲的卷积

通过上述两个实例的分析,我们可以深入理解信号的卷积与傅里叶变换之间的紧密联系。同时,也可以观察到非周期信号(例如矩形脉冲、三角脉冲)的傅里叶变换结果是连续频谱,而周期信号(如脉冲序列)的傅里叶变换结果则是离散谱。

4.4.3　频域卷积定理

如果

$$F[h(t)] = H(\omega) \tag{4.110}$$

$$F[x(t)] = X(\omega) \tag{4.111}$$

则

$$F[h(t)x(t)] = \frac{1}{2\pi}H(\omega)*X(\omega) \tag{4.112}$$

或

$$F[h(t)x(t)] = H(f)*X(f) \tag{4.113}$$

这被称为频域卷积定理,它揭示了两个时间函数的频谱进行卷积操作,在时域上等价于这两个函数直接相乘。

例 4.8　利用频域卷积定理研究余弦信号被截断后的频谱,如图 4.26 所示。

余弦信号 $h(t)$ 与矩形函数 $x(t)$ 相乘,得到余弦的截断信号 [图(c)]; 余弦信号的傅里叶变换是 δ 函数 [图(e)]; 矩形函数的傅里叶变换是 $\mathrm{sinc}(t)$ 型函数 [图(f)]; $H(f)$ 与 $X(f)$ 的卷积是 $\mathrm{sinc}(t)$ 型函数被移至 δ 函数点重新构图 [图(d)]; 截断信号的频谱是 $h(t)$ 与 $x(t)$ 乘积的傅里叶变换。

此示例展示了无限长余弦信号的频域能量主要集中于 $-1/T$ 和 $1/T$ 这两个点上,而一旦被截断,余弦信号的频域能量则会在 $-1/T$ 和 $1/T$ 附近分散开来。利用卷积定理以及卷积的图示方法可以清晰地观察到这一现象。

用频域卷积定理证明帕什瓦定理。帕什瓦(Parseval)定理在信号分析中占据重要地位,

它指出信号 $x(t)$ 在时域中的总能量与在频域中计算得到的总能量是相等的。通过运用卷积定理可以简洁明了地证明这一结论。

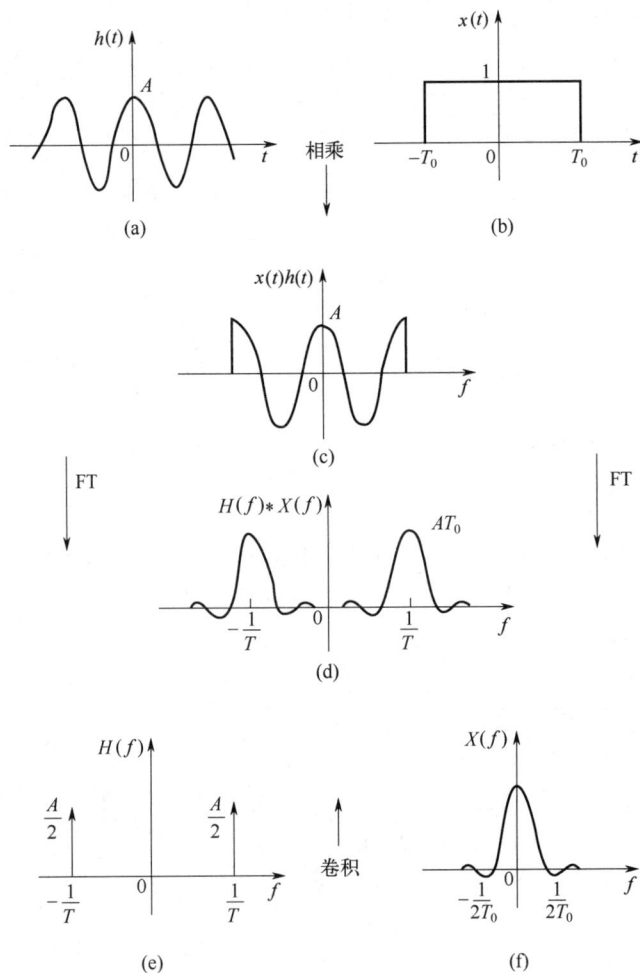

图 4.26 截断余弦信号的傅里叶变换

如果

$$[x(t)] = X(f) \qquad F[h(t)] = H(f) \tag{4.114}$$

则有

$$\int_{-\infty}^{\infty} x^2(t)\mathrm{d}t = \int_{-\infty}^{\infty} |X(f)|^2 \, \mathrm{d}f \tag{4.115}$$

证明：根据卷积定理

$$F[x(t)h(t)] = X(f) * H(f) \tag{4.116}$$

即

$$\int_{-\infty}^{\infty} x(t)h(t)\mathrm{e}^{-\mathrm{j}2\pi qt}\mathrm{d}t = \int_{-\infty}^{\infty} X(f)H(q-f)\mathrm{d}f \tag{4.117}$$

令 $q = 0$, $x(t) = h(t)$ ，则有

$$\int_{-\infty}^{\infty} x^2(t)\mathrm{d}t = \int_{-\infty}^{\infty} X(f)X(-f)\mathrm{d}f \qquad (4.118)$$

等式的左侧代表了信号在时域中的总能量，而等式的右侧则可以根据傅里叶变换的性质来得出，$X(f)$ 与 $X(-f)$ 共轭，而有

$$X(f)X(-f) = X(f)\cdot X(f) = |X(f)|^2 \qquad (4.119)$$

因此可证明

$$\int_{-\infty}^{\infty} x^2(t)\mathrm{d}t = \int_{-\infty}^{\infty} |X(f)|^2\,\mathrm{d}f \qquad (4.120)$$

4.5　调制与解调

4.5.1　调制与解调案例分析

（1）调幅（AM）调制案例分析

原理简述：调幅是一种通过改变载波信号的幅度来携带信息的方法。在调幅过程中，调制信号（即原始信号）的幅度变化会反映在载波信号的幅度上，从而生成已调信号。

应用实例：广播系统中的 AM 广播就是一个典型的调幅调制应用。广播电台将音频信号（调制信号）通过调幅方式调制到高频载波上，然后通过天线发射出去。接收端通过解调器（如收音机）接收已调信号，并恢复出原始的音频信号。

特点：调幅调制方式简单，易于实现。但由于调幅信号包含载波分量，因此传输效率相对较低，抗干扰能力较弱，容易受到信道中噪声和干扰的影响，如图 4.27 所示。

（2）调频（FM）调制案例分析

原理简述：调频是通过改变载波信号的频率来携带信息的方法。在调频过程中，调制信号的幅度变化会转化为载波信号频率的相应变化。

应用实例：调频广播（FM 广播）是调频调制的一个广泛应用。与 AM 广播相比，FM 广播具有更高的音质和更强的抗干扰能力。这是因为调频信号中不包含载波分量，且频率变化范围较宽，能够承载更多的信息，如图 4.28 所示。

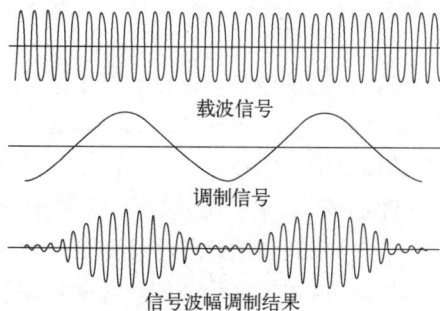

图 4.27　信号的调幅（AM）调制结果

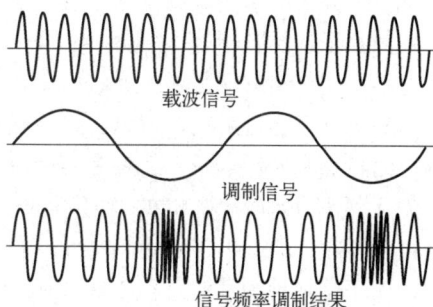

图 4.28　信号的调频（FM）调制结果

特点：调频调制具有较高的抗干扰能力和较好的音质。传输带宽较宽，能够承载更多的信息。但调频接收机的复杂度相对较高。

（3）同步解调案例分析

原理简述：同步解调是指解调过程中需要用到与发送端载波信号同频同相的本地载波信号。通过将已调信号与本地载波信号相乘并滤波，可以恢复出原始的调制信号。

应用实例：在数字通信系统中，如 QAM（正交振幅调制）和 PSK（相移键控）等调制方式通常采用同步解调方式。这些系统通过精确控制发送端和接收端的载波信号同步，以确保信号的正确解调，如图 4.29 所示。

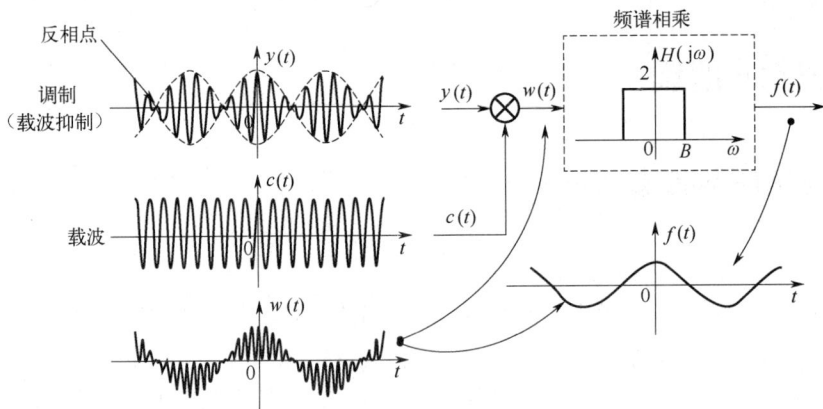

图 4.29 同步解调的过程波形

特点：同步解调具有较高的解调精度和较低的误码率。但需要复杂的同步电路来确保载波信号的同步。

（4）异步解调案例分析

原理简述：异步解调（也称为非相干解调）是指解调过程中不需要用到与发送端载波信号同频同相的本地载波信号。它通常通过检波、滤波等步骤来恢复出原始的调制信号。

应用实例：在 FM 广播接收系统中，由于接收端无法直接获取与发送端完全同步的载波信号，因此通常采用异步解调方式。接收端通过检波器检测已调信号的频率变化，并通过低通滤波器恢复出原始的音频信号。

特点：异步解调实现简单，不需要复杂的同步电路。但解调精度相对较低，可能受到信道中噪声和干扰的影响。

总结：调制与解调是通信系统中不可或缺的两个过程。通过调制，可以将原始信号有效地传输到远端；通过解调，可以在接收端恢复出原始的调制信号。不同的调制与解调方式具有各自的特点和应用场景，在实际应用中需要根据具体需求进行选择。

为了传输传感器输出的微弱信号，可以采用直流放大的方式，也可以采用调制（Modulation）与解调（Demodulation）的方式。调制是使信息载体的某些特征随信息变化的过程，作用是把被测量信号植入载体使之便于传输和处理。载体被称为载波，是受被测量控制的较高频信号。被测量信号称为调制信号，原是直流或较低频率的信号，调制到高频区后进行交流放大，可以使信号频率落在放大器带宽内，避免失真并且增强抗干扰能力。解调是调制的逆过程，作用是从载波中恢复所传送的信息。

根据载波受控参数的不同，可分为幅值调制、频率调制和相位调制，对应的波形分别称为调幅波、调频波和调相波。

调制与解调技术在工程上有着广泛的应用。为了改善某些测量系统的性能，在系统中常使用调制与解调技术。比如，力、位移等一些变化缓慢的量，经传感器变换后所得信号也是一些低频信号。如果直接采用直流放大常会带来零漂和极间耦合等问题，引起信号失真。如果先将低频信号通过调制手段变为高频信号，再通过简单的交流放大器进行放大，就可以避免直流放大中的问题。对该放大的已调制信号再采取解调的手段即可获得原来的缓变信号。在无线电技术中，为了防止所发射信号间的相互干扰，常将发送的声频信号的频率移到各自被分配的高频、超高频频段上进行传输与接收，这也要用到调制与解调技术。

4.5.2 幅值调制与解调原理

幅值调制不仅能够将信息嵌入到适合传输的信道中，还具备在同一信道上同时传输多个频谱重叠信号的能力，这得益于复用技术的应用。在电话和有线电视电缆中，不同的信号被调制到各自的频段上，从而实现了在单一导线中多路信号的传输。具体来说，幅值调制是通过将载波信号与调制信号相乘来实现的，这样载波的幅值就会随着被测量信号的变化而变化。解调过程则是为了还原出原始的调制信号。图 4.30 展示了幅值调制与解调的具体流程。

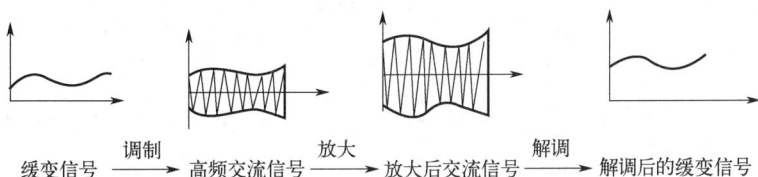

缓变信号 $\xrightarrow{\text{调制}}$ 高频交流信号 $\xrightarrow{\text{放大}}$ 放大后交流信号 $\xrightarrow{\text{解调}}$ 解调后的缓变信号

图 4.30 幅值调制与解调过程

现以频率为 f_z 的余弦信号 $z(t)$ 作为载波来进行讨论。根据傅里叶变换的性质可知，在时域中两个信号相乘，其在频域中的表现则是这两个信号进行卷积，即

$$x(t)z(t) \Leftrightarrow X(f) * Z(f) \tag{4.121}$$

余弦函数的频谱图呈现出的是一对脉冲状的谱线，即

$$\cos(2\pi f_z t) \Leftrightarrow \frac{1}{2}\delta(f - f_z) + \frac{1}{2}\delta(f + f_z) \tag{4.122}$$

当一个函数与单位脉冲函数进行卷积时，其图形会在坐标平面上移动到该脉冲函数所在的位置。因此，如果我们采用高频余弦信号作为载波，将信号 $x(t)$ 与载波信号 $z(t)$ 相乘，其结果就相当于将原信号的频谱图形从坐标原点移动到载波频率 f_z 的位置，同时其幅值会减半，如图 4.31 所示，即

$$x(t)\cos(2\pi f_x t) \Leftrightarrow \frac{1}{2}X(f) * \delta(f + f_z) + \frac{1}{2}X(f) * \delta(f - f_z) \tag{4.123}$$

显然，幅值调制的过程实质上就是频率"迁移"的过程。在图 4.31 中，调制器扮演了乘法器的角色。为了防止调幅波 $x_m(t)$ 出现重叠失真，我们需要确保载波频率 f_z 高于测试信号

$x(t)$中的最高频率，即 $f_z > f_m$。在实际应用中，通常会选择载波频率至少是信号中最高频率的数倍乃至数十倍。

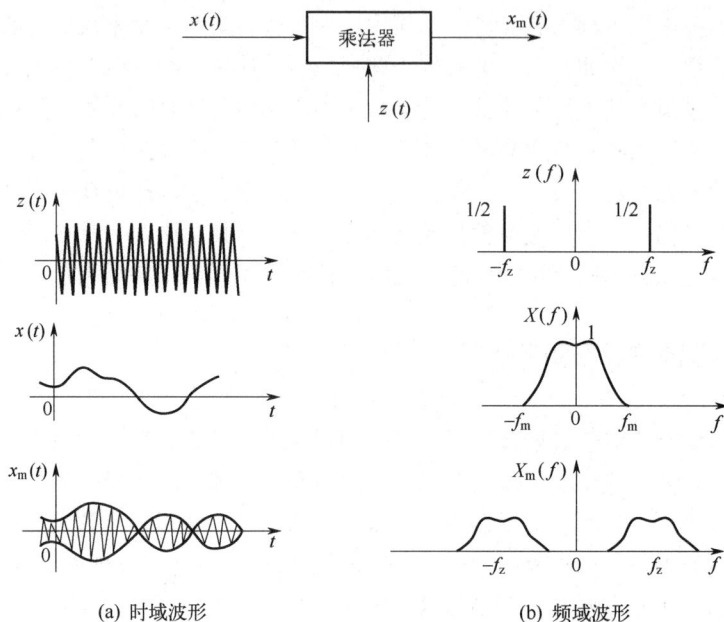

(a) 时域波形   (b) 频域波形

图 4.31 幅度调制

若把调幅波 $x_m(t)$ 再次与载波 $z(t)$ 信号相乘，$x(t)\cos(2\pi f_0 t)\cos(2\pi f_0 t) = \dfrac{x(t)}{2} + \dfrac{1}{2}x(t)\cos(4\pi f_0 t)$，则频域图形将再一次进行"搬移"，即 $x_m(t)$ 与 $z(t)$ 相乘积的傅里叶变换为

$$F[x_m(t)z(t)] = \frac{1}{2}X(f) + \frac{1}{4}X(f + 2f_z) + \frac{1}{4}X(f - 2f_z) \qquad (4.124)$$

最常见的解调方法为整流检波和相敏检波。

若采用一个低通滤波器来去除中心频率为 $2f_z$ 的高频成分，则可以恢复出原始信号的频谱（尽管其幅值减半，但可以通过放大来补偿），这一过程被称为同步解调。这里的"同步"意味着解调时所用的信号与调制时所用的载波信号在频率和相位上必须保持一致。调幅波的同步解调过程如图 4.32 所示。上述的调制方式是将调制信号 $x(t)$ 直接与载波信号 $z(t)$ 相乘。这种调幅波具有极性变化的特点，即在载波信号 $z(t)$ 穿越零点时，其幅值会发生由正转负或由负转正的突变，此时调幅波 $x_m(t)$ 相对于载波的相位也会相应地发生 $180°$ 的变化。这种调制方式被称为抑制调幅，如图 4.32 所示。为了准确反映原始信号的幅值和极性，抑制调幅波需要采用同步解调或相敏检波解调的方法。

若把调制信号 $x(t)$ 进行偏置，叠加一个直流分量 A，使偏置后的信号 $x'(t)$ 都具有正电

$$x'(t) = A + x(t) \qquad (4.125)$$

此时调幅波如图 4.33（b）所示，其表达式为

$$x_m(t) = x'(t)\cos(2\pi ft) = [A + x(t)]\cos(2\pi ft) \qquad (4.126)$$

(a) 时域波形　　　　　　　　　　(b) 频域波形

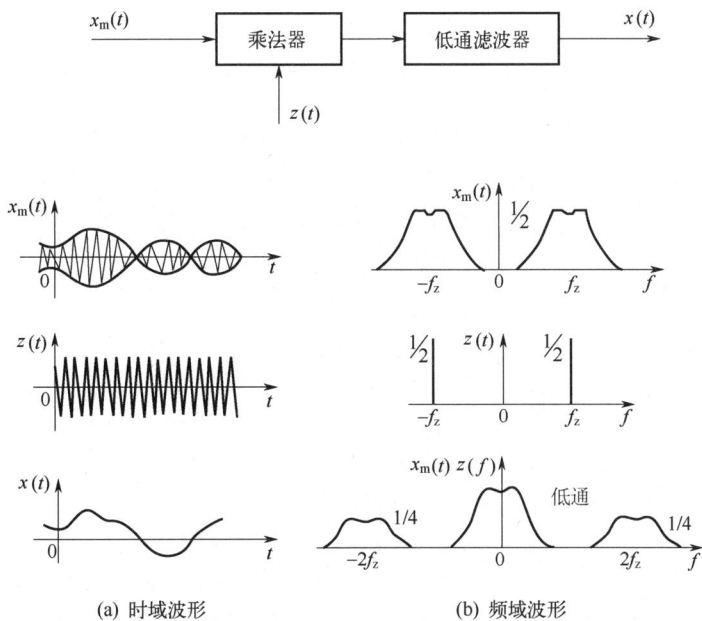

图 4.32 调幅波的同步解调过程

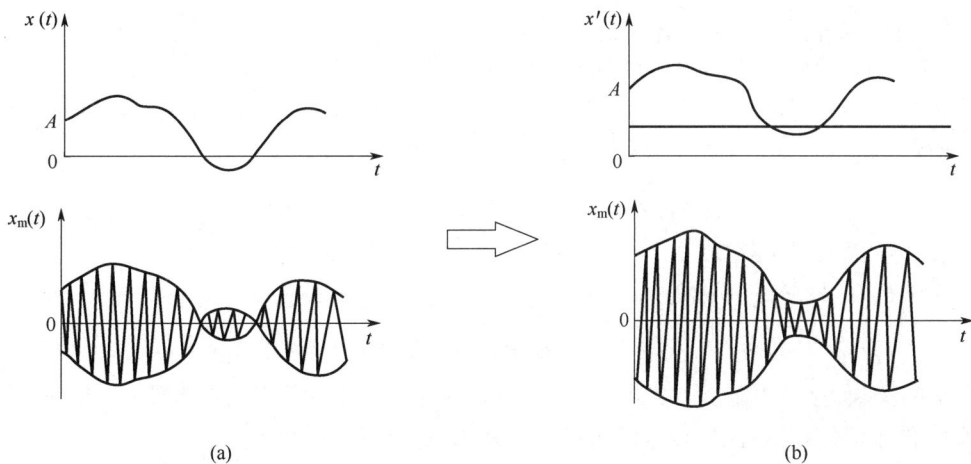

(a)　　　　　　　　　　　　　　(b)

图 4.33 抑制调幅与非抑制调幅

在采用非抑制调幅时，若所施加的偏压不足以确保信号电压完全位于零线的同一侧，那么包络检波就不再适用。此时，需要借助相敏检波器（与滤波器协同工作）来完成解调过程。图 4.34 展示了一种常见的环形相敏检波器。图中，R_{fz} 为负载电阻，U_{ar} 是由放大器输出的调幅信号，即相敏检波器输入信号，U_c 为参考电压，它与供桥电源来自同一个振荡器，频率相同。参考电压 U_c 起开关作用，决定二极管的导通与截止。4 个阻值相等的电阻和 4 个特性完全相同的二极管 $VD_1 \sim VD_4$ 组成一个环形回路。在 $U_c > U_{ar}$ 时，二极管的导通与截止全由参考电压 U_c 决定。

（1）无输入信号（$U_{ar} = 0$）的情况

若 U_c 正半周的极性为 $a+$、$b-$，则 VD_1、VD_2 导通，VD_3、VD_4 截止，由于 T_1、T_2 二次

绕组对称，电路对称，2 点和 O_1 点等电位，负载上无电流通过。U_c 负半周时极性为 $a-$、$b+$，VD_3、VD_4 导通，VD_1、VD_2 截止，4 点和 O_1 点等电位，负载上亦无电流通过。

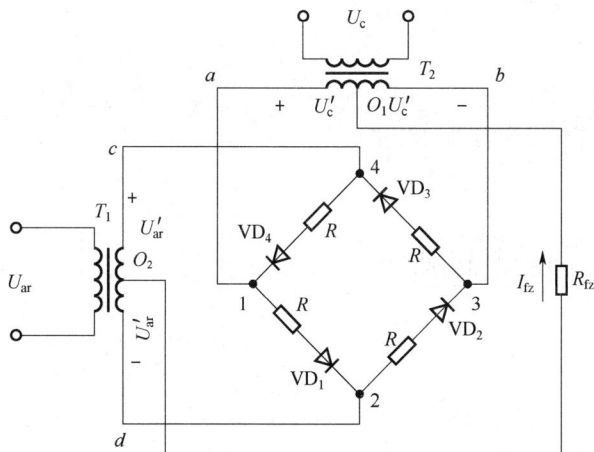

图 4.34 常用的相敏检波器

这意味着，当输入信号为零时，尽管二极管像开关一样持续进行切换，且其内部存在电流流通，但在负载上却不会有电流流过，因此输出为零。

（2）有输入信号（$U_{ar} \neq 0$）的情况

① U_{ar} 与 U_c 同相。U_{ar} 与 U_c 同相即为拉应变的情况。T_2 极性为 $a+$、$b-$，U_{ar} 极性为 $c+$、$d-$，VD_1、VD_2 导通，VD_3、VD_4 截止，信号电流的流经路线为

$$O_2 \rightarrow R_{fz} \rightarrow O_1 \rightarrow VD_1(VD_2) \rightarrow 2 \rightarrow d$$

R_{fk} 中的电流方向向上。

当 U_c、U_{ar} 同时改变极性时，VD_3、VD_4 导通，电流路线为

$$O_2 \rightarrow R_{fa} \rightarrow O_1 \rightarrow VD_3(VD_4) \rightarrow 4 \rightarrow c$$

其方向依然是从下到上。负载上能够获得一个全波整流后的电流。在整个周期内，通过负载 R_{fz} 的电流始终保持同一方向，输出电压的极性也维持不变。

② U_{ar} 与 U_c 反相。当输入信号 U_{ar} 的相位对于 U_c 改变 $180°$，即为压应变时，T_1 极性为 $c-$、$d+$，T_2 极性为 $a+$、$b-$，由 U_{ar} 引起的电流路径为

$$d \rightarrow 2 \rightarrow VD_2(VD_1) \rightarrow O_1 \rightarrow R_{fz} \rightarrow O_2$$

R_{fz} 上的电流方向是从上到下。

当 U_{ar}、U_c 同时改变极性时，电流通路为

$$c \rightarrow 4 \rightarrow VD_4(VD_3) \rightarrow O_1 \rightarrow R_{fz} \rightarrow O_2$$

当电流方向仍然是从上到下时，可以观察到，如果输入信号发生反相，那么流过负载的电流方向也会随之改变，相应地，输出电压的极性也会发生变化。

通过上述分析可以得知，相敏检波器（与滤波器协同作用）能够将调幅波恢复成原始信号，并且具备识别应变信号相位的能力，即能够区分所测量的应力是正还是负。

4.5.3　角度调制与解调原理

在简谐载波中

$$z(t) = A_0\cos[\omega_0 t + \theta_0 + \theta(t)] = A_0\cos\varphi(t) \tag{4.127}$$

$\varphi(t)$ 为瞬时相位。对瞬时相位 $\varphi(t)$ 微分，得

$$\omega(t) = \frac{\mathrm{d}\varphi(t)}{\mathrm{d}t} = \omega_0 + \frac{\mathrm{d}\theta(t)}{\mathrm{d}t} \tag{4.128}$$

$\omega(t)$ 为瞬时角频率，显然，瞬时相位是 $\omega(t)$ 的积分

$$\varphi(t) = \int_0^t \omega(t)\mathrm{d}t \tag{4.129}$$

对于载波 $z(t) = A_0\cos\varphi(t)$，如果保持振幅 A_0 为常数，让载波瞬时角频率 $\omega(t)$ 随测试信号 $x(t)$ 的变化而变化，则称此种调制方式为频率调制（Frequency Modulation，FM）。如果载波的相位 $\varphi(t)$ 随测试信号 $x(t)$ 的变化而变化，则称这种调制方式为相调制（Phase Modulation，PM）。频率或相位的变化最终都会导致载波相位角的变化，因此，FM（频率调制）和 PM（相位调制）统称为角度调制。在角度调制过程中，角度调制信号和测试信号的频谱都会发生相应的改变，所以角度调制被视为一种非线性调制方式。

（1）调相波（PM）

当载波的瞬时相位与测试信号 $x(t)$ 之间存在线性函数关系时，该调制波称为调相波。此时，调相波的瞬时相位可以表达为某种形式：

$$\varphi(t) = \varphi_0 + K_{\mathrm{PM}}x(t) \tag{4.130}$$

式中，K_{PM} 为相位调制指数，或称为相位调制灵敏度。

调相波的瞬时频率可写成

$$\omega(t) = \omega_0 + K_{\mathrm{PM}}\frac{\mathrm{d}x(t)}{\mathrm{d}t} \tag{4.131}$$

（2）调频波（FM）

若载波的瞬时频率与测试信号 $x(t)$ 保持线性关系，该调制波称为调频波。调频波的瞬时频率可以表示为

$$\omega(t) = \omega_0 + K_{\mathrm{FM}}x(t) \tag{4.132}$$

式中，K_{FM} 为频率调制指数，或称频率调制灵敏度。

调频波的瞬时相位可写成

$$\varphi(t) = \omega_0 t + \theta_0 + K_{\mathrm{FM}}\int x(t)\mathrm{d}t \tag{4.133}$$

调频波为

$$x_{\mathrm{FM}}(t) = A_0\cos\left[\omega_0 t + \theta_0 + K_{\mathrm{FM}}\int x(t)\mathrm{d}t\right] \tag{4.134}$$

比较调相波式（4.131）与调频波式（4.132）不难看出，对调相波而言，如果把 $\dfrac{\mathrm{d}x(t)}{\mathrm{d}t}$ 看成测试信号，那么就可把调相波看成对 $\dfrac{\mathrm{d}x(t)}{\mathrm{d}t}$ 的调频波。同理，比较式（4.130）和式（4.132），

亦可把调频信号看成对信号 $\int x(t)\mathrm{d}t$ 的调相波。调频与调相仅仅是角度调制的两种不同表现形式，它们之间并无本质上的差异。如果事先不了解调制信号的调制方式，那么仅从已调波上是无法区分出是调频波还是调相波的。

（3）调频信号的解调

调频信号的解调多数情况下会采用非相干解调方式。非相干解调主要包括两种方法：鉴频器和锁相环解调器。鉴频器因其结构相对简单，常被广泛应用于广播和电视领域；而锁相环解调器则以其出色的解调性能著称，但结构较为复杂，通常用于对解调性能有较高要求的场合，如通信设备等。在此主要探讨鉴频器解调的工作原理。

通常而言，尽管鉴频器的种类繁多，但它们都可以被视为一个微分器与一个包络检波器的组合等效电路，这一点可以通过对一般 FM 信号表达式进行微分来加以验证，如图 4.35 所示。

$$\begin{aligned}
\frac{\mathrm{d}x_{\mathrm{FM}}(t)}{\mathrm{d}t} &= \frac{\mathrm{d}}{\mathrm{d}t}[A_0\cos(\omega_0 t + \theta_0 + K_{\mathrm{FM}}x(t)\mathrm{d}t)] \\
&= -A_0[\omega_0 + K_{\mathrm{FM}}x(t)]\sin[\omega_0 t + \theta_0 + K_{\mathrm{FM}}\int x(t)\mathrm{d}t]
\end{aligned} \tag{4.135}$$

图 4.35 鉴频器等效框图

式（4.135）表明，经过微分后，其幅度和频率都携带了信息。所以可以用包络检波器检出测试信号 $x(t)$，输出信号为：

$$x_{\mathrm{b}}(t) = A_0[\omega_0 + K_{\mathrm{FM}}x(t)] \tag{4.136}$$

隔去直流分量就可得到解调结果 $x_{\mathrm{d}}(t)$，它正比于测试信号 $x(t)$。

习题

（1）周期信号的傅里叶级数展开式中，每个分量的频率都是基波频率的＿＿倍。

（2）非周期信号的频谱密度函数 $F(\mathrm{j}\omega)$ 反映了信号中各分量的＿＿和＿＿随其频率 ω 的变化关系。

（3）在信号处理中，傅里叶变换将信号从＿＿域转换到＿＿域。

（4）若一信号的频谱密度函数 $F(\mathrm{j}\omega)$ 在 $\omega = \omega_0$ 处有一个冲击，则该信号在时域中必包含频率为＿＿的分量。

（5）周期信号的频谱图是由＿＿的谱线和点构成的。

（6）解释周期信号的离散性和谐波性，并举例说明。

（7）如何理解非周期信号的频谱密度函数？它与周期信号的频谱密度函数有何主要区别？

（8）简述傅里叶变换的线性性质，并说明其在信号处理中的应用。

（9）分析并解释为何在实际系统分析中，希望将周期信号也用傅里叶变换或频谱密度来表示。

（10）设计一个简单的实验方案，以验证周期信号的频谱特点，包括其离散性和谐波性。

（11）已知一周期信号 $f(t) = \cos(2\pi t) + 0.5\cos(4\pi t)$，求其傅里叶级数展开式，并画出频谱图。

（12）一非周期信号 $g(t)$ 在时域中的表达式为分段函数，例如在某区间内为矩形脉冲，其余为零。试用傅里叶变换求其频谱密度函数，并讨论其特点。

本书配套资源

第 5 章
离散时间信号分析

本章学习目标

（1）理解离散时间信号的基本概念

掌握离散时间信号的定义，理解其在时间轴上以离散点（通常是整数或等间隔样本）表示的特性。识别并区分不同类型的离散时间信号，如周期信号、非周期信号、能量信号、功率信号等。

（2）掌握离散时间信号的基本运算

熟悉并能够进行离散时间信号的加法、乘法、时移、反转、尺度变换等基本运算。理解差分和累加在离散时间信号处理中的意义和应用。

（3）离散时间系统的分析

根据系统对输入信号的响应特性，区分线性系统、非线性系统、时不变系统、时变系统、因果系统、非因果系统等。学习如何计算离散时间系统的零输入响应、零状态响应和完全响应。深入理解卷积的概念，掌握卷积在离散时间系统分析中的应用，包括卷积的定义、性质及计算方法。

（4）离散时间信号的变换

学习 Z 变换的定义、性质（如收敛域、线性、时移、尺度变换等）及其在离散时间信号处理中的重要作用。理解 DFT 作为 Z 变换在单位圆上的特例，掌握 DFT 的定义、性质及与快速傅里叶变换（FFT）的关系。通过 DFT 分析离散时间信号的频谱特性，理解频谱分辨率、泄漏效应等概念。

（5）应用与实践

通过具体案例，如对音频信号处理、图像处理中的离散时间信号进行分析，加深对理论知识的理解。使用 MATLAB、Python 等工具进行离散时间信号处理的编程实践，包括信号生成、变换、滤波等。

（6）解决问题与创新能力培养

在面对离散时间信号处理问题时，能够运用所学知识进行分析、建模和求解。探索离散时间信号处理的新方法、新技术，培养创新思维和科研能力。

5.1　信号数字分析的基本步骤

在以傅里叶变换为基础的信号分析技术中，傅里叶变换（Fourier Transform，FT）及其逆变换（Inverse Fourier Transform，IFT）是核心工具。这些变换允许我们将信号在时域（Time domain）和频域（Frequency domain）之间进行转换，从而揭示信号的频谱特性。

对于连续时间信号 $x(t)$，其傅里叶变换 $X(\omega)$ 定义为

$$X(\omega) = \int_{-\infty}^{\infty} x(t)e^{-j\omega t}dt \tag{5.1}$$

式中，ω 为角频率，rad/s；j 为虚数单位，满足 $(j^2 = -1)$；$e^{-j\omega t}$ 是复指数函数。式（5.1）表示信号 $x(t)$ 在所有频率 ω 上的加权和，权重由信号与复指数函数的乘积的积分给出。

逆傅里叶变换将频域信号 $X(\omega)$ 转换回时域信号 $x(t)$，其定义为

$$x(t) = \frac{1}{2\pi} \int_{-\infty}^{\infty} X(\omega)e^{j\omega t}d\omega \tag{5.2}$$

式（5.2）表明，时域信号 $x(t)$ 可以通过对所有频率分量 $X(\omega)$ 进行加权求和（权重由复指数函数给出）并除以 2π 来恢复。

对于离散时间信号 $x(n)$（其中 n 是整数），其离散傅里叶变换（DFT）$X(k)$ 定义为

$$X(k) = \sum_{n=0}^{N-1} x(n)e^{-j\frac{2\pi}{N}kn} \tag{5.3}$$

式中，N 为信号的长度（即样本数）；k 为频率索引（取值范围为 0～$N-1$）。式（5.3）是连续傅里叶变换在离散时间信号上的近似，用于分析信号的频谱特性。

逆离散傅里叶变换（IDFT）将离散频域信号 $X(k)$ 转换回离散时域信号 $x(n)$，其定义为

$$x(n) = \frac{1}{N} \sum_{k=0}^{N-1} X(k)e^{j\frac{2\pi}{N}kn} \tag{5.4}$$

式（5.4）是逆傅里叶变换在离散时间信号上的对应物，用于从频域信号中恢复原始的时域信号。

快速傅里叶变换（FFT）是计算 DFT 及其逆变换的一种高效算法。FFT 通过减少计算中的冗余和重复，将 DFT 的计算复杂度从 $O(N^2)$ 降低到 $O(N\log_2 N)$。FFT 在数字信号处理、图像处理、通信系统等领域有着广泛的应用。

傅里叶变换及其逆变换、离散傅里叶变换及其逆变换，以及快速傅里叶变换，构成了以傅里叶变换为基础的信号分析技术的核心。这些工具使我们能够在时域和频域之间自由转换信号，从而更深入地理解和处理信号。

① 信号采集：在信号数字分析的开始阶段，首要任务是采集原始信号数据。这可能涉及使用传感器、仪器或其他设备来捕获实际世界中的信号。信号的质量和准确性对后续分析的结果至关重要。

② 信号预处理：在信号采集后，通常需要对原始信号进行预处理，这包括滤波处理、去噪操作、信号放大、采样和量化等步骤。通过预处理，可以确保信号的准确性和可靠性，为后续分析做好准备。

③ 时域分析：时域分析是在时间轴上研究信号变化的过程，通过时域分析，可以了解信号的幅度变化、周期性、波形形状等特征。常见的时域分析技术包括绘制时域波形图、计算自相关函数等。

④ 频域分析：频域分析涉及将信号从时域转换为频域，揭示信号中的频率成分。通过频域分析，可以识别不同频率下的信号特征，例如频谱特征、频率分量等，傅里叶变换和功率谱密度是常用的频域分析方法。

⑤ 特征提取：特征提取是从信号中提取出具有代表性和区分性的特征参数的过程，提取到的特征可用于后续的模式识别、分类和其他任务。常见的特征包括频率特征、时域统计特征、能量特征等。

⑥ 模型建立：建立适当的数学模型是理解信号特性和进行进一步分析的关键步骤。使用合适的模型，如滤波器、神经网络等，可以更好地描述信号属性，并为信号数字分析提供更深入的理解和解释。

信号数字分析的基本步骤通常包括以下几个关键阶段：

① 信号采集（Acquisition）：使用传感器或其他设备从实际环境中获取模拟信号。确保采样频率满足采样定理（奈奎斯特采样定理），即采样频率应至少为信号中最高频率的两倍，以避免混叠现象。

② 模数转换（Analog-to-Digital Conversion，ADC）：将模拟信号转换为数字信号，这包括采样（在时间轴上离散化信号）和量化（在幅度轴上离散化信号）。设置适当的采样率和量化位数，以确保信号的动态范围和分辨率满足分析需求。

③ 预处理（Preprocessing）：对数字信号进行必要的预处理操作，如滤波（去除噪声或不需要的频率成分）、归一化（调整信号幅度以适应分析范围）、窗函数处理（减少频谱泄漏）等。

④ 时域分析（Time-Domain Analysis）：在时域内观察和分析信号的特性，如波形、峰值、周期、相位等。使用统计方法描述信号，如均值、方差、自相关函数等。

⑤ 频域分析（Frequency-Domain Analysis）：使用傅里叶变换（FT）或快速傅里叶变换（FFT）将信号从时域转换到频域。分析信号的频谱特性，如频率分布、主频、带宽、频谱密度等，识别信号中的特定频率成分，如正弦波、谐波、噪声等。

⑥ 特征提取（Feature Extraction）：从信号中提取有用的特征或参数，以便进一步分析或分类。特征可以是时域特征（如峰值、均值）、频域特征（如主频、带宽）、时频特征（如小波变换系数）等。

⑦ 信号分类与识别（Classification and Recognition）：使用提取的特征对信号进行分类或识别。

⑧ 结果可视化（Visualization）：将分析结果以图表、图形或动画等形式呈现出来，以便直观理解和解释。可视化工具可以帮助识别信号中的模式、趋势或异常。

⑨ 验证与评估（Validation and Evaluation）：验证分析结果的准确性和可靠性。使用已知的测试信号或真实世界的例子来评估分析方法的性能。

⑩ 优化与改进（Optimization and Improvement）：根据验证和评估的结果对分析方法进行优化和改进，包括调整采样率、量化位数、滤波器参数等。

例 5.1 给定一个离散时间信号 $x(n)=1,2,3,2,1$，其中，$n=0\sim4$，请执行以下信号数字分析的基本步骤：

（1）计算信号的均值（Mean）。

（2）计算信号的方差（Variance）。

解：

（1）计算信号的均值（Mean）

均值 μ 的计算公式为

$$\mu = \frac{1}{N}\sum_{n=0}^{N-1}x(n)$$

对于 $x(n) = 1, 2, 3, 2, 1$ 且 $N = 5$，有

$$\mu = \frac{1}{5}(1 + 2 + 3 + 2 + 1) = 1.8$$

（2）计算信号的方差（Variance）

方差 σ^2 的计算公式为

$$\sigma^2 = \frac{1}{N}\sum_{n=0}^{N-1}[x(n) - \mu]^2$$

将已知的 $x(n)$ 和 $\mu = 1.8$ 代入有

$$\sigma^2 = \frac{1}{5}[(1-1.8)^2 + (2-1.8)^2 + (3-1.8)^2 + (2-1.8)^2 + (1-1.8)^2] = 0.56$$

5.2　A/D 转换原理与采样定理

在测试流程中，数据处理扮演了核心角色，旨在达成多重目标。数字化转换的首要任务是将连续的模拟信号精准转换为计算机能够高效处理与存储的离散数字信号，这是数据进入数字化分析领域的第一步。传感器将实际物理量（如温度、压力、流量）转化为电信号（电压、电流）后，所采集的数据虽携带原始信息，却需通过特定算法或校准过程，将这些电量数据转换回其代表的原始物理量，以恢复其实际物理意义，便于后续分析与应用。考虑到数据采集、传输及转换过程中可能遭遇的内外干扰与噪声，数据处理还需聚焦于有效识别并去除这些混杂的干扰信号，通过技术手段（如异常值剔除、滤波算法等）提升数据的纯净度与准确性。为进一步挖掘数据价值，需对经过预处理的数据进行深层次分析，如应用统计方法（均值计算）、频谱分析（傅里叶变换、小波变换）或相关性分析等手段，以揭示数据背后的隐藏规律与特征，生成具有更高信息密度的二次数据。

就处理模式而言，数据处理可细分为实时/在线处理与离线处理两类。前者强调数据处理与数据采集的同步性，受限于时间窗口，多执行基础且快速的运算；后者则在数据采集完成后进行，时间充裕，适用于复杂的数据分析与处理任务。从性质上划分，数据处理流程又包含预处理与二次处理两个阶段。前者侧重于数据清洗与增强，为后续分析奠定坚实基础；后者则涉及更为复杂的数学变换与算法应用，旨在从数据中提炼出更为深刻、准确的信息与知识。

将模拟信号转换成数字信号时，必须在一系列选定的时间点对输入的模拟信号进行采样，然后再将这些采样值转换为数字量输出。整个 A/D 转换过程通常包括采样、保持、量化和编码 3 个步骤。

（1）采样（Sample）

所谓采样是指周期性地采集模拟信号的瞬时值，得到一系列的脉冲样值。图 5.1 表明了采样过程，图中，$U(t)$ 是输入模拟信号，$s(t)$ 是采样输出信号，采样周期的长短决定采样信号的频率。

采样开关周期性地闭合，闭合周期为 T，闭合时间很短。采样开关的输入为连续函数 $x(t)$，

输出函数 $x^*(t)$ 可认为是 $x(t)$ 在开关闭合时的瞬时值，即脉冲序列 $x(T_s)$，$x(2T_s)$，…，$x(nT_s)$。

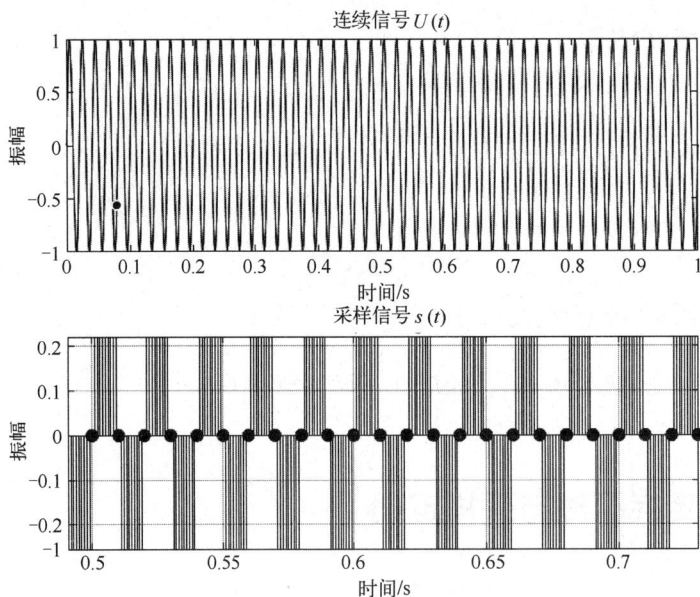

图 5.1 采样过程示意图

幅值随 $x(t)$ 变化的脉冲序列如图 5.1 所示，采样信号 $x_s(t)$ 可以看作原信号 $x(t)$ 与一个幅值为 1 的开关函数 $s(t)$ 的乘积，即

$$x_s(t) = x(t)s(t) \tag{5.5}$$

（2）保持（Hold）

在连续 2 次采样之间，为了使前一次采样所得信号保持不变，以便量化和编码，需要将其保存起来，这就要求在采样电路后面加上保持电路。采样-保持电路的基本组成如图 5.2 所示。电路由 1 个存储样值的电容 C，1 个场效应管 V 及电压跟随运算放大器组成。当取样脉冲 $S(t)=1$ 时，场效应管 V 导通，相当于开关闭合输入模拟量 $U(t)$ 经 V 向电容充电，电容的充电时间常数被设置为远小于采样脉冲宽度的值。

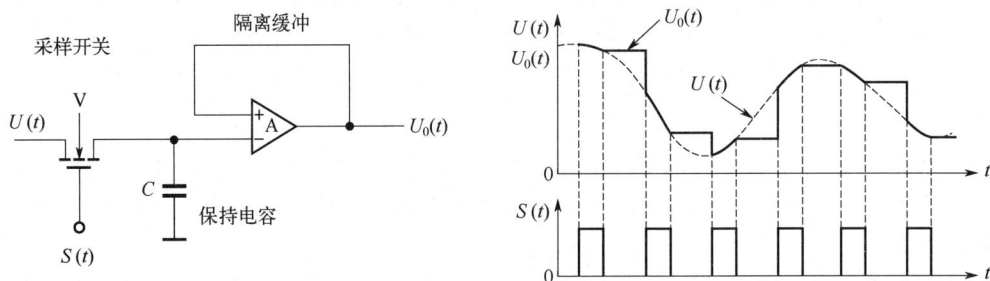

图 5.2 保持过程原理图

（3）量化和编码

量化就是将模拟量转化为数字量的过程，它是模数转换器所要完成的主要功能。量化电

平（Quantized level）定义为满量程电压（或称满度信号值）V_{FSR} 与 2 的 N 次幂的比值，其中 N 为数字信号 X_d 的二进制位数。量化电平（也称量化单位）一般用 q 来表示，因此有

$$q = V_{FSR} / 2^N \tag{5.6}$$

经采样-保持所得电压信号仍是模拟量，不是数字量，因此量化和编码才是从模拟量产生数字量的过程，即 A/D 转换的主要阶段。量化是将采样-保持电路的输出信号按照某种近似方式归并到相应的离散电平上，也就是将模拟信号在取值上离散化的过程，离散后的电平称为量化电平。编码是将量化后的结果（离散电平）用数字代码即二进制数来表示。其中，单极性模拟信号一般采用自然二进制编码。

在信号处理中，模拟信号需要被转换为数字信号以便进行数字化处理。模拟/数字（A/D）转换原理与采样定理是实现这一目的的关键概念。模拟/数字（A/D）转换是将连续的模拟信号转换为离散的数字信号的过程。这一过程涉及两个主要步骤：采样和量化。采样定理是 Shannon 在 1949 年提出的，也称为奈奎斯特（Nyquist）定理，指出对于一个带限信号，为了在数字领域完全恢复原始模拟信号，采样频率至少是信号最高频率的两倍。采样定理规定的采样频率被称为奈奎斯特频率。如果采样频率低于最高信号频率的两倍，就会出现混叠，导致信号失真。在进行 A/D 转换时，采样频率必须大于奈奎斯特频率，才能充分还原原始信号。采样定理的重要性在于确保在数字化处理中不会丢失原始信号的信息，并避免出现混叠现象。因此，在设计和实施 A/D 转换系统时，需要遵循采样定理以保证信号的准确数字化。

例 5.2　假设有一个模拟信号 $x(t) = \sin(2\pi f_0 t)$，其中 $f_0 = 1000\,\mathrm{Hz}$，需要将其通过模数（A/D）转换器进行数字化。A/D 转换器的采样频率为 f_s。

根据奈奎斯特采样定理，确定 A/D 转换器的最小采样频率 f_{smin} 以避免混叠。

如果选择 $f_s = 2048\,\mathrm{Hz}$，计算采样后得到的离散时间信号 $x(n)$ 的两个相邻样本之间的时间间隔为 T_s。

写出采样后得到的离散时间信号 $x(n)$ 的数学表达式（假设采样从 $t=0$ 开始）。

解：

① 确定最小采样频率 f_{smin}。在本题中，模拟信号 $x(t) = \sin(2\pi f_0 t)$ 的最高频率 f_{max} 就是 $f_0 = 1000\,\mathrm{Hz}$。

因此，A/D 转换器的最小采样频率 f_{smin} 为

$$f_{smin} = 2 \times f_0 = 2 \times 1000 = 2000\,(\mathrm{Hz})$$

② 计算采样时间间隔 T_s。采样时间间隔 T_s 是采样频率 f_s 的倒数，即

$$T_s = \frac{1}{f_s}$$

给定 $f_s = 2048\,\mathrm{Hz}$，则

$$T_s = \frac{1}{2048} \approx 0.000488\,(\mathrm{s})$$

③ 写出离散时间信号 $x(n)$ 的数学表达式。离散时间信号 $x(n)$ 是模拟信号 $x(t)$ 在采样时刻 $t = nT_s$ 的值。由于 $x(t) = \sin(2\pi f_0 t)$，且采样从 $t=0$ 开始，则

$$x(n) = x(nT_s) = \sin(2\pi f_0 n T_s)$$

将 $f_0 = 1000\,\mathrm{Hz}$ 和 $T_s = \dfrac{1}{2048}\,\mathrm{s}$ 代入上式，得到

$$x(n) = \sin\left(2\pi \times 1000 \times n \times \frac{1}{2048}\right) = \sin\left(\frac{\pi}{1024}n\right)$$

这个表达式描述了采样后得到的离散时间信号 $x(n)$，其中 n 是样本索引，从 0 开始递增。每个样本都对应于原始模拟信号在 $t = nT_s$ 时刻的值。

5.3 离散时间系统

离散时间系统（Discrete-Time System）是处理离散时间信号（即只在离散时间点上有定义的信号）的系统。在数字信号处理、控制系统分析和通信系统等领域，离散时间系统非常常见。它们通常用于描述和分析只在特定时间点（如每秒的整数倍）上取值的信号和系统。

离散时间信号是指在离散时间点上有定义的信号，通常表示为 $x(n)$。这些时间点通常是等间隔的，间隔称为采样周期或采样间隔。离散时间信号可以由模拟信号通过采样和量化得到，也可以直接由数字设备生成。

离散时间系统是对离散时间信号进行处理的系统，它们可以用差分方程、系统函数（如 Z 变换或 Z 域传递函数）或状态空间方程来描述。离散时间系统可以分为线性系统和非线性系统、时变系统和时不变系统、因果系统和非因果系统等。

线性时不变（Linear Time-Invariant，LTI）离散时间系统是最常见的离散时间系统类型。它们满足叠加性和齐次性（即线性性），并且对任何输入信号的延迟、系统的响应也会相应地延迟（即时不变性）。线性时不变离散时间系统可以用差分方程、Z 变换或状态空间方程来描述。

差分方程是描述离散时间系统动态行为的一种数学工具。它描述了系统输出信号与输入信号以及系统内部状态之间的关系。对于线性时不变离散时间系统，差分方程通常具有线性形式，并且只包含当前和过去的输入和输出值。

Z 变换是分析离散时间系统的重要工具。它将离散时间信号或系统函数映射到复平面上的 Z 域。通过 Z 变换，可以将差分方程转换为 Z 域中的代数方程，从而简化系统的分析和设计。Z 变换还具有线性性质、时移性质、频移性质等重要性质，可以用于计算系统的传递函数、频率响应等。

对于离散时间系统，稳定性是一个重要的性能指标。稳定的系统意味着对于任何有界的输入信号，系统的输出信号也是有界的。稳定性可以通过分析系统的差分方程、Z 变换或状态空间方程来判断。离散时间系统在许多领域都有广泛的应用，包括数字信号处理、控制系统、通信系统、图像处理等。例如，在数字信号处理中，离散时间系统可以用于滤波、压缩、识别等任务；在控制系统中，离散时间系统可以用于描述和分析数字控制器的性能；在通信系统中，离散时间系统可以用于调制解调、编码解码等任务。

图 5.3 所示的离散时间系统是一种在时间上取样的系统，对输入信号和系统响应进行离散处理。离散时间系统在数字信号处理、通信系统、控制工程等领域得到广泛应用，具有许多重要特性。

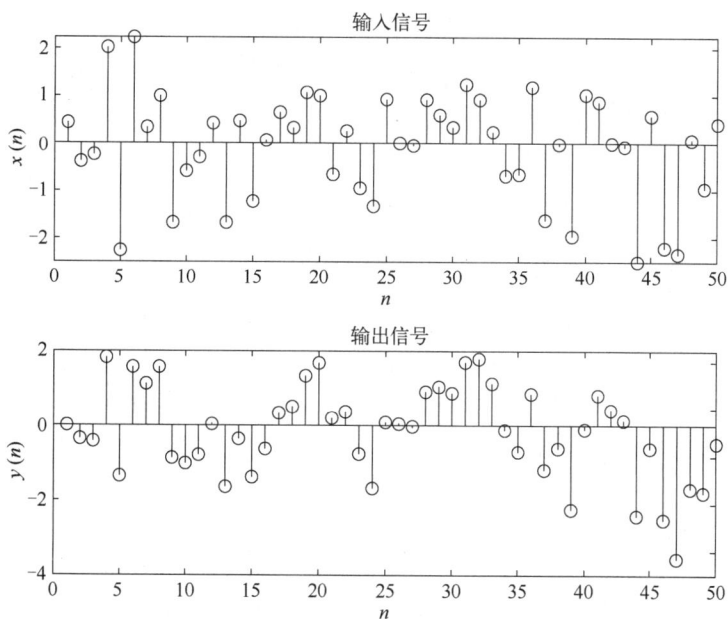

图 5.3　离散时间系统简单示例

（1）离散时间系统的表示

离散时间系统通常使用差分方程或差分方程组来描述其输入和输出之间的关系。差分方程可以明确地表示系统的动态特性和响应规律。

（2）离散时间系统的性质

线性性质：离散时间系统满足线性性质，即满足加法性和齐次性。

时不变性：离散时间系统的性质不随时间变化而变化，系统的响应仅取决于当前时刻的输入。

因果性：离散时间系统的输出仅取决于当前和过去的输入值，而不会依赖未来的值。

稳定性：离散时间系统在受到有界输入时会产生有界输出，以保持稳定。

可逆性：某些离散时间系统具有可逆性，即通过逆过程可以还原输入信号。

（3）离散时间系统的分析方法

传递函数法：通过计算系统的传递函数来分析离散时间系统的频域特性和稳定性。

差分方程法：利用差分方程描述系统，进行递推计算得到系统响应。

Z 变换法：将离散时间系统转换到 Z 域进行分析，可以方便地分析系统的频率响应和稳定性。

（4）离散时间系统的实际应用

数字滤波器：离散时间系统在数字滤波器设计中得到广泛应用，如低通滤波器、高通滤波器、带通滤波器等。

数字控制系统：离散时间系统用于建模和控制真实世界中的动态系统，实现对系统的精确控制。

数字通信系统：离散时间系统在数字调制、解调、误码率控制等方面发挥重要作用，确保通信信号的可靠传输。离散时间系统的研究和应用为数字信号处理和系统控制领域提供了重要工具和方法，对现代工程技术和科学研究具有重要意义。

例5.3 考虑一个离散时间系统，其差分方程描述为：$y(n) = 0.5x(n) + 0.5y(n-1)$，其中，$x(n)$是输入信号，$y(n)$是输出信号。试：

（1）判断该系统的类型（FIR或IIR）。

（2）求出该系统的单位脉冲响应$h(n)$。

解：

（1）判断系统类型

FIR（有限冲激响应）系统：其输出仅与有限个过去的输入值有关，即差分方程中不包含输出信号的延迟项。

IIR（无限冲激响应）系统：其输出不仅与有限个过去的输入值有关，还与过去的输出值有关，即差分方程中包含输出信号的延迟项。

对于给定的差分方程$y(n) = 0.5x(n) + 0.5y(n-1)$，由于它包含$y(n-1)$这一项，即输出信号的延迟项，因此该系统是IIR系统。

（2）求单位脉冲响应$h(n)$

单位脉冲响应$h(n)$是系统对单位脉冲信号$\delta(n)$的响应。

将$x(n) = \delta(n)$代入差分方程$y(n) = 0.5x(n) + 0.5y(n-1)$，得到

$$h(n) = 0.5\delta(n) + 0.5h(n-1)$$

由于$\delta(n)$只在$n = 0$时非零，因此可以逐步求解$h(n)$。

当$n = 0$时，$h(0) = 0.5\delta(0) + 0.5h(-1) = 0.5 \times 1 + 0.5 \times 0 = 0.5$ ［注意$h(-1)$不存在，视为0］；

当$n = 1$时，$h(1) = 0.5\delta(1) + 0.5h(0) = 0 + 0.5 \times 0.5 = 0.25$；

以此类推，可以得到$h(n)$递推关系：$h(n) = 0.5h(n-1)$，且$h(0) = 0.5$。

因此，单位脉冲响应$h(n)$是一个无限长的序列，其通项公式为

$$h(n) = 0.5^{n+1} \times u(n)$$

式中，$u(n)$是单位阶跃信号，用于表示$n \geq 0$。

5.4 离散时间序列

5.4.1 离散时间序列的定义

离散时间信号是一个有序的时间集合，离散时间信号也称作离散时间序列。

离散时间序列如图5.4所示，是指在一系列离散时间点($n = 0, 1, 2, \cdots$)上取值的序列，表示为$x(n)$。这些时间点通常是等间隔的，代表了信号或数据在特定时间点的样本值。离散时间序列是数字信号处理、通信系统、控制系统等领域中的基本概念。

离散时间序列可以通过数学表达式直接表示，如$x(n) = f(n)$，其中$f(n)$是定义在整数集上的函数。此外，序列也可以通过列表或图形的方式展示，以便更直观地理解其变化趋势。

例5.4 定义一个离散时间序列$x(n)$，其中$x(n)$表示某城市每天的气温（摄氏度），n表示从年初开始的天数。给出以下$x(n)$的部分数据：

$x(1) = 5$（1月1日气温为5℃）

$x(100)=22$（4 月 10 日气温为 22℃）

$x(200)=28$（7 月 9 日气温为 28℃）

$x(300)=20$（10 月 27 日气温为 20℃）

$x(365)=3$（12 月 31 日气温为 3℃）

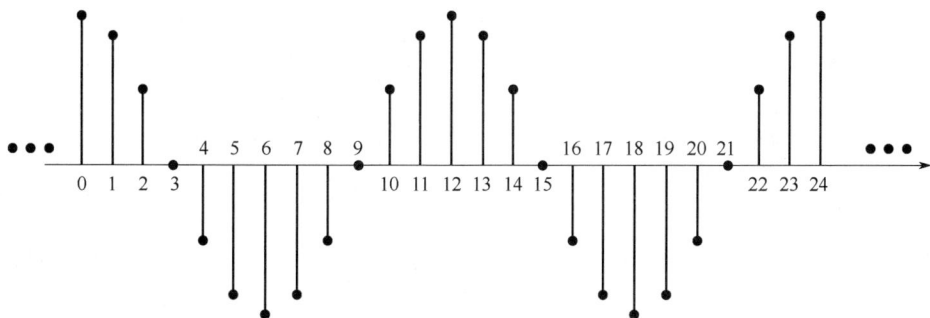

图 5.4　离散时间序列

解释离散时间序列 $x(n)$ 在这个上下文中的含义。

假设没有给出 $x(n)$ 的完整数据，但你知道该城市的气温在夏季（6 月至 8 月）通常较高，在冬季（12 月至第二年 2 月）较低。基于这个信息，你能对 $x(n)$ 的哪些部分做出合理的推测？

解：

（1）解释离散时间序列 $x(n)$ 的含义

在这个上下文中，离散时间序列 $x(n)$ 表示某城市每天的气温记录。其中，n 是一个整数索引，代表从年初开始的天数；$x(n)$ 则是在第 n 天的气温值（以摄氏度为单位）。这种时间序列是离散的，因为气温只在特定的时间点（即每天）被测量和记录。

（2）对 $x(n)$ 的部分做出合理推测

基于题目中给出的信息，即该城市的气温在夏季（6 月至 8 月）较高，在冬季（12 月至第二年 2 月）较低，我们可以对 $x(n)$ 的以下部分做出合理推测：

在 n 对应于夏季（$n=152\sim243$，因为 6 月 1 日是第 152 天，8 月 31 日是第 243 天）的区间内，$x(n)$ 的值可能会相对较高，接近或超过之前给出的 $x(200)=28$ 的水平。

在 n 对应于冬季（大约 $n=335$ 至 $n=59$，注意这里进行了循环，因为一年结束后新的一年开始，但通常我们只考虑同一年内的数据）的区间内，$x(n)$ 的值可能会相对较低，接近或低于之前给出的 $x(1)=5$ 和 $x(365)=3$ 的水平。

对于春季（3 月至 5 月）和秋季（9 月至 11 月）的数据，没有直接的季节性趋势可以遵循，但通常这些季节的气温会介于夏季和冬季之间。

5.4.2　离散时间序列的分类

离散时间序列的分类可以从多个维度进行，以下是一些主要的分类方式。

（1）按序列长度分类

有限长序列：有限长序列只在有限的时间段内有定义，即序列的长度是有限的。例如，一个包含特定数量样本点的信号序列如图 5.5 所示。

无限长序列：无限长序列在整个时间轴上都有定义，即序列的长度是无限的。这种序列可能在实际应用中表现为在某一时间段后信号值趋于零或保持不变，但理论上其长度是无限的，如图5.6所示。

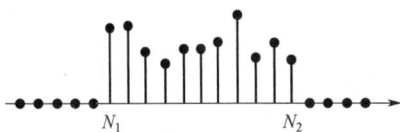

图5.5 有限长序列

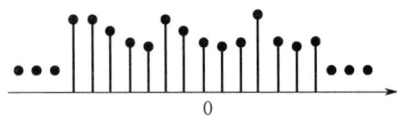

图5.6 无限长序列

（2）按序列周期性分类

周期序列：周期序列是指具有周期性的序列，即序列中的值在经过一定的时间间隔后会重复出现。这种序列在信号处理中具有重要的应用价值，图5.7所示为周期性信号的频谱分析。

非周期序列：非周期序列不具有周期性，即序列中的值不会按照固定的时间间隔重复出现。大多数实际信号都可以视为非周期序列，因为它们通常包含多种频率成分，不具有单一的周期性，如图5.8所示。

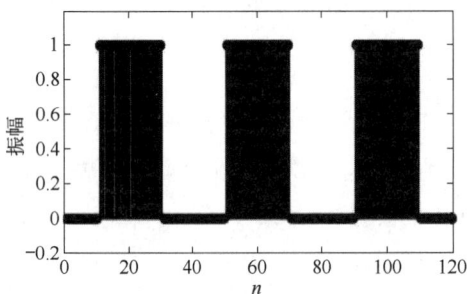

图5.7 周期序列

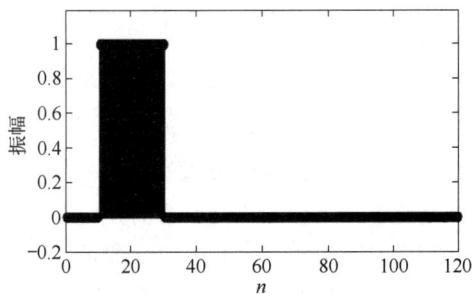

图5.8 非周期序列

（3）按序列函数值分类

实数序列：实数序列是指序列中的每个值都是实数的序列。这种序列在信号处理中最为常见，因为大多数实际信号都可以表示为实数序列。

复数序列：复数序列是指序列中的每个值都是复数的序列。复数序列在表示某些特定类型的信号（如调制信号）时非常有用，因为它们可以同时表示信号的幅值和相位信息。

（4）其他分类方式

除了上述分类方式外，离散时间序列还可以根据其他特征进行分类。

能量序列与功率序列：根据序列的能量或功率特性进行分类。能量序列的总能量是有限的，而功率序列的总能量是无限的，但其平均功率是有限的。

因果序列、反因果序列和非因果序列：因果序列是指当时间 n 小于某个值时，序列的值为零；反因果序列则是指当时间 n 大于某个值时，序列的值为零；非因果序列则不满足上述任一条件。

综上所述，离散时间序列的分类方式多种多样，具体选择哪种分类方式取决于分析问题的需要。在实际应用中，可以根据信号的具体特性和分析目的选择合适的分类方式进行分析和处理。

例 5.5　以下是 4 个离散时间序列的简要描述。

序列 A：表示某股票每日的收盘价，数据呈现随机波动，但长期趋势不明显。

序列 B：记录了一个城市每月的降雨量，数据显示出明显的季节性变化，每年夏季降雨量高，冬季低。

序列 C：代表了一个新产品的月销售量，数据在上市初期快速增长，随后逐渐趋于平稳。

序列 D：是某地区每年的人口数量，数据呈现出缓慢但稳定的增长趋势。

请根据这些描述，将这四个序列分类为以下类型之一，并解释你的分类依据：平稳时间序列、趋势时间序列、季节性时间序列、复合型时间序列。

解：

（1）分类依据

平稳时间序列：序列的统计特性（如均值、方差）不随时间变化，且没有明显的趋势或季节性模式。

趋势时间序列：序列具有长期上升或下降的趋势，但不一定有季节性变化。

季节性时间序列：序列在固定时间间隔内重复出现相似的模式，如每年、每月或每周的周期性变化。

复合型时间序列：序列同时包含趋势、季节性和随机成分。

（2）分类结果

序列 A：应分类为平稳时间序列。尽管数据呈现随机波动，但没有明显的长期趋势或季节性模式，因此可以视为平稳的。

序列 B：应分类为季节性时间序列。数据显示出明显的季节性变化，每年夏季降雨量高，冬季低，符合季节性时间序列的定义。

序列 C：应分类为趋势时间序列。数据在上市初期快速增长，随后逐渐趋于平稳，这表明存在一个明显的上升趋势，但没有提及季节性变化。

序列 D：应分类为趋势时间序列。尽管数据增长缓慢且稳定，这仍然构成了一个长期上升的趋势，没有提及季节性模式，因此不属于季节性或复合型时间序列。

5.4.3　离散时间序列的表示

离散时间序列是一种按照时间间隔离散采样的数据序列，通常用于描述时间序列数据和信号在离散时间点上的取值。离散时间序列在信号处理、统计分析、预测建模等领域有着广泛的应用，其特点和性质对于数据分析和系统建模具有重要意义。

离散时间序列的表示是理解和处理离散时间信号的基础。离散时间序列，也称为离散时间信号或序列，是指在离散时间点上给出函数值的序列，这些时间点通常是均匀间隔的。

列表法是最直观的表示方法，它直接将序列中的各个值列举出来，放在集合或数组中。例如，对于序列 $x(n) = \{1, 2, 3, 4, 5\}$，可以直接用列表法表示为 $x(n) = \{1, 2, 3, 4, 5\}$，其中 n 的取值范围通常也会给出，如 $n = 0, 1, 2, 3, 4$。这种方法简单明了，适用于序列长度较短且易于列举的情况。

函数表示法使用数学函数来描述序列的值。例如，对于序列 $x(n) = \sin(0.5\pi n)$，这个函数表示法直接给出了序列中每个元素 n 对应的值。这种方法适用于序列值可以通过某种数学关系（如正弦、余弦、指数等）明确给出的情况。函数表示法不仅可以表示简单的序列，还可以表示复杂的、具有特定数学规律的序列。

图形表示法使用线图、包络图等图形方式来直观地展示序列的变化趋势和特性。通过将序列的值绘制在坐标系上，可以清晰地看到序列的周期性、趋势性、振幅等特征。图形表示法特别适用于需要直观展示序列特性或进行视觉分析的情况。

除了上述表示方法外，离散时间序列还可以根据不同的特性进行分类。按序列长度分为有限长序列和无限长序列。有限长序列的长度是有限的，即序列中元素的个数是有限的；无限长序列则包含无限多个元素。按序列周期性分为周期序列和非周期序列。周期序列中的元素在某一固定的时间间隔后重复出现；非周期序列则不具有这种周期性。按序列函数值分为实数序列和复数序列。实数序列中的元素都是实数；复数序列中的元素则是复数。

在表示离散时间序列时，需要注意序列的起始点、间隔和取值范围等信息，以确保序列的准确性和完整性。对于复杂的离散时间序列，可能需要结合多种表示方法和分析工具来进行深入分析和处理。

综上所述，离散时间序列的表示方法包括列表法、函数表示法和图形表示法，每种方法都有其适用的场景和优缺点。在实际应用中，可以根据具体需求和序列的特性来选择合适的表示方法。

5.4.4　离散时间序列的性质

离散时间序列的性质是理解和分析时间序列数据的基础，这些性质有助于我们把握数据的内在规律和特性。

离散时间序列的自变量（通常是时间）取整数值，而因变量（即序列的值）则是这些整数值对应的观测或计算结果。这与连续时间序列不同，后者在时间上是连续变化的。离散性使得离散时间序列在处理时更加方便和高效，尤其是在数字信号处理、计算机模拟等领域。

离散时间序列可能具有周期性，即序列中的值在某一固定的时间间隔后重复出现。这种周期性可以是严格的，即每个周期内的值完全相同；也可以是近似的，即每个周期内的值在某种程度上相似但不完全相同。周期性是时间序列分析中一个重要的概念，它有助于我们识别数据中的季节性变化、循环模式等。

离散时间序列可能满足线性性质，即序列的加法、数乘等线性运算保持封闭性。具体来说，如果两个离散时间序列 $x(n)$ 和 $y(n)$ 是线性的，那么它们的和 $ax(n)+by(n)$（其中 a 和 b 是常数）仍然是一个离散时间序列。线性性质在信号处理、系统分析等领域中非常重要，因为它允许我们使用线性系统理论来分析和处理离散时间序列。

离散时间序列可以是奇序列、偶序列或零序列。奇序列满足 $x(-n)=-x(n)$，即序列关于原点对称且符号相反；偶序列满足 $x(-n)=x(n)$，即序列关于原点对称且符号相同；零序列则满足 $x(n)=0$，即序列中所有元素的值都为 0。奇偶性是描述离散时间序列对称性的一种重要方式。

离散时间序列的能量和功率是描述序列能量特性的重要参数。能量是序列各元素平方和的总和，它反映了序列的总能量大小；功率则是能量除以序列的长度（或时间长度），它反映了序列在单位时间内的平均能量。能量和功率的计算有助于评估序列的活跃程度和稳定性。

离散时间序列可能是可逆的，即存在一个逆序列 $y(n)$，使得原序列 $x(n)$可以通过逆序列 $y(n)$的某种变换（如时间反转、相位变换等）恢复出来。可逆性是信号处理中的一个重要概念，它允许我们对信号进行可逆变换而不丢失信息。

离散时间序列可以是有限长度的，也可以是无限长度的。有限长度的序列在实际应用中更为常见，因为它们更容易处理和存储；而无限长度的序列则更多地出现在理论研究和仿真模拟中。

综上所述，离散时间序列具有离散性、周期性、线性性、奇偶性、能量与功率、可逆性以及有限性或无限性等性质。这些性质为分析和处理离散时间序列提供了有力的工具和理论基础。

例 5.6 考虑一个离散时间序列 $x(n)$，其中，n 是非负整数，表示时间索引。已知 $x(n)$的前几个值为：$x(0) = 1$，$x(1) = 2$，$x(2) = 3$，$x(3) = 5$，并且该序列满足线性递推关系：$x(n) = x(n-1) + x(n-2)$。试：

（1）根据给定的递推关系和初始值，计算 $x(4)$和 $x(5)$。

（2）判断该离散时间序列是否具有平稳性，并解释原因。

（3）分析该序列的其他可能性质（如周期性、趋势性等）。

解：

（1）计算 $x(4)$和 $x(5)$

根据给定的递推关系 $x(n) = x(n-1) + x(n-2)$和初始值 $x(0) = 1$，$x(1) = 2$，可以逐步计算后续的值。

$$x(4) = x(3) + x(2) = 5 + 3 = 8$$
$$x(5) = x(4) + x(3) = 8 + 5 = 13$$

（2）判断平稳性

平稳性是指时间序列的统计特性（如均值、方差）不随时间变化，对于本题中的序列 $x(n)$，由于它满足一个非平凡的线性递推关系，并且这个关系导致序列的值随时间显著增加[从 $x(0) = 1$ 开始]，因此该序列的均值和方差都会随时间变化。随着 n 的增加，$x(n)$的值也在增加，因此均值也会增加。由于序列值的离散程度（即与均值的偏差）也在增加，方差同样会随时间变化。

因此，该离散时间序列不具有平稳性。

（3）分析其他性质

周期性是指时间序列在固定时间间隔后重复相同的模式，对于本题中的序列 $x(n)$，由于它满足的递推关系不是周期性的[即没有固定的周期长度使得 $x(n+T) = x(n)$，对所有 n 成立]，因此该序列不具有周期性。

趋势性是指时间序列整体呈现上升或下降的趋势，对于本题中的序列 $x(n)$，由于它满足的递推关系导致序列值随时间显著增加，因此该序列具有明确的上升趋势。

综上所述，该离散时间序列 $x(n)$ 不具有平稳性和周期性，但具有明确的上升趋势。

5.4.5 离散时间序列的分析方法

离散时间序列的分析方法多种多样，这些方法可以帮助我们从不同的角度理解数据中的模式和趋势。

频域分析方法是通过将时间序列从时间域转换到频率域来研究其特性的方法。在频域中，可以观察到时间序列中的周期性成分和频率分布。主要的频域分析方法为傅里叶变换（Fourier Transform，FT），可以将时间序列分解为不同频率的正弦和余弦波之和，从而揭示其频率成分。傅里叶变换在信号处理、图像处理等领域有广泛应用。频谱分析利用傅里叶变换的结果，对时间序列的频谱进行分析，可以识别出主要的频率成分和它们的强度。这对于理解时间序列中的周期性行为特别有用。

时域分析方法是直接在时间域上研究时间序列的方法，关注时间序列随时间的变化趋势和模式。

自相关函数（Autocorrelation Function，ACF）用于测量时间序列中当前值与过去值之间的相关性。通过自相关函数，可以识别出时间序列中的周期性成分和延迟相关性。偏自相关函数（Partial Autocorrelation Function，PACF）与自相关函数类似，但偏自相关函数在测量相关性时排除了中间变量的影响，因此能够更准确地反映时间序列的直接相关性。

移动平均法通过计算时间序列的滑动平均值来平滑数据，减少随机波动的影响，从而更容易识别出趋势和周期性成分。

参数化方法假定时间序列遵循某种特定的统计模型，如自回归（AR）、移动平均（MA）或自回归移动平均（ARMA）模型等。这些方法通过估计模型参数来拟合时间序列数据，进而进行预测和分析。ARIMA 模型是自回归积分滑动平均模型的简称，它结合了差分、自回归和移动平均的特点，能够处理非平稳时间序列数据。ARIMA 模型在经济学、金融学、气象学等领域有广泛应用。

非参数化方法不依赖于特定的统计模型，而是直接对数据进行分析。这些方法通常更加灵活，但也可能需要更多的计算资源。小波分析利用小波变换将时间序列分解为不同尺度的成分，从而进行多尺度分析。小波分析在信号处理、图像处理等领域有重要应用。经验模态分解（Empirical Mode Decomposition，EMD）是一种自适应的时频分析方法，能够将时间序列分解为一系列本征模态函数（Intrinsic Mode Functions，IMFs）和一个残差项。EMD 方法在处理非线性、非平稳时间序列时具有优势。

随着机器学习和深度学习技术的发展，越来越多的研究者开始将这些方法应用于时间序列分析领域。支持向量机（SVM）、随机森林（Random Forest）等传统机器学习方法可以用于时间序列分类、回归等问题。循环神经网络（RNN）、长短期记忆网络（LSTM）等深度学习模型能够捕捉时间序列中的长期依赖关系，因此在时间序列预测、异常检测等领域表现出色。

离散时间序列的分析方法多种多样，每种方法都有其独特的优势和适用范围。在实际应用中，应根据具体问题的需求和数据的特性选择合适的方法进行分析。

5.4.6　离散时间序列的应用领域

离散时间序列分析在各个领域中有着广泛的应用，它作为描述时间变化的重要工具，为数据分析和决策提供了有力支持。

在金融领域，离散时间序列分析被广泛应用于股票价格预测，研究人员利用历史股票价格数据构建时间序列模型，如 ARIMA（自回归积分滑动平均模型）或更复杂的机器学习模型，来预测未来股票价格的走势。这些模型通过分析股票价格的历史波动、交易量、市场情绪等因素，尝试捕捉价格变动的内在规律，从而为投资者提供决策支持。金融机构可利用 ARIMA 模型对某只股票的日收盘价进行预测，并基于预测结果制定投资策略，以实现风险控制和收益最大化。张伟教授及其团队利用历史股票价格数据，结合 ARIMA 模型与机器学习算法，对沪深 300 指数的成分股进行了股票价格预测研究，通过对比不同模型的预测精度和稳定性，为投资者提供了有效的投资策略建议。

在气象学领域，离散时间序列分析同样发挥着重要作用，气象部门利用大量的气象观测数据（如温度、湿度、气压、风速等）构建时间序列模型，以预测未来的天气状况。这些模型能够捕捉到气象要素之间的复杂关系以及它们随时间的变化规律，从而生成准确的天气预报。气象部门可利用时间序列分析技术预测台风的路径和强度，为政府决策、防灾减灾提供科学依据。例如，李华博士在国家气候中心从事气象时间序列分析工作，她利用高分辨率气象观测数据和先进的时间序列分析技术，构建了高精度的天气预报模型，该模型在台风路径预测、暴雨预警等方面取得了显著成效，为防灾减灾工作提供了重要支持。

在工程领域，离散时间序列分析被用于系统状态监测和故障诊断，工程师们可以通过采集设备或系统的运行状态数据（如振动信号、温度信号等），构建时间序列模型来监测设备的健康状况。这些模型能够识别出设备运行中的异常模式或趋势，从而提前发现潜在的故障并采取相应的维修措施。在风力发电领域，利用时间序列分析技术对风力发电机的振动信号进行分析，以监测其轴承、齿轮箱等关键部件的健康状况，确保风力发电机的稳定运行。例如，王强工程师在某公司的研发中心负责设备状态监测项目，利用离散时间序列分析技术，对通信设备、数据中心等关键基础设施的运行状态进行实时监测和故障诊断。通过构建高效的时间序列预测模型，他成功识别了多起潜在的设备故障，有效保障了系统的稳定运行。

在医学领域，离散时间序列分析也被用于疾病预测和健康管理，医生们可以通过收集患者的生理指标数据（如心率、血压、血糖等）构建时间序列模型，以预测患者未来可能患有的疾病风险。这些模型能够综合考虑患者的年龄、性别、遗传背景、生活习惯等多种因素，为患者提供个性化的健康管理建议，利用时间序列分析技术对糖尿病患者的血糖数据进行监测和分析，以预测其并发症的发生风险，并制定相应的治疗方案和预防措施。赵敏教授及其团队在心血管疾病预测领域取得了重要成果，他们利用患者的心电图数据、临床信息以及生活习惯等构建了复杂的时间序列模型，对冠心病、心肌梗死等心血管疾病的发病风险进行了精准预测。这些研究成果为临床医生提供了有力的决策支持，有助于实现疾病的早期干预和治疗。

例 5.7　定义离散时间序列 $x(n)=1,2,3,4,5$，其中 n 的取值范围是 $0 \leqslant n \leqslant 4$。请计算该序列的总能量 E。

解：总能量 $E = \sum_{n=0}^{4}|x(n)|^2 = 1^2 + 2^2 + 3^2 + 4^2 + 5^2 = 55$。

例 5.8　给定离散时间序列 $y(n)=\sin\left(\dfrac{2\pi}{3}n\right)$，判断该序列是否为周期序列，并求出其周期（如果存在）。

解：该序列是周期序列，因为 sin 函数具有周期性。其周期 T 可以通过公式 $T=\dfrac{2\pi}{|\omega|}$ 计算，其中 $\omega=\dfrac{2\pi}{3}$。因此，周期 $T=\dfrac{2\pi}{\frac{2\pi}{3}}=3$。

5.5 Z变换与Z反变换

Z 变换是离散时间信号处理中的一种关键工具，它建立了离散时间信号与复变量 z 之间的映射关系。Z 变换的定义基于离散时间信号的拉普拉斯变换，并通过变量替换得到。

对于离散时间信号 $x(n)$（其中 n 为整数），其 Z 变换定义为

$$X(z) = \sum_{n=-\infty}^{\infty} x(n)z^{-n} \tag{5.7}$$

这里，$X(z)$ 是离散时间信号 $x(n)$ 的 Z 变换，z 是一个复变量。在实际应用中，根据信号的不同特性，Z 变换可能只考虑单边序列（如因果序列），此时求和范围变为 $0 \sim \infty$。

在数字信号处理中，Z 变换是一种将离散时间信号从时域转换到复频域（Z 域）的重要数学工具。

（1）单位样值信号（Unit Impulse Signal）

单位样值信号通常表示为 $\delta(n)$，它在 $n=0$ 时取值为 1，在其他所有 n 值上取值为 0。其 Z 变换为

$$X(z) = \sum_{n=-\infty}^{\infty} \delta(n)z^{-n} = 1 \tag{5.8}$$

这是因为只有在 $n=0$ 时，$\delta(n)$ 的值为 1，所以求和结果就是 1。单位样值信号的 Z 变换在整个 Z 平面上都有定义，即其收敛域是整个 Z 平面。

（2）单位阶跃信号（Unit Step Signal）

单位阶跃信号通常表示为 $u(n)$，它在 $n \geq 0$ 时取值为 1，在 $n<0$ 时取值为 0。其 Z 变换为

$$X(z) = \sum_{n=0}^{\infty} u(n)z^{-n} = \sum_{n=0}^{\infty} z^{-n} = \frac{1}{1-z^{-1}}, \quad |z|>1 \tag{5.9}$$

这里使用了等比数列求和公式，并注意到当 $|z|>1$ 时，级数收敛。因此，单位阶跃信号的 Z 变换的收敛域是 $|z|>1$。

（3）指数信号（Exponential Signal）

对于形式为 $a^n u(n)$ 的指数信号，其中 a 是常数，$u(n)$ 是单位阶跃信号，其 Z 变换为

$$X(z) = \sum_{n=0}^{\infty} a^n u(n)z^{-n} = \sum_{n=0}^{\infty}(az-1)n = \frac{1}{1-az^{-1}}, \quad |z|>|a| \tag{5.10}$$

同样地，这里使用了等比数列求和公式，并注意到当 $|z|>|a|$ 时，级数收敛。因此，指数信号的 Z 变换的收敛域是 $|z|>|a|$。

（4）正弦和余弦信号（Sine and Cosine Signals）

正弦和余弦信号可以表示为复指数信号的线性组合。例如，对于余弦信号 $\cos(\omega_0 n)u(n)$，其 Z 变换可以通过欧拉公式展开为

$$X(z) = \frac{1}{2}\left(\sum_{n=0}^{\infty} e^{j\omega_0 n}z^{-n} + \sum_{n=0}^{\infty} e^{-j\omega_0 n}z^{-n}\right) = \frac{1}{2}\left(\frac{z}{z-e^{j\omega_0}} + \frac{z}{z-e^{-j\omega_0}}\right), \quad |z|>1 \tag{5.11}$$

这里使用了复指数信号的 Z 变换结果，并注意到当 $|z|>1$ 时，级数收敛。正弦信号的 Z 变

换可以用类似的方式推导。

　　Z 变换是分析离散时间信号和系统的有力工具，它允许我们将时域中的信号转换到复频域中进行表示，从而便于分析和设计。上述典型信号的 Z 变换展示了 Z 变换在不同类型信号中的应用，并给出了相应的公式和收敛域。在实际应用中，可以根据信号的具体形式选择合适的 Z 变换公式和收敛域进行分析。

　　Z 变换是一种将离散时间信号从时域转换到 Z 域的方法。通过 Z 变换，我们可以将离散时间序列表示为复平面上的函数，从而进行频域分析和系统性能评估。Z 变换可以帮助我们研究信号的频率响应、稳定性以及系统特性。在 Z 变换中，离散时间序列 $x(n)$ 转换为复变量 z 的函数 $X(z)$。

　　Z 反变换是 Z 变换的逆运算，它将 Z 域信号还原到时域信号，从而实现从频域到时域的转换。Z 反变换的计算方法可以帮助我们根据 Z 域的表达式恢复出原始的离散时间序列。通过 Z 反变换，我们可以理解 Z 变换后的信号在时域中的表示，以便更好地理解系统的行为和特性。

　　Z 变换与 Z 反变换在信号处理、数字滤波、控制系统等领域有着广泛的应用。它们为我们提供了便捷的工具，用于分析离散时间系统的特性和性能，帮助工程师和研究人员更好地设计和优化系统。通过对 Z 变换和 Z 反变换的理解和运用，我们能够深入探究离散时间信号与系统的内在规律，推动数字信号处理技术的发展和应用。

　　例 5.9　给定离散时间信号 $x(n)$ 的 Z 变换为：$X(z) = \dfrac{2z^2 + 3z + 1}{z^2 - 2z + 1}$，求 $x(n)$ 的时域表达式。

　　解：首先，对给定的 Z 变换 $x(n)$ 进行因式分解和化简，以便更容易地识别出 z 的幂次项，这些幂次项将直接对应于 $x(n)$ 的时域表达式中的延迟和系数。

　　（1）因式分解

　　分母 $z^2 - 2z + 1$ 是一个完全平方，可以分解为 $(z-1)^2$。分子 $2z^2 + 3z + 1$ 在这个特定情况下不直接分解为因子乘积形式，但我们可以通过部分分式展开来处理它。

　　（2）部分分式展开

　　为了找到 $x(n)$，我们将 $X(z)$ 展开为部分分式：

$$X(z) = \frac{A}{z-1} + \frac{B}{(z-1)^2}$$

　　为了找到 A 和 B，我们需要解方程组（这里省略具体求解过程，通常涉及将 $X(z)$ 与部分分式形式相等，并比较系数或使用极限方法）。假设我们已经找到 $A=4$ 和 $B=1$。

　　（3）识别 $x(n)$

　　利用 Z 反变换的性质，我们知道：

$$Z^{-1}\left(\frac{1}{z-a}\right) = a^n u(n) \qquad Z^{-1}\left(\frac{1}{(z-a)^2}\right) = na^n u(n)$$

　　式中，$u(n)$ 是单位阶跃函数。

　　因此

$$x(n) = 4 \times 1^n u(n) + n1^n u(n) = 4u(n) + nu(n) = (n+4)u(n)$$

　　所以，离散时间信号 $x(n)$ 的时域表达式为 $(n+4)u(n)$，即：当 $n \geqslant 0$ 时，$x(n) = n+4$；当 $n < 0$ 时，$x(n) = 0$。

5.6 Z 变换的性质

在数字信号处理领域，Z 变换作为一种重要的数学工具，将离散时间信号从时域映射到复频域（Z 域），从而便于对信号进行分析、处理和系统设计。

（1）线性性（Linearity）

Z 变换满足线性叠加原理，即对于任意两个离散时间信号 $x_1(n)$ 和 $x_2(n)$，以及任意常数 a 和 b，它们的线性组合 $ax_1(n)+bx_2(n)$ 的 Z 变换等于各自 Z 变换的线性组合。

$$Z[ax_1(n) + bx_2(n)] = aX_1(z) + bX_2(z) \tag{5.12}$$

式中，$X_1(z)$ 和 $X_2(z)$ 分别是 $x_1(n)$ 和 $x_2(n)$ 的 Z 变换。

（2）时移性（Time Shifting）

当离散时间信号在时域中发生平移时，其 Z 变换将乘以一个复指数因子，该因子的指数与平移量成正比：

$$Z[x(n-k)] = z^{-k} X(z) \tag{5.13}$$

式中，$X(z)$ 是 $x(n)$ 的 Z 变换；k 是整数。

（3）卷积定理（Convolution Theorem）

时域中的离散时间卷积对应于 Z 域中的乘积，即两个信号在时域中的卷积结果的 Z 变换等于这两个信号各自 Z 变换的乘积：

$$Z[x(n) * y(n)] = X(z)Y(z) \tag{5.14}$$

式中，*表示离散时间卷积；$X(z)$ 和 $Y(z)$ 分别是 $x(n)$ 和 $y(n)$ 的 Z 变换。

（4）初值定理和终值定理（注意条件）

初值定理（在适当条件下）：如果信号 $x(n)$ 的 Z 变换 $X(z)$ 在 $z \to \infty$ 处存在极限，且信号是因果的，则可以通过 $X(z)$ 在 $z \to \infty$ 的极限来求得信号的初始值 $x(0)$。

终值定理（在适当条件下）：对于稳定的系统，如果其单位脉冲响应的 Z 变换满足特定条件，则可以通过 $X(z)$ 在 $z \to 1$ 时的极限来求得信号的终值 $\lim_{n \to \infty} x(n)$。

（5）因果性和稳定性

因果性：如果信号 $x(n)$ 是因果的[即当 $n<0$ 时，$x(n)=0$]，则其 Z 变换的收敛域至少包括单位圆 $|z|=1$。

稳定性：对于线性时不变（LTI）系统，如果其单位脉冲响应的 Z 变换的收敛域包含单位圆 $|z|=1$，则该系统是稳定的。

（6）Z 反变换（Inverse Z-Transform）

性质描述：Z 反变换是 Z 变换的逆过程，用于从 Z 域中的函数 $X(z)$ 恢复出时域中的信号 $x(n)$。Z 反变换的求解方法包括部分分式展开、幂级数展开、留数法等，具体取决于 $X(z)$ 的形式和收敛域。

Z 变换的概念图如图 5.9 所示。

例 5.10 已知离散时间信号 $x(n) = a^n u(n)$，其中，a 是常数，且 $|a| < 1$，$u(n)$ 是单位阶跃函数。求其 Z 变换 $X(z)$，并利用 Z 变换的线性性质求信号 $y(n) = 2x(n) + 3x(n-1)$ 的 Z 变换 $Y(z)$。

FIR滤波器的Z域零点和极点图(无极点)

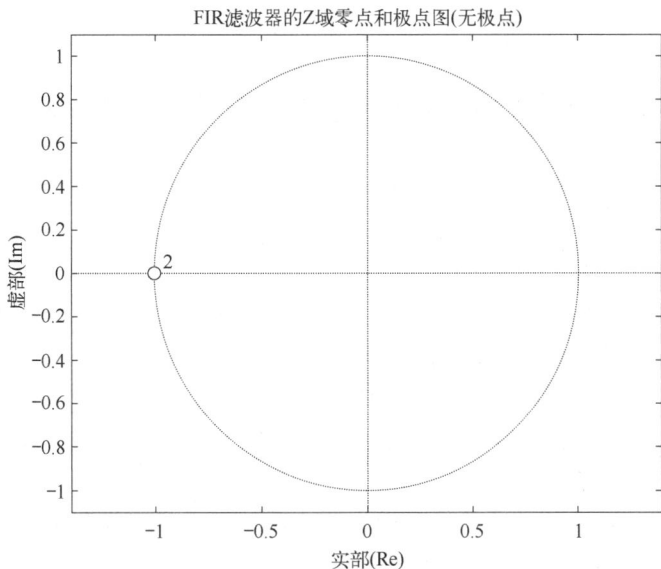

图 5.9　Z 变换的概念图

解：

（1）求 $X(z)$

首先，我们需要知道 $x(n) = a^n u(n)$ 的 Z 变换。根据 Z 变换的定义和性质，对于 $|a| < 1$，有

$$X(z) = \sum_{n=-\infty}^{\infty} x(n)z^{-n} = \sum_{n=0}^{\infty} a^n z^{-n} = \sum_{n=0}^{\infty} \left(\frac{a}{z}\right)^n$$，这是一个等比数列求和，其和为 $X(z) = \dfrac{1}{1 - \dfrac{a}{z}} = $

$\dfrac{z}{z-a}$（$|a| < |z|$），这里 $|a| < |z|$ 是为了保证级数收敛。

（2）求 $Y(z)$

根据 Z 变换的线性性质，有 $Y(z) = Zy(n) = Z[2x(n) + 3x(n-1)]$。由于 Z 变换是线性的，可以分别求出 $2x(n)$ 和 $3x(n-1)$ 的 Z 变换，然后将它们相加。

对于 $2x(n)$，其 Z 变换为 $2X(z)$；

对于 $3x(n-1)$，利用 Z 变换的位移性质，即 $Z[x(n-k)] = z^{-k}X(z)$，其 Z 变换为 $3z^{-1}X(z)$。

因此，$Y(z) = 2X(z) + 3z^{-1}X(z) = 2 \times \dfrac{z}{z-a} + 3z^{-1} \times \dfrac{z}{z-a} = \dfrac{2z}{z-a} + \dfrac{3}{z-a} = \dfrac{2z+3}{z-a}$。所以，信号 $x(n) = a^n u(n)$ 的 Z 变换为 $X(z) = \dfrac{z}{z-a}$，而信号 $y(n) = 2x(n) + 3x(n-1)$ 的 Z 变换为

$$Y(z) = \frac{2z+3}{z-a}$$。

5.7　离散信号的 Z 变换

离散信号的 Z 变换是一种重要的信号处理工具，用于在频域对离散时间信号进行分析和

处理。通过将离散时间序列转换为 Z 域上的函数，可以更深入地了解信号的频率特性和系统响应。

离散信号通常表示为 $x(n)$，其中 n 为整数时间序列。该序列可以是有限长序列，也可以是无限长序列。在进行 Z 变换之前，需要明确信号的采样间隔、起始点和时域范围。

离散信号 $x(n)$ 的 Z 变换通常表示为 $X(z)$。通过对 $x(n)$ 应用 Z 变换公式，将离散时间序列转换为 Z 域上的函数，可以得到信号在频域上的表示。Z 变换提供了一种新的视角，使我们能够在复平面上分析信号的频率特性。

除了将离散信号转换到 Z 域外，有时也需要对 Z 域函数进行逆变换，将其重新转换回离散时间序列。Z 反变换可以帮助我们从频域回到时域，还原出原始信号的信息。通过离散信号的 Z 变换，我们可以深入研究信号的频谱特性、系统的频率响应等重要信息，为数字信号处理和系统分析提供强大的工具和方法。因此，掌握离散信号的 Z 变换是学习信号处理和系统理论的重要基础。

离散信号的 Z 变换是数字信号处理中的一个基本概念，它将离散时间信号 $x(n)$ 映射到复平面上的 Z 域，表示为复变量 z 的函数 $X(z)$。

Z 变换的定义公式如下：

$$X(z) = Z[x(n)] = \sum_{n=-\infty}^{\infty} x(n)z^{-n} \tag{5.15}$$

式中，n 是离散时间索引；$x(n)$ 是离散时间信号在 n 时刻的样本值；z 是一个复数变量，通常表示为 $z=re^{j\omega}$。其中，r 是半径（或称为模）；ω 是角频率（以弧度为单位）；j 是虚数单位。

Z 变换的求和必须收敛，即序列 $x(n)z^{-n}$ 的绝对值之和必须是有限的。这取决于序列 $x(n)$ 的性质以及复数 z 的取值范围，即 Z 变换的收敛域。对于给定的信号 $x(n)$，其 Z 变换 $X(z)$ 的收敛域是使得 Z 变换求和收敛的所有 z 值的集合。收敛域对于确定 Z 变换的逆变换以及分析系统的因果性和稳定性至关重要。给定 Z 变换 $X(z)$ 及其收敛域，可以通过 Z 反变换恢复原始离散时间信号 $x(n)$。Z 反变换通常涉及对 $X(z)$ 进行幂级数展开、部分分式展开或使用留数定理等方法。Z 变换具有多种重要性质，如线性性、时移性、卷积定理、因果性、稳定性等，这些性质在信号分析和系统设计中发挥着关键作用。

示例：考虑一个简单的离散时间信号 $x(n)=a^n u(n)$，其中，a 是一个实数，$u(n)$ 是单位阶跃函数[即 $n \geq 0$ 时 $u(n)=1$，$n<0$ 时 $u(n)=0$]。该信号的 Z 变换为

$$X(z) = \sum_{n=0}^{\infty} a^n z^{-n} = \sum_{n=0}^{\infty} \left(\frac{a}{z}\right)^n \tag{5.16}$$

这是一个等比数列求和，其和为

$$X(z) = \frac{1}{1-\dfrac{a}{z}} = \frac{z}{z-a}, \quad \pm\left|\frac{a}{z}\right| < 1 \tag{5.17}$$

这里的收敛域是 $|z|>|a|$，即除了以原点为圆心、半径为 $|a|$ 的圆以外的所有复数 z 都包含在收敛域内。这个收敛域信息对于理解信号的因果性和系统的稳定性至关重要。

作为离散信号处理的频域分析工具，Z 变换与连续信号中的傅里叶变换具有对应关系。两者的核心区别在于 Z 变换将分析域扩展至复平面，通过收敛域（ROC）的界定解决了傅里叶变换无法处理的非和序列问题。在系统分析中，Z 域表征可直接反映数字滤波器的频率响

应、稳定性等核心特性，为滤波器设计提供数学框架。此外，Z 变换与采样定理存在深刻联系，其复变量 $z=re^{j\omega}$ 中的模参数 r 揭示了采样率对频谱混叠的影响机制，而收敛域的几何特性（如极点在复平面上的分布）则为时频域分析建立了直观联系。

综合考虑以上方面，离散信号的 Z 变换在数字信号处理领域具有广泛的应用，为分析、设计和优化数字系统提供了有力的工具和方法。通过深入学习离散信号的 Z 变换理论和应用，我们能够更好地理解数字信号处理的原理和技术，从而应用于实际工程和科学研究中。

5.8　Z 变换的收敛域

Z 变换是 z^{-1} 的幂级数，它的系数是序列 $x(n)$ 本身。对于级数必然存在收敛问题。当该级数收敛时，$X(z)$ 才存在。$X(z)$ 是序列 $x(n)$ 被一实序列 r^{-n} 加权后的傅里叶变换。当 $|r|>1$ 时，这一加权序列 r^{-n} 是衰减的；当 $|r|<1$ 时，r^{-n} 是增长的。因此存在一个 r 值，使 $X(z)$ 收敛或发散。$X(z)$ 收敛域将是 Z 平面中一个圆的内部或外部。在离散系统中，Z 变换的收敛域可以在 Z 平面上表示出来。

（1）收敛域的判定方法

Z 变换的收敛域可根据级数的收敛理论来确定，式（5.15）所示的 Z 变换收敛的充要条件是满足绝对可和条件，即

$$\sum_{-\infty}^{\infty}\left|x(n)z^{-n}\right|<\infty \tag{5.18}$$

式（5.18）的左边是一正项级数，其收敛性可以用比值判定法和根值判定法这两种方法来判别。若有一正项级数 $\sum_{-\infty}^{\infty}|a_n|$，则判定方法如下。

① 比值判定法：$\lim\limits_{n\to\infty}\left|\dfrac{a_{n+1}}{a_n}\right|=\rho$，当 $\rho<1$ 时级数收敛，$\rho>1$ 时级数发散，$\rho=1$ 时级数可能收敛也可能发散。

② 根值判定法：$\lim\limits_{n\to\infty}\sqrt[n]{|a_n|}=\rho$，当 $\rho<1$ 时级数收敛，$\rho>1$ 时级数发散，$\rho=1$ 时级数可能收敛也可能发散。

（2）四种类型的序列收敛域问题的讨论

下面就利用上述判定法讨论四类序列的 Z 变换收敛域问题。

① 有限长序列。这类序列只在有限的区间（$n_1 \leqslant n \leqslant n_2$）具有非零的有限值，其 Z 变换为

$$X(z) = \sum_{n=n_1}^{n_2} x(n)z^{-n} \tag{5.19}$$

由于 n_1、n_2 是有限整数，因而式（5.19）是一个有限项级数。

当 $n_1<0<n_2$ 时，$X(z)$ 除 $z=\infty$ 和 $z=0$ 外在 Z 平面上处处收敛，即收敛域为 $0<|z|<\infty$；

当 $n_1<n_2\leqslant 0$ 时，$X(z)$ 的收敛域为 $0\leqslant|z|<\infty$；

当 $0\leqslant n_1<n_2$ 时，$X(z)$ 的收敛域为 $0<|z|\leqslant\infty$。

所以，有限长序列的收敛域是除去 $z=0$ 或 $z=\infty$ 的整个 Z 平面，如图 5.10（a）所示的阴影部分。

② 右边序列。该序列的存在范围是 $n \geq n_1$，其 Z 变换为

$$X(z) = \sum_{n=n_1}^{\infty} x(n)z^{-n} \tag{5.20}$$

根据根值判定法，当 $\lim\limits_{n \to \infty} \sqrt[n]{|x(n)z^{-n}|} < 1$，即当 $|z| > \lim\limits_{n \to \infty} \sqrt[n]{|x(n)|} = R_{r1}$ 时，该级数收敛。其中，R_{r1} 是级数的收敛半径。右边序列的收敛域是半径为 R_{r1} 的圆外半径。

当 $n_1 \geq 0$ 时，$X(z)$ 收敛域为 $R_{r1} < |z| \leq \infty$；

当 $n_1 < 0$ 时，$X(z)$ 的收敛域为 $R_{r1} < |z| < \infty$。

所以，右边序列的收敛域是图 5.10（b）所示的阴影部分。

③ 左边序列。该序列的存在范围是 $n \leq n_2$，其 Z 变换为

$$X(z) = \sum_{n=-\infty}^{n_2} x(n)z^{-n} \tag{5.21}$$

令 $m = -n$，则有

$$X(z) = \sum_{m=-n_2}^{\infty} x(-m)z^{m}$$

如将 m 再改写成 n，令 $n = m$，则

$$X(z) = \sum_{n=-n_2}^{\infty} x(-n)z^{n} \tag{5.22}$$

根据根值判定法，当 $\lim\limits_{n \to \infty} \sqrt[n]{|x(-n)z^{n}|} < 1$，即当 $|z| < \dfrac{1}{\lim\limits_{x \to \infty} \sqrt[n]{|x(-n)|}} = R_{r2}$ 时，该级数收敛。其中，R_{r2} 是级数的收敛半径。左边序列的收敛域是半径为 R_{r2} 的圆外部分。

当 $n_2 > 0$ 时，$X(z)$ 的收敛域为 $0 < |z| < R_{r2}$；

当 $n_2 \leq 0$ 时，$X(z)$ 的收敛域为 $0 \leq |z| < R_{r2}$。

左边序列的收敛域为图 5.10（c）所示的阴影部分。

④ 双边序列。双边序列存在范围是 $-\infty \leq n \leq +\infty$，可以表示为左边序列和右边序列的和。

$$X(z) = \sum_{-\infty}^{\infty} x(n)z^{-n} = \sum_{0}^{\infty} x(n)z^{-n} + \sum_{n=-\infty}^{-1} x(n)z^{-n} \tag{5.23}$$

前一序列的收敛域为 $|z| > R_{r1}$；后一序列的收敛域为 $|z| < R_{r2}$。当 $R_{r2} > R_{r1}$ 时，双边系列的收敛域为两个级数收敛域的重叠部分，即 $R_{r1} < |z| < R_{r2}$；当 $R_{r2} < R_{r1}$ 两个级数不存在公共收敛域，即双边序列的收敛域为空时，$X(z)$ 不收敛。

双边序列的收敛域为图 5.10（d）所示的阴影部分。

例 5.11 求序列 $x(n) = a^n u(n) - b^n u(-n-1)$ 的 Z 变换，并确定其收敛域，其中 $b > a > 0$。

解：这是一个双边序列，假若求它的单边 Z 变换，则有

$$X(z) = \sum_{n=0}^{\infty} x(n)z^{-n} = \sum_{n=0}^{\infty} [a^n u(n) - b^n u(-n-1)]z^{-n} = \sum_{n=0}^{\infty} a^n z^{-n}$$

若 $|z| > a$，则上面的级数收敛，故得到

$$X(z) = \sum_{n=-\infty}^{\infty} a^n z^{-n} = \frac{z}{z-a}$$

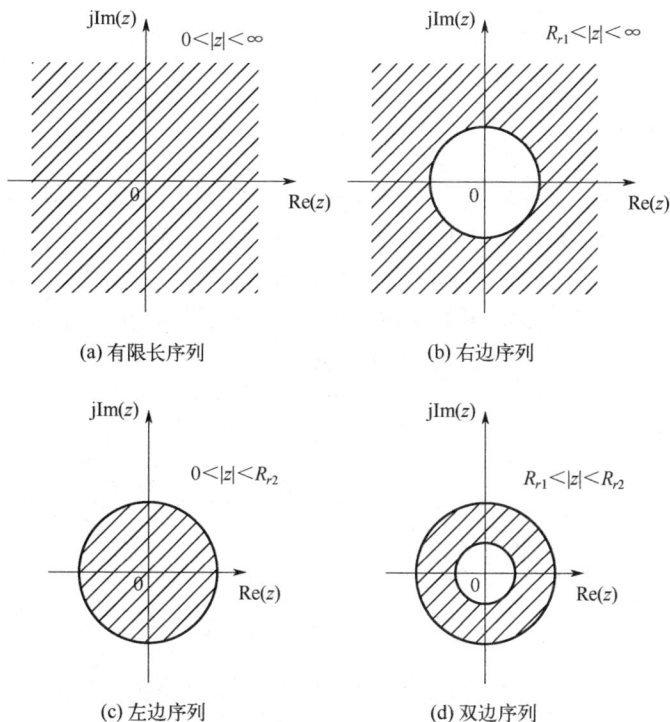

(a) 有限长序列　　　　(b) 右边序列

(c) 左边序列　　　　(d) 双边序列

图 5.10　几种类型序列的收敛域

其零点位于 $z=0$，极点位于 $z=a$，收敛域为 $|z|>a$。

若要求序列 $x(n)$ 的双边 Z 变换，则有

$$X(z) = \sum_{n=-\infty}^{\infty} x(n)z^{-n}$$

$$= \sum_{n=-\infty}^{\infty} [a^n u(n) - b^n u(-n-1)]z^{-n}$$

$$= \sum_{n=0}^{\infty} a^n z^{-n} - \sum_{n=-\infty}^{-1} b^n z^{-n}$$

$$= \sum_{n=0}^{\infty} a^n z^{-n} + 1 - \sum_{n=0}^{\infty} b^{-n} z^n$$

若 $a<|z|<b$，则上面级数收敛，故得到

$$X(z) = \frac{z}{z-a} + 1 + \frac{b}{z-b}$$

$$= \frac{z}{z-a} + \frac{z}{z-b}$$

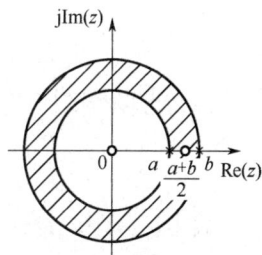

图 5.11　双边序列 $a^n u(n) - b^n u(-n-1)$ 的 Z 变换零极点与收敛域

显然，该序列的双边 Z 变换的零点位于 $z=0$ 及 $z=\frac{a+b}{2}$，极点位于 $z=a$ 及 $z=b$，收敛域为 $a<|z|<b$，如图 5.11 所示。

5.9 Z 反变换

在离散系统中，为了避免求解差分方程的困难，可以采用 Z 变换将问题从时域转移到 Z 域进行计算。但在 Z 域运算所得结果，最终还需经过 Z 反变换得到时间序列，求出序列。因此，Z 反变换在数字信号处理的 Z 域分析法中也是很重要的一个环节。

由已知的 $X(z)$ 及所给定的收敛域求出序列 $x(n)$ 的过程被称为 Z 反变换。实现 Z 反变换的方法通常有三种：留数法、幂级数法及部分分式法。

（1）留数法（围线积分法）

由 Z 变换的定义

$$X(z) = Z[x(n)] = \sum_{n=-\infty}^{\infty} x(n)z^{-n} \tag{5.24}$$

沿收敛域内任意一条围绕原点的封闭曲线 c（如图 5.12 所示）做积分，得

$$\oint_c X(z)z^{m-1}\mathrm{d}z = \oint_c \left[\sum_{n=-\infty}^{\infty} x(n)z^{-n}\right]z^{m-1}\mathrm{d}z \tag{5.25}$$

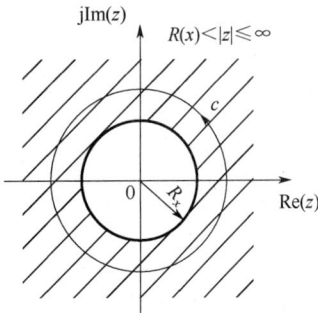

图 5.12　Z 反变换积分围线图

根据复变函数的理论，所选择的积分路径应从 Z 平面的某一点（假设为 z_0）出发，沿逆时针方向绕原点一周后再回到 z_0，在整个积分的过程中，必须保证 $X(z)$ 的全部极点落在积分围线的内部。在图 5.12 中所示的因果系统中，它的收敛域为 $|z| > R_x$（R_x 为空心圆的半径），那么极点必须在 $|z| \leqslant R_x$ 的区域内。所以选择积分路径为 $|z| > R_x$ 的闭合曲线。如果序列 $x(n)$ 绝对可和，即满足 $\sum_{n=0}^{\infty} |x(n)| < \infty$，令 $z = R\mathrm{e}^{\mathrm{j}\theta}$，对式（5.25）积分求和得

$$\oint_c X(z)z^{m-1}\mathrm{d}z = \sum_{n=0}^{\infty} x(n) \int_{-\pi}^{\pi} R^{m-n-1}\mathrm{e}^{\mathrm{j}(m-n-1)\theta}\mathrm{j}R\mathrm{e}^{\mathrm{j}\theta}\,\mathrm{d}\theta$$

$$= \sum_{n=0}^{\infty} x(n)\mathrm{j}R^{m-n} \int_{-\pi}^{\pi} \mathrm{e}^{\mathrm{j}(m-n)\theta}\,\mathrm{d}\theta \tag{5.26}$$

$$= \begin{cases} \mathrm{j}2\pi x(m), & n = m \\ 0, & n \neq m \end{cases}$$

那么可以得到柯西定理式

$$x(n) = Z^{-1}[X(z)] = \frac{1}{2\pi\mathrm{j}} \oint_c X(z)z^{n-1}\mathrm{d}z \tag{5.27}$$

式中，c 是在 $X(z)$ 的收敛域内的一条包围坐标原点、逆时针方向的围线。

积分围线包围了 $X(z)$ 的所有极点，可以用复变函数的留数法来求解，即

$$x(n) = \sum_m [X(z)z^{n-1}\text{在积分曲线内部极点的留数}] \tag{5.28}$$

式中，m 是积分曲线内部的极点数，可以简记为

$$x(n) = \sum_m \mathrm{Res}[X(z)z^{n-1}]_{z=z_m} \tag{5.29}$$

若 $X(z)z^{n-1}$ 在 $z = z_m$ 处有 k 阶重极点，则留数表示为

$$\mathrm{Res}[X(z)z^{n-1}]_{z=z_m} = \frac{1}{(k-1)!}\left\{\frac{\mathrm{d}^{k-1}}{\mathrm{d}z^{k-1}}[(z-z_m)^k X(z)z^{n-1}]\right\}_{z=z_m} \tag{5.30}$$

当 $k = 1$，即为一阶极点时，留数公式简化为

$$\mathrm{Res}[X(z)z^{n-1}]_{z=z_m} = [(z-z_m)X(z)z^{n-1}]_{z=z_m} \tag{5.31}$$

使用式（5.30）和式（5.31）时要注意，一定要求出 $X(z)z^{n-1}$ 所有可能的极点处的留数。当 n 取不同值时，在 $z = 0$ 处的极点可能会有不同的阶次。

例 5.12　求 $X(z) = \dfrac{z^3 + 2z^2 + 1}{z(z-1)(z-0.5)}$，$|z| > 1$ 的反变换。

解：由式（5.29）知 $X(z)$ 的反变换为

$$x(n) = \sum_m \mathrm{Res}[X(z)z^{n-1}]_{z=z_m}$$
$$= \sum_m \mathrm{Res}[\frac{z^3 + 2z^2 + 1}{(z-1)(z-0.5)}z^{n-2}]_{z=z_m}$$

因为 $X(z)$ 的收敛域 $|z| > 1$，所以 $x(n)$ 必然是因果序列，即 $n < 0$ 时，$x(n) = 0$。由于 n 取值不同，$X(z)$ 的极点数目不等，因此必须分别讨论如下：

① 当 $n \geq 2$ 时，$X(z)z^{n-1}$ 只含有两个一阶极点：$z_1 = 1, z_2 = 0.5$，这时由式（5.29）和式（5.31）得

$$x(n) = \left[\left(\frac{z^3 + 2z^2 + 1}{z - 0.5}\right)z^{n-2}\right]_{z=1} + \left[\left(\frac{z^3 + 2z^2 + 1}{z - 1}\right)z^{n-2}\right]_{z=0.5},\ n \geq 2$$
$$= 8 - 13 \times (0.5)^n$$

② 当 $n = 0$ 时，$X(z)z^{n-1}$ 除含有两个一阶极点 $z_1 = 1$ 和 $z_2 = 0.5$ 外，还含有一个二阶极点 $z_3 = 0$。由式（5.30）和式（5.31）可求出这些极点的留数分别为

$$\mathrm{Res}[X(z)z^{n-1}]_{z=1} = \left[\frac{z^3 + 2z^2 + 1}{(z-1)(z-0.5)}(z-1)z^{-2}\right]_{z=1} = 8$$

$$\mathrm{Res}[X(z)z^{n-1}]_{z=0.5} = \left[\frac{z^3 + 2z^2 + 1}{(z-1)(z-0.5)}(z-0.5)z^{-2}\right]_{z=0.5} = -13$$

二阶极点

$$\mathrm{Res}[X(z)z^{n-1}]_{z=0} = \frac{1}{(2-1)!}\left\{\frac{\mathrm{d}}{\mathrm{d}z}\left[(z)^2 \frac{z^3 + 2z^2 + 1}{z(z-1)(z-0.5)}z^{-2}\right]\right\}_{z=0} = 6$$

这时，得

$$x(n) = 8 - 13 + 6 = 1,\ n = 0$$

③ 当 $n = 1$ 时，$X(z)z^{n-1}$ 有 3 个一阶极点，分别位于 $z_1 = 1, z_2 = 0.5$ 和 $z_3 = 0$，用同样的方法可以求出它们的留数为 8、-6.5 和 2，这时

$$x(n) = 8 - 6.5 + 2 = 3.5,\quad n = 1$$

综合上述结果，可以得到 $X(z)$ 的反变换

$$x(n) = \begin{cases} 1, & n=0 \\ 3.5, & n=1 \\ 8-13\times(0.5)^n, & n \geqslant 2 \end{cases}$$

（2）幂级数法

幂级数法就是将 $X(z)$ 表示成一个幂级数的形式

$$X(z) = a_0 + a_1 z^{-1} + a_2 z^{-2} + \cdots \tag{5.32}$$

那么，根据 Z 变换的定义式可知此级数的系数 $a_0, a_1, \cdots, a_n, \cdots$，即是要求的序列 $x(n)$。通常 $X(z)$ 是分式表示，所以采用长除法。

例 5.13 已知 $X(z) = \dfrac{z^2+z}{z^3-3z^2+3z-1}$，其收敛域为 $|z|>1$，求 $x(n)$。

解： 因为收敛域 $|z|>1$，所以它是一个右边序列。利用长除法得

$$
\begin{array}{r}
z^{-1}+4z^{-2}+9z^{-3}+\cdots \\
z^3-3z^2+3z-1\overline{\smash{)}z^2+z} \\
\underline{z^2-3z+3-z^{-1}} \\
4z-3+z^{-1} \\
\underline{4z-12+12z^{-1}-4z^{-2}} \\
9-11z^{-1}+4z^{-2} \\
\underline{9-27z^{-1}+27z^{-2}-9z^{-3}} \\
\vdots
\end{array}
$$

所以，归纳商的规律总结得到

$$X(z) = z^{-1}+4z^{-2}+9z^{-3}+\cdots = \sum_{n=0}^{\infty} n^2 z^{-n}$$

由 Z 变换的定义式可得

$$x(n) = n^2 u(n)$$

（3）部分分式法

通常情况下，序列 $x(n)$ 的 Z 变换 $X(z)$ 可表示为有理分式形式

$$X(z) = \frac{N(z)}{D(z)} = \frac{b_0+b_1 z+\cdots+b_{r-1}z^{r-1}+b_r z^r}{a_0+a_1 z+\cdots+a_{k-1}z^{k-1}+a_k z^k} \tag{5.33}$$

对于因果序列，它的 Z 变换收敛域为 $|z|>R$，为了保证在 $z=\infty$ 处收敛，分母多项式的阶次应该不低于分子多项式的阶次，即要求 $k \geqslant r$。

类似于连续系统的拉普拉斯变换，可以将 $X(z)$ 展开为一些常见的部分分式之和，然后求各自分式的反变换，再将各自反变换累加即得 $x(n)$。

由于 $Z[\delta(n)]=1$ 以及 $Z[a^n u(n)]=\dfrac{z}{z-a}$，所以在进行部分分式展开时，通常先将 $X(z)/z$ 展开，再将每个分式乘上 z。这时展开的分式中，可能含有一阶极点或者高阶极点。可以表示为

$$X(z) = A_0 + \sum_{m=1}^{M} \frac{A_m z}{z-z_m} + \sum_{j=1}^{s} \frac{B_j z}{(z-z_i)^j} + \cdots \tag{5.34}$$

式中，A_m 是 $X(z)/z$ 一阶极点 z_m 所对应的留数；B_j 是 $X(z)/z$ 的 s 阶极点 z_i 所对应的留数，也是变换之后各分式对应的系数。它们的解分别是

$$A_m = \mathrm{Res}\left[\frac{X(z)}{z}\right]_{z=z_m} = \left[\frac{X(z)}{z}(z-z_m)\right]_{z-z_m} \tag{5.35}$$

$$B_j = \frac{1}{(s-j)!}\left\{\frac{\mathrm{d}^{s-j}}{\mathrm{d}z^{s-j}}\left[\frac{X(z)}{z}(z-z_i)^s\right]\right\}_{z=z_i}, \quad j=1,2,3,\cdots,s \tag{5.36}$$

特别地，当求 B_s 时，它的表达式可以简化为

$$B_s = \left[\frac{X(z)}{z}(z-z_i)^s\right]_{z=z_i} \tag{5.37}$$

在某些情况下，$X(z)$ 在进行部分分式展开时得到如下形式：

$$X(z) = A_0 + \sum_{m=1}^{M}\frac{A_m z}{z-z_m} + \sum_{j=1}^{s}\frac{C_j z^j}{(z-z_i)^j} + \cdots \tag{5.38}$$

那么

$$C_s = \left[\left(\frac{z-z_i}{z}\right)X(z)\right]_{z=z_i}$$

其余 C_j 可由待定系数法得到。

上面的展开式中，部分分式的基本形式是 $\dfrac{z}{(z-z_i)^j}$ 或 $\dfrac{z^j}{(z-z_i)^j}$ 形式。由表 5.1 和表 5.2 可以直接查出它们的反变换。

表 5.1　常见右边序列的 Z 变换

Z 变换（$|z|>R$）	序列	Z 变换（$|z|>R$）	序列
1	$\delta(n)$	$\dfrac{z}{(z-1)^3}$	$\dfrac{n(n-1)}{2!}u(n)$
$\dfrac{z}{z-1}$	$u(n)$	$\dfrac{z}{(z-1)^{m+1}}$	$\dfrac{n(n-1)\cdots(n-m+1)}{m!}u(n)$
$\dfrac{z}{z-a}$	$a^n u(n)$	$\dfrac{z^2}{(z-a)^2}$	$(n+1)a^n u(n)$
$\dfrac{z}{(z-1)^2}$	$nu(n)$	$\dfrac{z^3}{(z-a)^3}$	$\dfrac{(n+1)(n+2)}{2!}a^n u(n)$
$\dfrac{az}{(z-a)^2}$	$na^n u(n)$	$\dfrac{z^{m+1}}{(z-a)^{m+1}}$	$\dfrac{(n+1)(n+2)\cdots(n+m)}{m!}a^n u(n)$

表 5.2　常见左边序列的 Z 变换

Z 变换（$|z|>R$）	序列	Z 变换（$|z|>R$）	序列
$\dfrac{z}{z-a}$	$-a^n u(-n-1)$	$\dfrac{z^3}{(z-a)^3}$	$-\dfrac{(n+1)(n+2)}{2!}a^n u(-n-1)$
$\dfrac{z^2}{(z-a)^2}$	$-(n+1)a^n u(-n-1)$	$\dfrac{z^{m+1}}{(z-a)^{m+1}}$	$-\dfrac{(n+1)(n+2)\cdots(n+m)}{m!}a^n u(-n-1)$

例 5.14　求 $X(z) = \dfrac{z^3+4z^2-4}{(z-1)(z+2)^2}(|z|>2)$ 的反变换。

解：

$$X(z) = \frac{z^3+4z^2-4}{(z-1)(z+2)^2} = 1 + \frac{z^2}{(z-1)(z+2)^2}$$

令 $X_1(z) = \dfrac{z^2}{(z-1)(z+2)^2}$，则 $\dfrac{X_1(z)}{z} = \dfrac{z}{(z-1)(z+2)^2}$，有一个一阶极点 1 和一个二阶极点 −2。按照部分分式法展开为

$$X_1(z) = \frac{a}{z-1} + \frac{b}{z+2} + \frac{c}{(z+2)^2}$$

其中的待定系数为

$$a = \left[\frac{z}{(z+2)^2}\right]_{z=1} = \frac{1}{9}$$

$$b = \frac{\mathrm{d}}{\mathrm{d}z}\left[\frac{X(z)}{z}(z+2)^2\right]_{z=-2} = \frac{\mathrm{d}}{\mathrm{d}z}\left[\frac{z}{z-1}\right]_{z=-2} = -\frac{1}{9}$$

$$c = \left[\frac{X(z)}{z}(z+2)^2\right]_{z=-2} = \left[\frac{z}{z-1}\right]_{z=-2} = \frac{2}{3}$$

那么

$$X_1(z) = \frac{1}{9}\times\frac{z}{z-1} - \frac{1}{9}\times\frac{z}{z+2} + \frac{2}{3}\times\frac{z}{(z+2)^2}$$

从而

$$X(z) = 1 + \frac{1}{9}\times\frac{z}{z-1} - \frac{1}{9}\times\frac{z}{z+2} + \frac{2}{3}\times\frac{z}{(z+2)^2}$$

根据已知的 Z 反变换公式，得到 $X(z)$ 的反变换为

$$x(n) = \delta(n) + \frac{1}{9}u(n) - \frac{1}{9}(-2)^n u(n) + \frac{2}{3}n(-2)^{n-1}u(n)$$

$$= \delta(n) + \left[\frac{1}{9} - \frac{1}{9}(-2)^n - \frac{n}{3}(-2)^n\right]u(n)$$

✏ 习题

（1）画出信号数字分析流程框图，简述各部分的功能。

（2）模数转换器的输入电压范围为 0～10V。为了能识别 2mV 的微小信号，量化器的位数应当是多少？若要能识别 1mV 的信号，量化器的位数又应当是多少？

（3）模数转换时，采样间隔 $\varDelta$ 分别取 1ms、0.5ms、0.25ms 和 0.125ms。按照采样定理，要求抗频混滤波器的上截止频率分别设定为多少（设滤波器为理想低通）？

（4）连续信号 $x(t)$ 的频谱如图 5.13 所示。取采样间隔 $\varDelta=2.5$ms，求离散信号 $x(n\varDelta)$ 的频谱 $X_{\varDelta}(f)$。

（5）某信号 $x(t)$ 的幅值频谱如图 5.14 所示。试画出当采样频率 f_s 分别为 2500Hz、2200Hz、

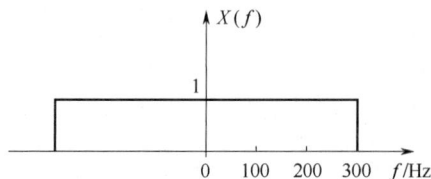

图 5.13 题（4）图

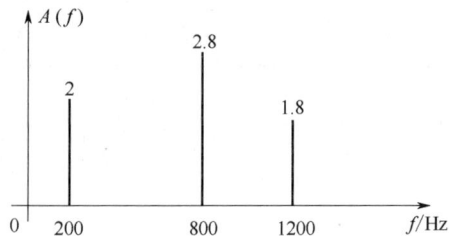

图 5.14 题（5）图

1500Hz 时离散信号 $x(n\varDelta)$ 在 $0 \sim f_{\mathrm{N}}$ 之间的幅值频谱。

（6）已知某信号的截频 $f_{\mathrm{c}}=125\mathrm{Hz}$，现要对其作数字频谱分析，频率分辨间隔 $\Delta f=1\mathrm{Hz}$。

问：

① 采样间隔和采样频率应满足什么条件？

② 数据块点数 N 应满足什么条件？

③ 原模拟信号的记录长度 T 是多少？

本书配套资源

第**6**章
传感器原理与测量电路

本章学习目标

（1）理解传感器的基本概念

掌握传感器的定义，理解其在测量和控制系统中的重要性。识别并区分不同类型的传感器，如电阻应变式传感器、电感式传感器、电容式传感器、压电式传感器、视觉传感器等。

（2）掌握各类传感器的工作原理

详细理解每种传感器的工作机制，包括物理原理和工作过程。学习电阻应变式传感器的应变效应、电感式传感器的电磁感应、电容式传感器的电容变化、压电式传感器的压电效应等。

（3）熟悉传感器的测量电路

掌握不同类型传感器的常见测量电路的测量原理，如惠斯通电桥、运算放大电路等。理解测量电路在信号调理、放大、滤波等方面的作用。

（4）了解传感器的特性与应用

学习传感器的主要性能指标，如灵敏度、线性度、响应时间、温度稳定性等。了解各种传感器在不同领域的应用实例，如工业自动化、医疗设备、环境监测等。

（5）应用与实践

通过具体案例，如应变片在桥梁监测中的应用、电涡流传感器在金属检测中的应用，加深对理论知识的理解。

（6）解决问题与创新能力培养

培养读者在面对传感器设计和应用问题时，能够运用所学知识进行分析、建模和求解的能力。鼓励读者探索传感器的新材料、新技术和新方法，培养创新思维和科研能力。

通过完成上述学习目标，能够系统地掌握传感器的基本原理、测量电路的设计方法及其在各领域中的应用。

6.1 绪论

传感器是将物理量、生物量和化学量等非电学的信号转化成其他可以识别到的电信号或者其他可用信号的装置，它在日常生活中的用途非常广泛，可以用来感知位移、速度、加速度、压力、流量、湿度、温度、光照强度等。传感器在我国自动化发展中有着重大的地位，任何自动化的产业，它们的首要环节都是传感器的安装与布置，使得原本不易被人类发现的信号能够被机器识别到，让没有生命的机械装置有了触觉、味觉、嗅觉和视觉等人才拥有的感知能力。

6.2 电阻应变式传感器

6.2.1 电阻应变式传感器的发展

1856 年，英国的物理学家威廉·汤姆森（William Thomson），在指导他的学生在大西洋铺设海底电缆时发现，可以利用金属的电阻值来反映海水的深度，并且还使用了其他的不同材料来做实验，如铜丝或者铁丝等，发现金属丝在机械的应变作用下，其电阻会发生变化，这就是电阻的应变效应，这一伟大发现为电阻应变式传感器的出现奠定了重要基础。在此之后，汤姆理逊和布里奇曼都分别证实了汤姆森的实验结论，并且得出新结论：惠斯通电桥可以用来精准测量电阻的变化。1938 年，爱德华·西蒙斯（Edward E. Simmons）和阿瑟·鲁格（Arthur C. Ruge）分别发明了应变片，制出了第一批实用的纸基丝绕形式电阻应变片，用于测量飞机结构的变形。

我国的电阻应变片生产始于 20 世纪 50 年代，最初是从苏联和英美等国引入的，最早开始研制和生产的是原机械科学研究院（现机械科学研究总院）和北京航空学院（现北京航空航天大学）。那时，徐德治等人开发了名为"祖国牌"的电阻丝应变片（简称电阻丝片）、胶黏剂、静态应变仪等产品，并成功进入市场。在 1965 年—1985 年，我国各类电阻应变片的研究工作非常活跃，20 世纪 60 年代初，箔式应变片由北京钢铁学院（现北京科技大学）和 702 研究所成功研制，与此同时，国内开始研发应变片式的载荷传感器。702 研究所还研发出低温自补偿应变片，而航空部 606 研究所在高温、焊接和喷涂应变片等方面取得了显著的进展。1982 年，专业标准 ZBY17-82《电阻应变计》发布，该标准先后于 1992 年和 2010 年修订成 GB/T 13992—1992《电阻应变计》、GB/T 13992—2010《金属粘贴式电阻应变计》，明确了应变片的分类、用途和分级标准，应变片的国产之路正式开启。到了 1999 年，国内 80% 的传感器生产厂家已经使用国产应变片，国产应变片的产生为我国经济带来了极大的影响，因为那时候的进口应变片为 7 美元，而我国自己生产的应变片成本仅需 7 分钱人民币，而以色列、日本、韩国以及欧洲、北美等其他国家的企业也大规模采购我国的应变片用于传感器的制造。随后几年，国内相继涌现了许多年产几十万片至上百万片的应变片和传感器生产厂家，一些公司已成为全球最大的电阻应变片供应商之一。

6.2.2 电阻应变式传感器的工作原理

电阻应变式传感器是由电阻应变片、弹性元件和测量电路组成的，其核心元件为电阻应变片，它能够将被测物体的物理量转换成应变片的电阻变化，再通过测量电路转换成电信号。而根据应变片的核心材料不同，应变片可分为金属材料应变片和半导体材料应变片两大类。

（1）金属材料应变式传感器

① 电阻的应变效应。电阻的应变效应是指当金属材料受到外力发生机械变形时（拉伸或

压缩），它的电阻值会相对应地发生改变的现象。

② 工作原理。如图 6.1 所示，一根电阻金属丝，设其长度为 l，那么在其还没有受力时，它的电阻值为 $R = \rho \dfrac{l}{A}$，其中 ρ 为该金属丝的电阻率，A 为横截面积，当金属丝受到一个拉力 F 时（压力一样），会沿轴向被拉伸至 $\Delta l + l$，而径向会被缩短 Δr，与此同时横截面积也会减小，假设减小了 ΔA，而电阻率由于金属被拉变形，其晶格会发生变形，从而导致电阻率改变了 $\Delta \rho$，因此电阻就会发生改变。

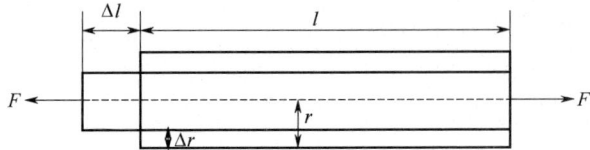

图 6.1 电阻丝受力变形情况

对上述电阻表达式两边同时取对数，再将截面积公式 $A = \pi r^2$ 代入式中取微分可得

$$\frac{\mathrm{d}R}{R} = \frac{\mathrm{d}\rho}{\rho} + \frac{\mathrm{d}l}{l} - \frac{2\mathrm{d}r}{r} \tag{6.1}$$

即

$$\frac{\Delta R}{R} = \frac{\Delta \rho}{\rho} + \frac{\Delta l}{l} - \frac{2\Delta r}{r} \tag{6.2}$$

我们把公式中的 $\dfrac{\Delta l}{l}$ 定义为纵向应变 ε，$\dfrac{\Delta r}{r}$ 定义为径向应变 ε_r，并令 $\varepsilon_r = \mu \varepsilon$，其中 μ 为泊松系数，代入式（6.2）中可得

$$\frac{\Delta R}{R} = \frac{\Delta \rho}{\rho} + (1 + 2\mu)\varepsilon \tag{6.3}$$

其中，$\dfrac{\Delta \rho}{\rho}$ 与金属材料在轴向所受的应变有关，为

$$\frac{\Delta \rho}{\rho} = \lambda \sigma = \lambda E \varepsilon \tag{6.4}$$

式中，λ 为材料的压阻系数（即单位应力的作用下材料电阻率的变化）；E 为材料的弹性模量。将式（6.4）代入式（6.3）可得

$$\frac{\Delta R}{R} = (1 + 2\mu + \lambda E)\varepsilon \tag{6.5}$$

当敏感元件为金属丝的时候，λE 很小可以省略，因此 $\dfrac{\Delta R}{R} \approx (1 + 2\mu)\varepsilon$，电阻应变片的灵敏系数 $K = 1 + 2\mu$，它的物理意义是电阻在单位应变中的相对变化量，因此将其省略为 $\dfrac{\Delta R}{R} = K\varepsilon$。而半导体材料与之相反，其 λE 远远大于 $1 + 2\mu$，因此可以忽略，即半导体材料的 $\dfrac{\Delta R}{R} = \lambda E \varepsilon$，所以其灵敏度系数 $K = \lambda E$。半导体材料的优点是其灵敏度系数通常是金属丝

的 50～80 倍，但其易受温度影响，并且在大应力作用下它的误差很大，强度也比较低，因此在实际使用中，金属丝电阻应变片由于其寿命长、价格便宜、易于加工等，使用场景更多更广泛。

被测试件产生微小的机械变形时，在外力作用下，应变片粘贴在被测试件上，随着其发生相同的变化；同时，应变片的电阻值也相应变化。当记录到应变片电阻值变化量 ΔR 后，便可推导出被测试件的应变值。根据应力与应变的关系 $\sigma = E\varepsilon$，即应力 σ 与应变 ε 成正比，而试件的应变与电阻值的变化也成正比，因此应力与电阻值的变化成正比，这便是利用应变片测量应变的基本原理。

③ 应变片的结构与材料。金属电阻应变片有丝式、膜式两种类型，图 6.2 所示为金属丝绕式应变片，它由敏感栅、引线、基底和盖片组成。

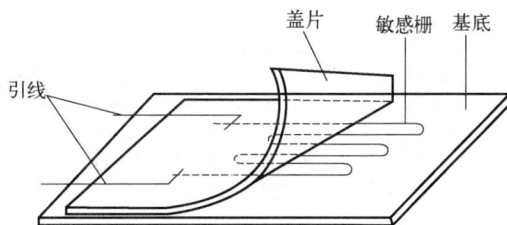

引线　盖片　敏感栅　基底

图 6.2 金属丝绕式应变片结构

a. 敏感栅。应变片的转换元件是敏感栅，其粘贴在绝缘的基底上，覆盖着盖片保护层以起到保护作用，同时两端焊接了两根引线出来作导线。

b. 基底和盖片。基底的作用是固定敏感栅、引线的形状和它们之间的相对位置，盖片除了上述作用以外，由于其覆盖在敏感栅上面，因此还可以起到保护敏感栅的作用。通常基底的厚度为 0.02～0.04mm，其材料通常有纸基、布基和玻璃纤维布基等，且要求基底必须绝缘。

c. 胶黏剂。胶黏剂的作用是将敏感栅固定在基底上面，并且将基底覆盖在敏感栅上和基底粘贴在一起。而应变片的使用也需要用胶黏剂将其基底粘贴在试件的某个方向和位置。只有胶黏剂将应变片牢牢固定在试件上，当试件发生变形后才能准确地将试件的表面应变传递给应变片的敏感栅和基底。常用的胶黏剂可分为有机类和无机类两大类。有机胶黏剂适用于温度不高的场合，有聚丙烯酸酯、酚醛树脂、聚酰亚胺等；无机胶黏剂适用于高温场合，常见的有磷酸盐、硅酸盐等。

d. 引线。当敏感栅与基底和盖片用胶黏剂固定好时，用一根细金属线与敏感栅相连并引出。其通常由尺寸为 0.1～0.15mm 的镀锡铜或者其他形状为扁带形的金属材料制成。要求它的电阻率要低，且不易受温度所影响，抗氧化且易于焊接。一般的敏感栅材料都可以直接制成引线。

④ 其他类型应变片。除了上述金属丝式应变片以外，常见的还有金属箔式应变片和金属薄膜式应变片。

金属箔式应变片顾名思义是以金属箔为敏感栅的电阻应变片，将材料轧制成 0.002～0.01mm 左右的箔材，在其一面刷上树脂胶，经过固化后形成基底。对另外一面进行照相制版、光刻、腐蚀等工艺，将其制成敏感栅，同时在敏感栅上焊接引线，并对其进行与基底相同的工艺形成树脂作为盖片。最薄可达 0.35μm 的箔材一般为康铜或改性镍铬合金（如卡玛合金、镍铬锰硅合金）。基底材料可以选用环氧树脂、缩醛、酚醛树脂、酚醛环氧树脂、聚酰亚胺等。玻璃纤维增强基底是较好的基底选择，基底必须具备绝缘性。

相比较于金属丝式应变片，箔式应变片比丝式应变片在多个技术性能方面表现更优，具有以下特点：工艺上能够确保敏感栅尺寸准确且线条均匀；敏感栅的横截面积呈矩形，表面积大，散热性好；比丝式应变片更薄，因此具有良好的可绕性，便于传递变形；蠕变小，疲劳寿命长；敏感栅的横向部分可制成较宽的栅条，从而横向效应小；特殊工艺使得箔式应变片易于批量生产且生产效率高。

由于需要适应不同场合下的应变测量要求，将敏感栅制成不同的形状，如图 6.3 所示。其中，图（a）为单轴普通型，图（b）为测量扭矩型，图（c）为测量应力型，图（d）为锰铜螺线型，图（e）为锰铜丝型，图（f）为多轴型，图（g）为箔栅端部型，图（h）为三元件60°平面箔式应变计，也称应变花，它是由三片元件组合而成的，可以测量三个方向的应变。

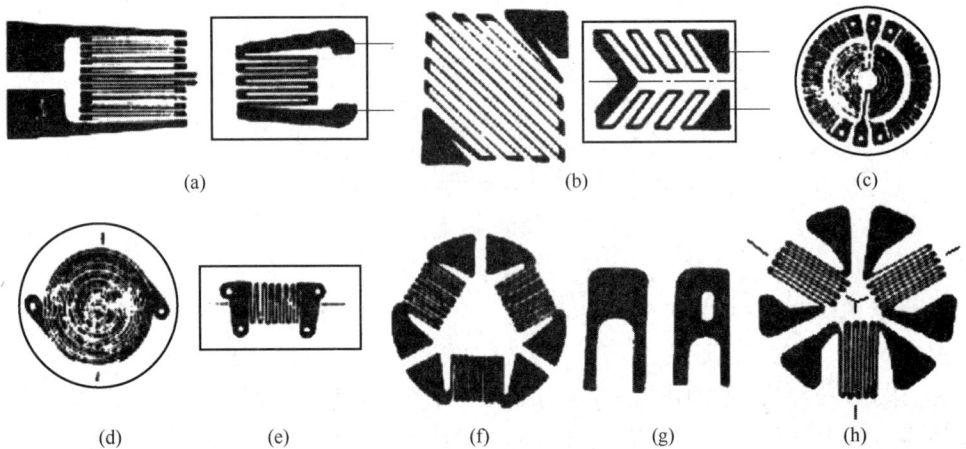

图 6.3 各类敏感栅的形状

金属薄膜式应变片中的薄膜指的是厚度小于等于 $0.1\mu m$ 的膜，这种应变片采用真空蒸镀、沉积或溅射的方法，通过按规定的图形制成的掩膜版，在绝缘的基底材料上溅射或沉积一层电阻材料的薄膜而形成敏感栅，最后再加上保护层而制成。在制造时，应首先在基底材料上溅射一层二氧化硅绝缘层，然后在绝缘层上溅射一层应变电阻材料，随后再通过光刻制成应变片。这种应变片的优点是灵敏系数高，允许电流密度大，工作范围广，易于实现工业化生产，是一种具有发展前景的新型应变片。其主要问题在于尚难以控制其电阻与温度、时间的变化关系。

薄膜应变片因不需要像箔式应变计那样经过腐蚀工艺才能制成敏感栅，所以可以采用一些高温材料制成适用于高温条件下的电阻应变片。例如，可以使用铂或铬等材料沉积在覆盖有陶瓷绝缘层的钼条上或者蓝宝石薄片上，这样其工作温度可达 600～800℃。

（2）压阻式传感器

① 半导体的压阻效应。1954 年，C.S.Smith 最先发现了压阻效应，即沿着半导体材料的某一晶面加以应力时，因为载流子迁移率以及浓度发生改变，电阻率会产生显著变化的一种物理现象。

②工作原理。由于半导体也是由形变导致电阻发生变化，因此其推导公式过程与金属应

变计基本一致，但由于材料为半导体，因此式（6.5）中的 λE 远远大于 $1+2\mu$，可以忽略，即半导体材料的 $\dfrac{\Delta R}{R}=\lambda E\varepsilon$，灵敏度系数 $K=\lambda E$。通常金属的泊松比 μ 为 $0.3\sim0.5$，因此其电阻的灵敏度系数为 $0.6\sim2.0$，而半导体的压阻系数 λ 通常为 $(40\sim80)\times10^{-11}\mathrm{N/m^2}$，$E=1.6710^{11}\mathrm{N/m^2}$，因此半导体应变计的灵敏度为 $50\sim100$，可见半导体比金属材料的灵敏度要大得多。

③ 压阻传感器的结构及其制作。半导体应变片的典型结构如图 6.4 所示，其制作流程如图 6.5 所示。首先，单晶锭［图（a）］按照一定的晶轴方向（如[111]）切成薄片［图（b）］，经过研磨加工［图（c）］，光刻腐蚀后切成细条［图（d）］，然后安装内引线［图（e）］，并粘接在贴有接头的基底上，最后安装外引线［图（f）］。敏感栅的形状可以制成直条形，也可以制成 U 形或 W 形［图（g）］。在加工过程中，由于应变片非常薄，加工精度很高，需要注意不能用手摸，不能用机械测头测量，不能腐蚀，不能涂蜡。敏感栅的长度通常为 $1\sim9\mathrm{mm}$。基底的作用包括使应变片容易安装并增大粘贴面积，同时起到隔离栅体与试件的作用。如果需要使用小面积的应变片，也可以直接使用无基底的应变片粘贴。

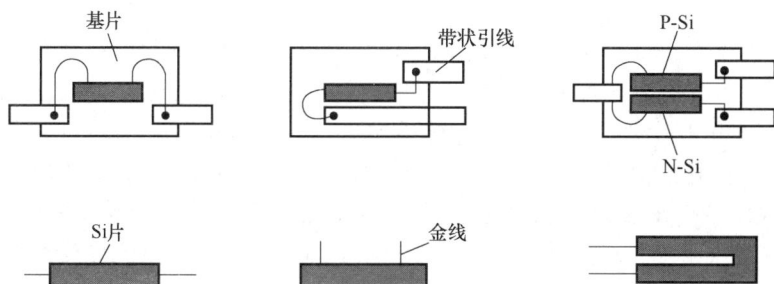

图 6.4 半导体应变计的结构形式

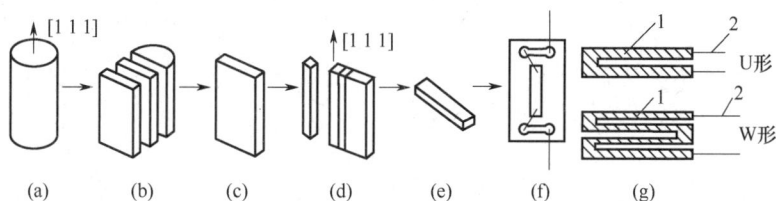

图 6.5 半导体应变计的结构及制作过程

④ 半导体应变计的分类。半导体应变片可以分为体型、薄膜型以及扩散型三种。

体型半导体应变片的敏感栅是先使用单晶硅或单晶锗等材料按照特定的晶轴方向切成薄片，随后对其经过掺杂、抛光、光刻腐蚀等方法处理。制成的应变片的栅长通常为 $1\sim5\mathrm{mm}$，每根栅条宽度为 $0.2\sim0.3\mathrm{mm}$，厚度为 $0.01\sim0.05\mathrm{mm}$。其优点是准确度高，能够测量微小的应变，同时也具备耐高温和耐恶劣环境的性能。但是，由于它们受到外力的影响，易受到机械损坏，需要被测物表面平整度高，且安装和取下费时费力。

薄膜型半导体应变片的敏感栅则是通过真空蒸镀、沉积等方法，在表面覆盖有绝缘层的金属箔片上形成半导体电阻，最终加上引线构成的。它的优点是尺寸小、重量轻、粘合方式灵活，对表面平整度要求较低，可以制作成多种形状和尺寸，适用于高频应变测量。但是不能承受高温和恶劣环境，容易失效或受到破坏，造成粘结问题。

扩散型半导体应变片的敏感栅利用了固体扩散技术，即将某种杂质元素扩散到半导体材料上制成。它可以直接嵌入结构内部，不受外部环境的影响，可测定高温和高压下的应变。但是制作复杂，较难操作，不易修复和更换，不能应用于柔性结构的测量。

6.2.3　电阻应变式传感器的测量电路

利用应变片来测量物体表面的应变或者应力时，将应变片贴在需要测量的物体表面，当被测物的形变引起应变片电阻发生变化时，我们需要将电阻的相对变化 $\dfrac{\Delta R}{R}$ 转变成电压或者电流的变化。由于应变的变化是非常小的变化，因此电阻的变化是非常微小的，要精准地测量这微小的电阻变化，通常采用惠斯通电桥来进行测量。

（1）金属材料应变片式传感器测量电路

采用惠斯通电桥来测量电阻变化时，通常可以根据其激励电源的不同来选取直流电桥或者交流电桥。

① 直流电桥。图 6.6 为直流电桥的基本形式，它由四个连接成环形的桥臂组成。每个桥臂上都有一个电阻，并且在每个电阻的两个相对连接点 A 和 C 上接入激励的直流电源 U。另外，在连接点 B 和 D 上接外引线，作为电桥的输出端。可以在该输出端后接入直流放大器 A 等设备。通过连接相对顶点的两条对角线，仿佛在它们之间搭起了一座"桥"。各桥臂的电阻分别标记为 R_1、R_2、R_3 和 R_4，这些电阻可以全部或部分是应变计。当其中一个桥臂（或多个桥臂）的应变电阻受外部物理量的微小变化 ΔR 影响时，会导致直流电桥的输出电压 U_O 发生变化，从而可以利用这一变化来测量所需的物理量。

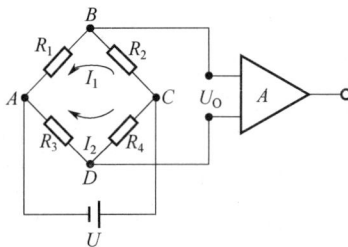

图 6.6　直流电桥基本形式

如果给定的激励电压为恒压源，则该电桥的输出电压 $U_O = U_{BA} - U_{DA}$，由图可得知

$$U_B = \frac{R_1}{R_1 + R_2} U \tag{6.6}$$

$$U_D = \frac{R_3}{R_3 + R_4} U \tag{6.7}$$

从而可以得到

$$U_O = \frac{R_1 R_3 - R_2 R_4}{(R_1 + R_2)(R_3 + R_4)} U \tag{6.8}$$

式（6.8）即为直流电桥的特性公式。由它可以得知，若 $R_1R_3 = R_2R_4$，或者 $\dfrac{R_1}{R_2} = \dfrac{R_4}{R_3}$，即可得出输出电压 U_O 为 0，则称此刻的电桥状态为平衡状态。$R_1R_3 = R_2R_4$ 称为电桥的平衡条件。若四个电阻中的任意几个电阻值发生改变，都会使电桥的平衡条件不满足，即 $U_O \neq 0$，则此时的输出电压就反映了电桥的电阻变化。

如果电桥各臂均有电阻增量时，即

$$U_O = \frac{(R_1 + \Delta R_1)(R_4 + \Delta R_4) - (R_2 + \Delta R_2)(R_3 + \Delta R_3)}{(R_1 + \Delta R_1 + R_2 + \Delta R_2)(R_3 + \Delta R_3 + R_4 + \Delta R_4)}U \tag{6.9}$$

实际应用中，我们往往采用等臂电桥，即 $R_1 = R_2 = R_3 = R_4$，代入即得

$$U_O = \frac{R(\Delta R_1 - \Delta R_2 - \Delta R_3 + \Delta R_4) + \Delta R_1 \Delta R_4 - \Delta R_2 \Delta R_3}{(2R + \Delta R_1 + \Delta R_2)(2R + \Delta R_3 + \Delta R_4)}U \tag{6.10}$$

若电桥用微电阻变化测量，即 $\Delta R_i \ll R(i = 1, 2, 3, 4)$，略去上述式中的高阶微量，即可得理想输出电压为

$$U_O' = \frac{U}{4}\left(\frac{\Delta R_1}{R} - \frac{\Delta R_2}{R} - \frac{\Delta R_3}{R} + \frac{\Delta R_4}{R}\right) \tag{6.11}$$

通过将不同数量的应变片替换掉惠斯通电桥中的电阻，可以将其分为单臂电桥、双臂电桥和全桥。

a. 单臂电桥。当一个桥臂的电阻发生改变时，采用图 6.7 所示的悬臂梁的粘贴形式，即 R_1 变成了 $R + \Delta R$，由式（6.11）可得到电桥的理想输出电压为

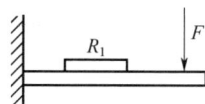

图 6.7　单臂电桥

$$U_O' = \frac{U}{4} \times \frac{\Delta R}{R} \tag{6.12}$$

它的实际输出电压为

$$U_O = U\frac{R\Delta R}{(2R + \Delta R)2R} = \frac{U}{4} \times \frac{\Delta R}{R}\left(1 + \frac{1}{2}\frac{\Delta R}{R}\right)^{-1} \tag{6.13}$$

则其相对非线性误差应为

$$\gamma = \frac{U_O - U_O'}{U_O'} = -\frac{1}{2} \times \frac{\Delta R}{R} + \frac{1}{4}\left(\frac{\Delta R}{R}\right)^2 - \frac{1}{8}\left(\frac{\Delta R}{R}\right)^3 \cdots \approx -\frac{1}{2} \times \frac{\Delta R}{R} \tag{6.14}$$

由此可以看出，单臂电桥不能测相对变化较大的范围，否则会产生一个相对很大的非线性误差。

b. 双臂电桥。当两个桥臂的电阻发生改变时，假设 R_1 的阻值变成了 $R + \Delta R$，R_2 的阻值变成了 $R - \Delta R$（图 6.8 所示为悬臂梁的粘贴形式，可以看出一个应变片受拉，一个应变片受压），由式（6.11）可以得出理想输出电压为

$$U_O' = \frac{U}{2} \times \frac{\Delta R}{R} \tag{6.15}$$

由于两个电阻值的变化大小相等，方向相反，因此其非线性误差 $\gamma = 0$，相较于单臂电桥，其优点在于消除了非线性误差，并且电桥的输出为原来的两倍，即灵敏度为原来的两倍。

c. 全桥。假设 $R_1 = R_4 = R + \Delta R$，$R_2 = R_3 = R - \Delta R$，采用图 6.9 所示的悬臂梁的粘贴方式，

由式（6.11）可得到理想输出电压为

$$U_O' = U \frac{\Delta R}{R}$$

（6.16）

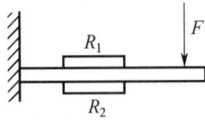

图6.8 双臂电桥　　　　**图6.9** 全桥

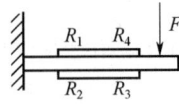

与半桥同理，由于两个应变片受拉、两个应变片受压，且大小相等方向相反，因此其非线性误差 $\gamma = 0$。相比较单臂电桥和双臂电桥，全桥的灵敏度分别为其 4 倍和 2 倍。

使用全桥测量的另一个优点是，由于两个相连的应变计具有相同的电阻温度误差，因此它们产生的额外温度电压可以相互抵消，实现了温度的自动补偿。如果采用单臂电桥工作，为了抵消温度误差，通常需要在工作应变计附近放置另一个相同的应变计，并连接到相邻的工作桥臂中。尽管这些附加应变计不承受应变，但它们能感知到温度的变化，与工作应变计相似。由于它们因温度变化而引起的电阻变化相同，因此可以通过电桥的和、差特性进行补偿。

综上所述，直流电桥具有易获取高稳定度直流电源、可用直流电表直接测量、输出直流量精度高、调节平衡电路简单且传感器连接要求低等优点，但容易受工频干扰影响，需要采用复杂的直流放大器后续电路，且不适用于动态测量。因此，在某些情况下需要考虑采用交流电桥作为测量转换电路。

② 交流电桥。交流电桥通常使用交流电压（通常是正弦波）进行激励，其一般结构如图6.10 所示。

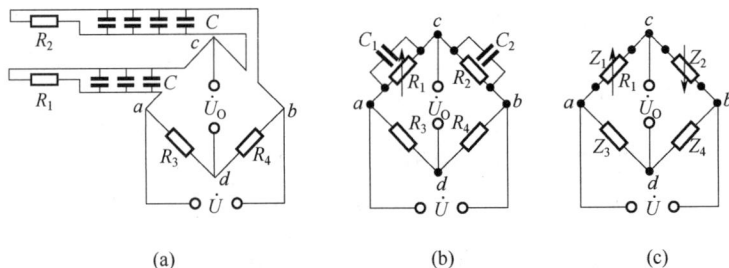

(a)　　　　　　　　(b)　　　　　　　　(c)

图6.10 交流电桥的一般结构

虽然其基本结构与直流电桥相似，但在具体实现上存在以下几点不同：首先是激励电源，交流电桥采用高频交流电压源或高频交流电流源，通常频率是被测信号频率的 10 倍以上；其次，交流电桥的桥臂可以是纯电阻，也可以是包含电感或电容的交流阻抗。

交流电桥的平衡条件及其输出的电压公式和直流电桥比较相近，它的输出电压的推导过程也基本一致，但由于其直流电桥的电阻不能直接用来替代交流电桥的电阻，因此交流电桥的电阻参数需要由交流阻抗来替换，即用复阻抗 Z_1、Z_2、Z_3、Z_4 来代替直流电桥的 R_1、R_2、R_3、R_4，用复数 U 来代替 U_O，如图 6.10（c）所示。还可以推导出交流电桥的平衡

条件是 $Z_1Z_4 = Z_2Z_3$，由于各桥臂的复阻抗 $Z_i = z_i e^{j\varphi_i}$（$i=1,2,3,4$），其中 z_i 为复阻抗的模长，φ_i 为复阻抗的阻抗角，因此交流电桥的平衡方式可表示为

$$z_1 e^{j\varphi_1} z_4 e^{j\varphi_4} = z_2 e^{j\varphi_2} z_3 e^{j\varphi_3} \tag{6.17}$$

若需要满足式（6.17），则必须满足 $z_1z_4 = z_2z_3$ 以及 $\varphi_1 + \varphi_4 = \varphi_2 + \varphi_3$ 这两个条件，其物理意义在于，交流电桥要实现平衡，必须满足电桥的四个臂中对边阻抗模的乘积相等，以及对边阻抗角的和相等。因此可以得出结论，交流电桥的平衡条件相较于直流电桥更为复杂。在进行初始平衡调节时，通常需要进行电阻预调平衡和电容预调平衡的双重调节。

交流电桥的常用平衡调节电路如图 6.11 所示。其中，图（a）表示串联电阻调平法，R_5 为串联电阻；图（b）为并联电阻调平法，R_5 和 R_6 一般来说需要阻值相同；图（c）为差动电容调平法，C_3 和 C_4 称为差动电容；图（d）为阻容调平法，R_5 和 C 组成"T"形电路，通过对电阻和电容进行交替调节，可以使电桥达到平衡状态。这些调节方法为实现交流电桥平衡提供了灵活而有效的手段。

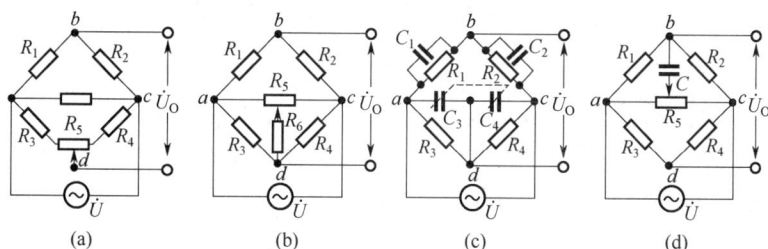

图 6.11　交流电桥的常用平衡调节电路

（2）半导体压阻式传感器测量电路

压阻式传感器是利用半导体平面集成电路工艺制造的，通过光刻、扩散等技术，在硅膜片上制作了多组（每组通常包括 4 个等值）半导体应变电阻。在这些电阻中，一组被选出并组成惠斯通平衡电桥。通常，测量电路采用四臂差动等臂等应变全桥检测电路。可根据供电方式分为恒压源和恒流源，如图 6.12 所示。

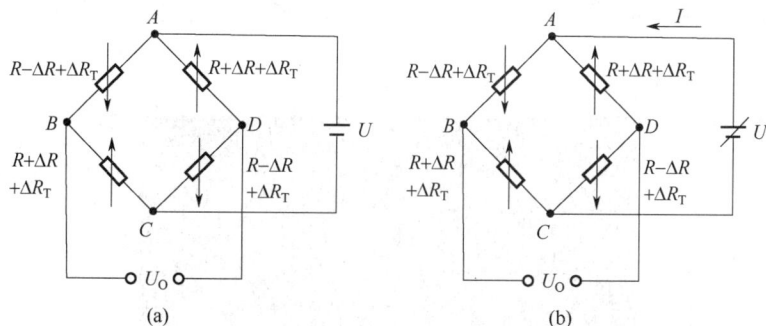

图 6.12　四臂差动等臂等应变全桥检测电路

① 恒压源供电方式。若四个扩散电阻的电阻都为 R，当受到应力作用时，与金属直流全桥测量电流类似，有两个电阻受拉，电阻增加，设其增加量为 ΔR，另外两个电阻则受压，

电阻减小，减小量为 $-\Delta R$。除此之外，由于温度对其也有所影响，使得每个电阻的变化量多了 ΔR_T。由图6.12（a）可得到电桥的输出为

$$U_O = U_B D = \frac{U(R + \Delta R + \Delta R_T)}{R - \Delta R + \Delta R_T + R + \Delta R + \Delta R_T} - \frac{U(R - \Delta R + \Delta R_T)}{R + \Delta R + \Delta R_T + R - \Delta R + \Delta R_T} \qquad (6.18)$$

整理可得

$$U_O = U \frac{\Delta R}{R + \Delta R_T} \qquad (6.19)$$

由式（6.19）可以看出来，电桥的输出与供电的电压成正比，同时也可看出温度对电阻的影响是不可消除的，呈非线性相关。

② 恒流源供电方式。当用恒流源供电时，设两支路的电阻相等，即 $R_{ABC} = R_{ADC} = 2(R + \Delta R_T)$，因此流过两支路的电流为 $I_{ABC} = I_{ADC} = \frac{I}{2}$，则电桥的输出为

$$U_O = U_{BD} = \frac{I}{2}(R + \Delta R + \Delta R_T) - \frac{I}{2}(R - \Delta R + \Delta R_T) = I\Delta R \qquad (6.20)$$

从式（6.20）中可以得出以下结论：电桥的输出电阻与电阻的变化量成正比，即与被测量成正比，也与供电电源的电流成正比，并且正好将温度对其的影响消除掉，与温度无关，这是相比恒压源供电方式的优点。用其供电时，一个传感器需要独立配备电源，可以避免传感器之间的干扰，提高测量精度和系统可靠性。

6.2.4 电阻应变式传感器的应用

电阻应变片式传感器由于结构简单，性能稳定，灵敏度较高，一直以来都被广泛应用于工程测量和科学实验中。一般较常见的应变式传感器有称重传感器、压力传感器、加速度传感器以及位移传感器等，可以测量力、压力、位移、应变、加速度等非电量参数。电阻应变片式传感器在大坝、桥梁、航天飞机、船舶结构、发电设备等工程结构的应力测量中至今仍是应用最广泛和最有效的传感器。如图6.13所示，波音767飞机静力结构测试试验中就采用了2000多个电阻应变片和1000多个应变花来测量飞机结构大量部位的应变数据。而日常生活中所见的用于测量重量的仪器，如电子秤、地磅等也都利用了电阻应变式传感器作为信息采集装置。

图6.13 飞机静力结构测试

以图 6.14 的地磅为例，地磅的工作结构可以简单分为三个主要部分：传感器模块、信号调理模块和数字显示模块。在传感器模块中，电阻应变片式传感器将物体的重量转化为电阻值的变化，并产生电信号。这些电信号经过信号调理模块进行放大和过滤，去除不必要的干扰信号，以保证信号的稳定性和准确性。此阶段还包括校准功能，可以通过校准来确保地磅的准确性。最后，在数字显示阶段，经过一系列处理后的电信号被转化为数字信号，并显示在地磅的显示屏上。数字显示的信号可以以公斤、磅或其他单位显示，可以根据使用者的需求进行设置。

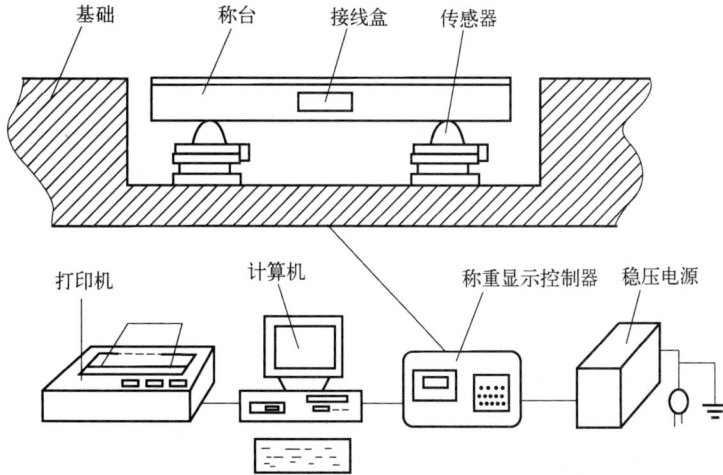

图 6.14　地磅结构示意图

（1）应变式力传感器

被测物理量为载荷或力的应变式传感器，统一称为应变式力传感器，它可以安装在各种电子秤上，还可以用来对各种材料的试验机、发动机或者水坝坝体承载状态等进行测力监控。它在结构上可分为多种类型，下面简单介绍 S 形双弯曲梁应变式力传感器、圆柱（筒）式力传感器以及环式力传感器。

① S 形双弯曲梁应变式力传感器。图 6.15 为此传感器的结构原理。传感器的弹性体为双梁弯曲，传感器按照全桥的粘贴方法分别贴在悬臂梁的上下表面，形成全桥电路。当受到载荷 W 的作用时，其中两个电阻受拉阻值增加，另外两个电阻受压阻值减小，电桥则产生输出电压 ΔU，且与应变成正比。对于双梁弯曲，它受到的应变应为

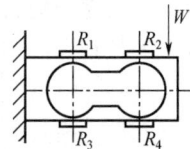

图 6.15　S 形双弯曲梁应变式力传感器结构原理

$$\varepsilon = \frac{3W\left(d - \frac{a}{2} - \delta\right)}{Ebh^2} \tag{6.21}$$

式中，d 为梁端到中心的长度；a 为应变片的基长；δ 为梁端到应变片的长度；E 为梁的材料的弹性模量；b、h 分别为梁的宽度和厚度。则电桥的灵敏度为

$$S = \frac{\Delta U}{U} = K_S \frac{3W\left(d - \dfrac{a}{2} - \delta\right)}{Ebh^2} \qquad (6.22)$$

这种力传感器结构简单、精度高、量程宽、工作可靠且具有高输出灵敏度,不受加载点变化影响,同时具有强抗侧向力的特点。

② 圆柱(筒)式力传感器。图 6.16 所示为柱式和筒式力传感器,将多个应变片粘贴在应力分布均匀的外壁中间部分上,均匀对称地粘贴应变片,且在接线路时应注意减小载荷偏心和弯矩对应变片的影响,其粘贴位置和连接线路分别如图(b)、(c)所示,R_1 与 R_3 串联,R_2 与 R_4 串联,而其余的横向贴片作温度补偿用。

③ 环式力传感器。图 6.17 中,图(a)为环式力传感器的结构图,图(b)为传感器的应力分布图。与柱式力传感器相比较,环式力传感器应力的分布面积大且有正有负,并且从应力分布图可以看出,R_2 处几乎没有应变,应变为零,因此它在此处起到一个温度补偿的作用。

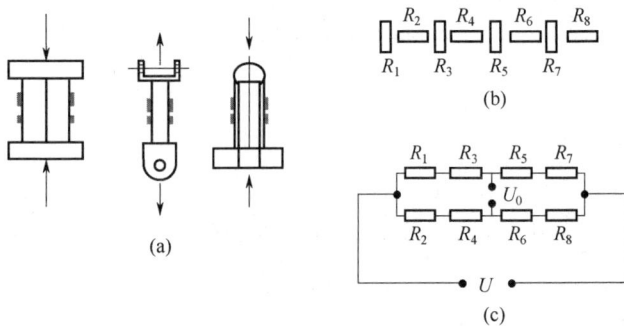

图 6.16 圆柱(筒)式力传感器结构图与原理

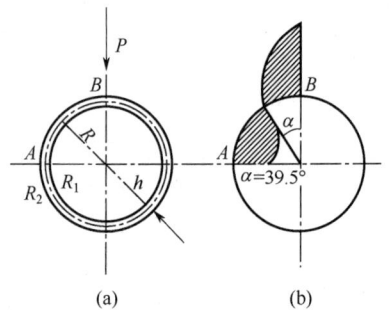

图 6.17 环式力传感器的结构图与应力分布

(2)应变式压力传感器

应变式压力传感器可以根据被测压力的大小分为膜片式压力传感器和筒式压力传感器。膜片压力传感器顾名思义敏感元件有膜片结构,因此承受不了太大的压力,常用于测量低压情况下的气体或液体压力;筒式压力传感器则适用于被测压力较大的情况。

① 膜片压力传感器。膜片压力传感器的原理图如图 6.18 所示,其中图(b)和图(c)为敏感元件的膜片的结构。将膜片与壳体固定,然后将壳体上端通过一根引线来引出。该传感器的使用方法是将传感器的测量端与需要测量的管道相连,而管道中的压力则会作用在膜片上,膜片没有接触介质的一面则粘有应变片,从而可以通过应变来测量出压力的大小。

需要注意的是,在粘贴应变片的时候,需要避开膜片径向应变为零的地方,一般在膜片的中心处沿着它的切向贴两个应变片,在边缘的地方沿着径向贴两个应变片,同时接入测量电路中。与此同时,在设计传感器的时候,当膜片的厚度或弹性模量 E 增加时,传感器的固有频率会有所提高,但是其灵敏度会有所下降。膜片的面积越大,固有频率越低,灵敏度越高。因此,在设计传感器的时候,需要综合考虑测试的环境、工况等因素。

② 筒式压力传感器。图 6.19 所示为筒式压力传感器的结构图,圆柱体的内部有一个孔,与膜式压力传感器不同的是,它的安装方法是通过法兰结构与管道相连,当被测系统的介质进入圆筒的内腔时,使得圆筒发生轴向应变和周向应变,定义为 ε_z 和 ε_t,分别表示为

$$\varepsilon_z = \frac{p(1-2\mu)}{E(n^2-1)} \tag{6.23}$$

$$\varepsilon_t = \frac{p(2-\mu)}{E(n^2-1)} \tag{6.24}$$

式中，p 为被测压力；μ 为应变筒材料的泊松比；$n=D/D_0$。

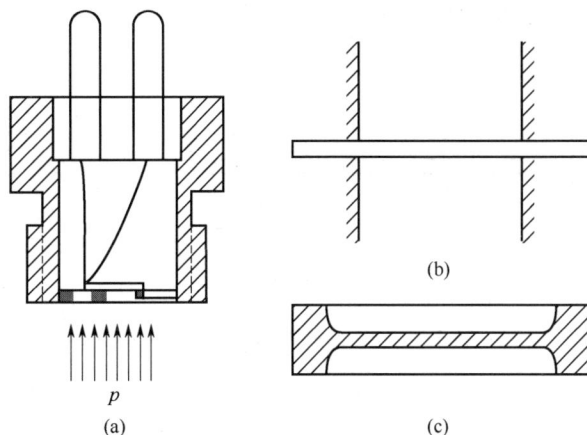

图 6.18　膜片压力传感器的原理结构

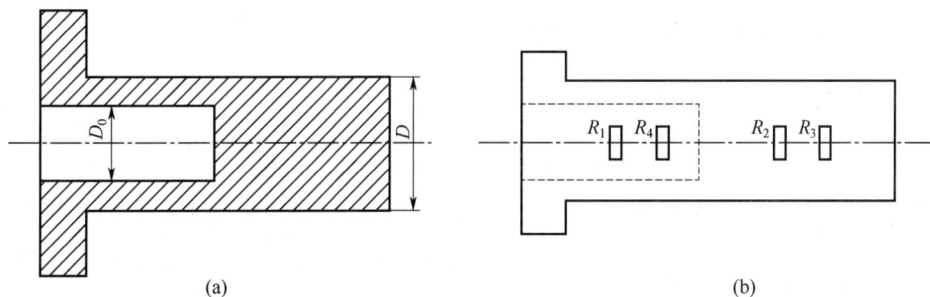

图 6.19　筒式压力传感器结构

　　从公式中可以看出，筒式压力传感器对周向方向的应变比在轴向方向的应变要更大，且都为正值，因此可以把两个应变片 R_1 和 R_4 安装在圆筒外壁的周向方向上，而将 R_2 和 R_4 直接安装在圆柱上，这样既可以提高灵敏度，还可以起到温度补偿的作用。这种传感器通常用来测量机床液压回路压力、枪炮的膛内压力等高压环境，它的动态特性、灵敏度等重要参数还是主要由弹性模量 E 和外观尺寸来决定，因此也需要根据实际情况设计相对应的压力传感器。

　　（3）应变式位移传感器

　　应变式位移传感器的工作原理是将被测元件的位移转换为材料的应变。应变式力传感器的弹性元件的刚度要求需要大一点，而应变式位移传感器的弹性元件的刚度要求与之相反，否则当其发生变形时，会对被测元件造成一个反方向的力，影响被测元件位移的变化数据。下面简单介绍梁式弹性元件位移传感器。

　　如图 6.20 所示，梁式位移传感器弹性元件的结构为一端固定一端自由的悬臂梁，通过

在接近固定端的梁上安装四个应变片并接入测量电路形成全桥测量电路，梁的自由端的挠度为

$$f = \frac{Pl^3}{3EI} = \frac{4Pl^3}{Ebh^3} \qquad (6.25)$$

式中，E 为梁的材料的弹性模量；I 为梁界面的惯性矩，若该梁的截面为矩形截面，则 $I = \frac{bh^3}{12}$；P 为被测元件发生位移时对该梁的作用力。

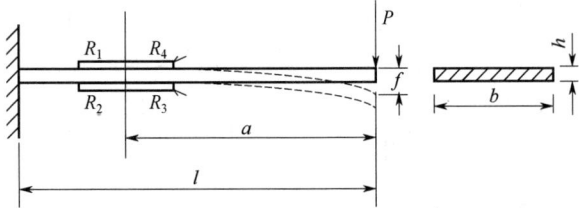

图 6.20 梁式位移传感器弹性元件结构

我们可以根据应变值来求得 P：

$$P = \frac{1}{a}E\varepsilon W = \frac{Ebh^2}{6a}\varepsilon \qquad (6.26)$$

式中，W 为抗弯截面系数，若该梁截面为矩形截面，则 $W = \frac{bh^2}{6}$。

联立式（6.25）与式（6.26），并且由于接的电路为全桥电路，因此总应变 $\varepsilon_i = 4\varepsilon$，代入得到梁的挠度为

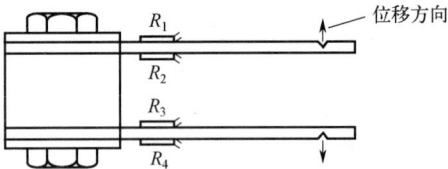

图 6.21 双悬臂梁式弹性元件结构

$$f = \frac{1}{6} \times \frac{l^3}{ah}\varepsilon_i \qquad (6.27)$$

这种传感器测量位移量程不能太大，否则会出现失真现象。

图 6.21 为双悬臂梁式弹性元件结构。用它制成的位移传感器线性较好，并且制造简单，适用于测量裂纹张开的位移等场合。

本节习题

（1）应变效应指的是什么？请解释金属电阻应变片是如何利用应变效应来工作的。

（2）在金属电阻丝式应变片的基本构造中，应变片由哪些部分构成？

（3）直流电桥是什么？根据桥臂的工作方式，它可以分为哪些类型？这些类型的输出电压是如何计算的？

（4）为什么应变式传感器通常使用交流不平衡电桥作为测量电路？这种电桥为什么通常采用半桥和全桥两种形式？

（5）讨论应变电桥产生非线性误差的原因以及减小非线性误差的方法。

（6）当一个悬臂梁因受力而弯曲时，若要使用电阻应变片来测量力 F，如果考虑采用电阻应变片的温度补偿线路，请绘制应变片的粘贴位置和测量线路的连接方式。

6.3　电感式传感器

6.3.1　电感式传感器的工作原理

若要了解电感式传感器的工作原理，则需要明白自感和互感现象是什么。自感现象是一种特殊的电磁感应现象，由于导体本身就会产生感应电动势，该电动势又会阻碍导体本身所带电流的变化，这种现象就叫自感现象。而互感现象则通常表现为两个相互靠近的线圈，当一个线圈中的电流变化时，它所产生的变化的磁场会在另一个线圈中产生。

电感式传感器的敏感元件为电感线圈，利用电磁感应的原理，将需要测量的物理量（如位移、力、加速度等）通过自感或互感的原理转换成线圈的自感或互感的变化，再通过测量电路来将这种变化转化成电流或电压的变化。

电感式传感器具有以下优点：①结构简单，且由于线圈与衔铁之间无直接接触，因此寿命长，工作稳定；②灵敏度高，对于微小的变化也能够精准采集；③线性度高，在一定的变化范围内，其非线性误差几乎可以忽略不计；④可以实现非接触测量，且可以对信号数据进行远距离传输。

但同时，它也有一些缺点，如：在无输入的时候存在零位输出电压，对测量的精度造成一定的影响；要求激励电源的频率与幅值必须稳定性要好；由于其频率响应慢，对于一些需要快速和高频的动态测量的场合并不适用。

电感式传感器根据物理原理，可以将其分为自感型传感器与互感型传感器，即变磁阻式电感传感器与差动变压器式电感传感器，除此之外还有电涡流式电感传感器，接下来分别对这三种电感传感器进行介绍。

（1）变磁阻式电感传感器

利用线圈自感的变化来实现测量的自感型电感传感器，如图 6.22 所示，其主要由线圈、铁芯和衔铁三部分组成，铁芯和衔铁材料为导磁材料，二者之间存在空气隙。传感器的运动部分与衔铁相连，当测量变化导致衔铁位移时，磁路中的磁阻发生变化，进而造成线圈电感的变化。通过检测电感的变化，可以精确确定衔铁的位移大小和方向。

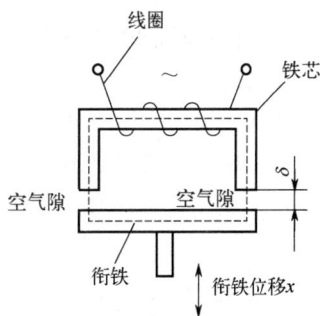

图 6.22　自感型电感传感器结构

由所学知识可知，线圈的电感 $L = \dfrac{W^2}{R_m}$，其中 W 为线圈的匝数，R_m 为磁路的总磁阻。由此式可以看出，若匝数一定、磁阻变化时，自感量 L 也会发生相应的变化，根据这个变化可以求出被测位移量 x，这就是变磁阻式电感传感器名称的由来。

图 6.22 中所组成磁路的总磁阻由空气隙的磁阻、衔铁和铁芯的磁阻构成，即

$$R_m = \frac{L_1}{\mu_1 A_1} + \frac{2\delta}{\mu_0 A_0} \tag{6.28}$$

式中，L_1 为铁芯和衔铁的长度，m；μ_1 为软铁的磁导率，H/m；μ_0 为空气中的磁导率，$\mu_0 = 4\pi \times 10^{-7}$，H/m；$A_1$ 为铁芯导磁截面积，m^2；A_0 为空气隙导磁截面积，m^2。

空气的磁导率远远小于铁芯和衔铁的磁导率，即 $\mu_0 = \mu_1$，因此可以忽略不计，故 $R_m \approx \dfrac{2\delta}{\mu_0 A_0}$，代入线圈的电感公式中可得

$$L = \frac{W^2 \mu_0 A_0}{2\delta} \tag{6.29}$$

自感型传感器的工作原理可以通过式（6.29）表达。该表达式指出，给定的电感线圈匝数 W、空气隙的厚度 δ 和有效截面积 A 是影响自感量 L 的主要因素。只要能够改变空气隙的厚度或面积，就可以实现将被测量的变化转换成自感的变化。因此，可以构成间隙变化型和面积变化型两种自感型电感传感器。在图 6.23（a）中展示的是间隙变化型电感传感器，其中 W、μ_0 和 A_0 均不可变，而 δ 是可变的。当被测工件的变化引起衔铁移动时，磁路中气隙的磁阻将发生变化，从而引起线圈电感的变化，通过检测电感的变化即可判断衔铁的位移值（即被测工件的变化）。

由式（6.29）可以看出自感量 L 与 δ 是非线性关系，灵敏度为

$$S = \frac{\mathrm{d}L}{\mathrm{d}\delta} = -\frac{W^2 \mu_0 A_0}{2\delta^2} = -\frac{L}{\delta} \tag{6.30}$$

因此为了保证非线性误差不会太大，这种间隙变化型的传感器多用于微小变化测量的场合，若要测更大范围的变化，可采用差动结构或螺线管式（自感型）电感传感器，在后续会简单提及。

图 6.23（b）为面积变化型的电感传感器，此时变化的参数为铁芯和衔铁之间的相对覆盖面积，而 W、μ_0、δ 均不变化。由式（6.29）可知，L 与 A_0 的变化成线性变化，灵敏度为

$$S = \frac{\mathrm{d}L}{\mathrm{d}A} = \frac{W^2 \mu_0}{2\delta_0} = 常数 \tag{6.31}$$

这种传感器没有非线性误差，且示值范围较大，但灵敏度较低。

螺线管型电感传感器如图 6.23（c）所示，由螺管线圈和与被测工件相连的柱形衔铁构成。当衔铁在线圈内移动时，磁阻将发生变化，从而导致自感量的变化。但是由于螺线管中磁场分布不均匀，输出自感量 L 和输入 l 之间的关系是非线性的，因此有一定的非线性误差。这

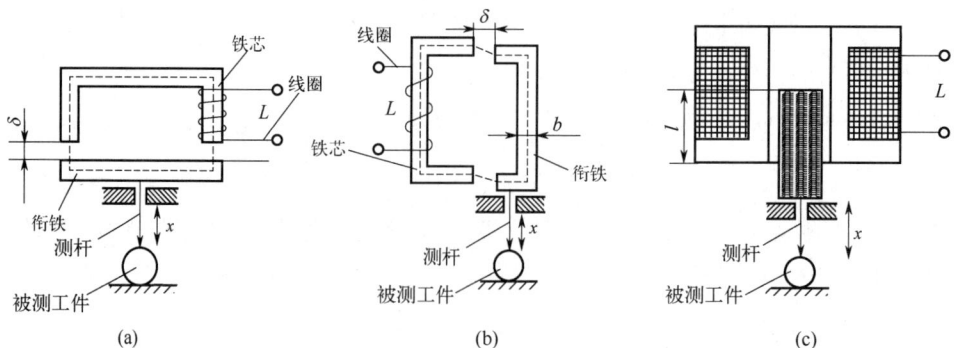

图 6.23 各类型电感传感器结构

种传感器制造简单，成本不高，并且当螺管设计得较长时还可以适用于测量较大的位移量，但其灵敏度较低。

　　而在实际应用中，可以使用两个完全一样的线圈与一个共用的活动衔铁安装在一起，这样就构成了前面所提到的差动结构，如图 6.24（a）所示，图 6.24（b）则为间隙变化型差动式电感传感器的输出特性曲线。

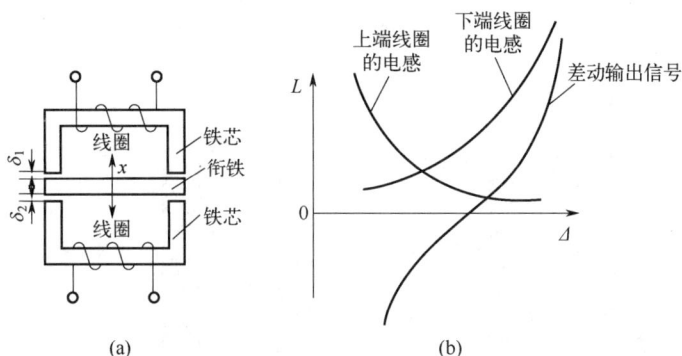

图 6.24　间隙变化型差动式电感传感器及其特性曲线

　　当衔铁的位置处于中间位置时，$\delta_1 = \delta_2$，这时两个线圈的电感相等，因此总的电感 $L = L_1 - L_2 = 0$；而当衔铁不处于中间位置时，一个线圈的电感增加 ΔL，另外一个线圈的电感减小 ΔL，因此总的变化量为 $2\Delta L$，因此差动式电感传感器的灵敏度为

$$S = \frac{\mathrm{d}L}{\mathrm{d}\delta} = -2\frac{L}{\delta} \tag{6.32}$$

　　与单边式间隙变化型电感传感器的灵敏度，即与式（6.30）相比，差动式电感传感器的灵敏度是其两倍，且其输出线性度改善了许多。同理，面积变化型、螺线管型的电感传感器也能组成差动结构，如图 6.25 所示，其性能相较于单边的都有很大提升。

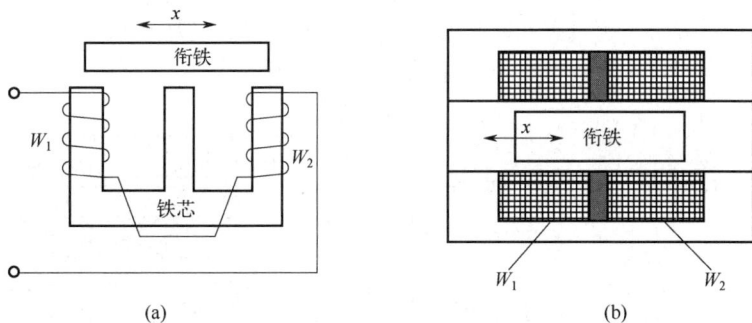

图 6.25　面积变化型、螺线管型差动式电感传感器结构

（2）差动变压器式电感传感器

　　互感型电感传感器也称为差动变压器式电感传感器，它的实质为一个具有可动铁芯的变压器，并且次级线圈以差动方式连接。

差动变压器式传感器的结构主要采用螺线管型，如图 6.26 所示。传感器的线圈由初级线圈（激励线圈，类似于变压器的原边）P 和两个次级线圈（类似于变压器的副边）S_1、S_2 组成，两个次级线圈串接且相位相反。线圈的中间通过衔铁 b 进行连接。图 6.26（a）展示了三段式差动变压器式传感器，而图 6.26（b）展示了两段式差动变压器式传感器。其工作原理为当初级线圈接入交流电源时，会导致次级线圈由于互感而产生电压，当两个线圈之间产生的互感随着被测工件的物理变化（如位移等）而变化时，次级线圈的输出电压也会发生改变，并且其输出电压的幅值、相位与衔铁的位移和偏移量有关联。

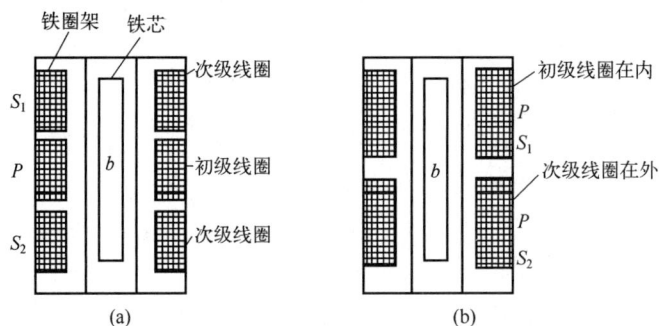

图 6.26 差动变压器式传感器

差动变压器式传感器与一般的变压器式传感器的工作原理都是利用线圈的互感来实现的，不同的是，一般的变压器式传感器是闭合磁路，差动变压器式传感器与之相反，是开磁路，并且一般变压器式传感器的两个线圈之间的互感为常数，差动变压器式传感器两个线圈的互感则会随着衔铁的移动而改变。

互感型传感器的优点有：精度高，线性范围大，在位移测量中有广泛的使用。除此之外，还可以通过改变衔铁的结构来测量不同的其他物理量，如压力等。

差动变压器式传感器的等效电路及其输出电压特性曲线如图 6.27 和图 6.28 所示，当初级线圈 P 加上激励电压 U_1 时，由互感原理可以知道两个次级线圈 S_1、S_2 会产生感应电动势 E_1、E_2，活动衔铁处于平衡位置，此时两互感系数相等，根据电磁感应原理，$E_1 = E_2$，且由于两次级线圈反向串联，因此 $U_2 = 0$，即其输出电压为零。

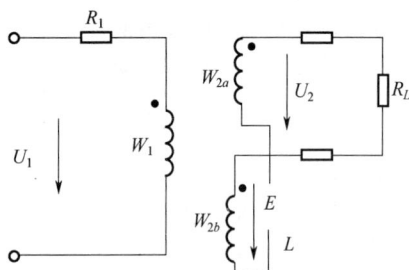

图 6.27 差动变压器式传感器等效电路

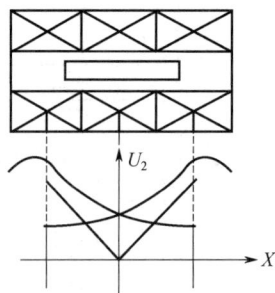

图 6.28 差动变压器式传感器输出电压特性曲线

而当衔铁向上（下）移动时，由于磁阻的影响，S_1 的磁通量会大于（小于）S_2 的磁通量，从而使得两次级线圈的互感系数 $M_1 > M_2$（$M_1 < M_2$），因此 U_2 也会发生变化。而在实际应用中，其输出电压 U_2 在衔铁位于中心位置的时候也不为零，此时称输出电压为零点残余电压 U_X，使得理论特性与实际特性曲线不一致。其残剩的原因有许多，如次级线圈的几何尺寸不对称、磁性材料的非线性等都有可能是零点残余电压存在的原因。这些问题是实际问题，不可消除，无论怎样调整衔铁的位置，其次级线圈的互感系数都不可能完全一致。因此，在使用时应当尽量减小零点残余电压，否则会对传感器的测量结果产生影响。

（3）电涡流式电感传感器

根据中学知识，当块状的金属导体在磁场不停发生变化的环境下或者块状金属在磁场中作切割磁力线的运动时，其内部会产生感应电流，且其形状为涡旋状，称此电流为电涡流，以上现象称为电涡流效应。而电涡流式电感传感器则是根据这个原理制作的，根据电涡流在导体内部的贯穿情况，可以将其分为高频反射式和低频投射式电涡流传感器两类，但其工作原理基本一致。

这类传感器通常被用来做非接触测量，测量如位移、厚度、速度等物理量，其灵敏度高，频率响应宽，在各类领域中都有所应用。

电涡流式电感传感器的工作原理如图 6.29 所示，根据法拉第电磁感应定律，当传感器线圈通过正弦的交流电流信号 I_1 时，其周围会产生正弦交变电场 H_1，从而会使位于该磁场范围内的金属导体产生电涡流 I_2，而 I_2 又会产生另外一个交变磁场 H_2。根据中学知识，其产生的交变磁场 H_2 会对原磁场 H_1 产生反抗作用，从而会使得传感器线圈的等效阻抗发生变化。因此可以得出结论，线圈的阻抗变化完全取决于磁场中金属导体所产生的交变磁场，即其电涡流效应，因此传感器线圈的等效阻抗 Z 与被测金属导体产生的电涡流效应的函数关系式为

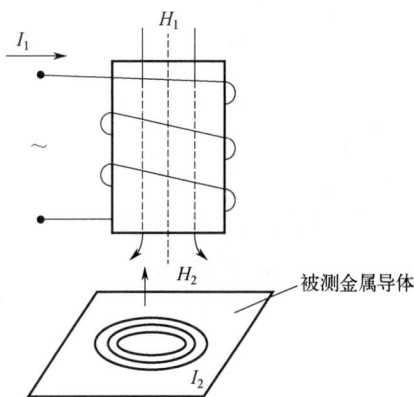

图 6.29 电涡流式电感传感器的工作原理

$$Z = F(\rho, \mu, r, f, x) \tag{6.33}$$

式中，r 为线圈与被测体的尺寸因子。从式中可以得知，线圈的等效阻抗 Z 与被测物体的电阻率 ρ、磁导率 μ 以及外形尺寸等有关，除此之外还与线圈几何参数、线圈中激磁电流频率 f 以及线圈与导体间的距离 x 有关。当这些参数只有其中一个变化时，即可通过测量电路来测出阻抗 Z 的变化量，以实现对该参数的测量。

接下来对线圈与导体的距离 x 与电涡流强度的关系进行简单介绍，根据线圈-导体系统的电磁作用，可以得到电涡流强度与距离 x 的关系式：

$$I_2 = I_1 \left[\frac{1-x}{(x^2 + r_{as}^2)^{1/2}} \right] \tag{6.34}$$

式中，I_1 为线圈的激励电流；I_2 为金属导体中的等效电流；x 为线圈到金属导体表面的距离；r_{as} 为线圈外径。

可以看出，电涡流强度与距离 x 之间的关系为非线性关系，并且会随着 x/r_{as} 的增加而急剧减小。除此之外，若将其用来测位移，只有当 $x/r_{as}=1$ 时，传感器才能得到较好的线性和较高的灵敏度。

6.3.2 电感式传感器的应用举例

在实际应用中，可以通过电感式传感器输出的电压信号来检测物理量的变化，并通过信号放大电路或数字信号处理电路进行处理，最终实现对电信号的放大、去噪、滤波和转换，从而获得更高质量的物理量测量结果。电感式传感器具有灵敏度高、易实现非接触测量等突出的优点，特别适合用于酸类、碱类、氯化物、有机溶剂、液态 CO_2、氨水、PVC 粉料、灰料、油水界面等液位的测量，目前在冶金、石油、化工、煤炭、水泥、粮食等行业中应用广泛。电感式线位移传感器无活动触点，因而工作可靠，使用寿命长，灵敏度和分辨率高，重复性好，在一定范围内线性度好。

自动化生产是现代制造技术中一个十分重要的发展方向，而自动化生产的首要环节是自动检测和自动控制。如果没有传感器对原始参数进行精确可靠的测量，那么无论是信号转换、信息处理或者数据的显示与控制，都将成为一句空话。可以说，没有精确可靠的传感器，就没有自动检测和控制系统。因此在自动化生产行业，电感式传感器得到广泛的应用，常用于位移、尺寸、压力、力矩的测量，在计数、应变、流量、金属定位以及无损探伤上也有很多应用。在工业生产线上，电感式传感器可以用来检测物体的位置，以确保生产过程的精确性和效率。例如，它可以用来检测产品是否正确地放置在传送带上，如图 6.30 所示，或者检测机器人臂是否已经到达正确的位置。

电感式传感器如图 6.31 所示，既可用于静态测量，也可以用于动态测量，由于其基本原理是根据衔铁的移动来使得输出发生变化，因此其测量的基本量为衔铁的位移，但也可以通过其他的结构原理来将其他被测量（如力、加速度、压力等）转化为衔铁的运动从而测得其数值。

图 6.30 数控系统上的传感器   图 6.31 SECATE 电感式传感器

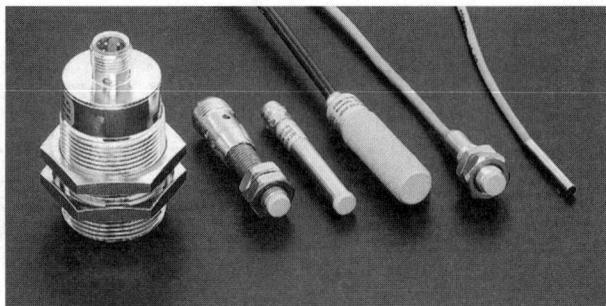

图 6.32 为互感型测力传感器的结构，可以看出，当力作用在传感器上时，会使得弹性元件发生形变，使得铁芯发生位移，从而测得力的大小。

图 6.33 为电感式圆度仪的原理图，圆度仪是用来测量被测物的圆度是否达到指定标准的仪器。电感式传感器与主轴一起旋转，同时它们的旋转轨迹为标准圆，若被测件与主轴的旋转轨迹不一致时，会产生径向误差，则会被传感器检测到并转换为电信号，且经过放大、滤波、A/D 转换后传输给计算机显示出圆度误差或其实际轮廓。

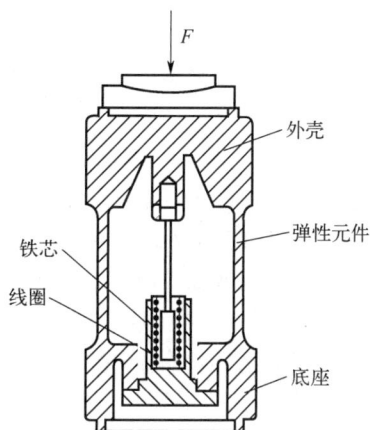

图 6.32　互感型测力传感器结构

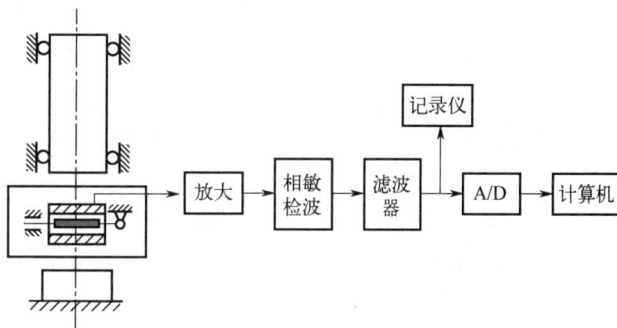

图 6.33　电感式圆度仪工作原理

　　电感传感器还可以用来测量液位，如图 6.34 所示，当设定的液位使得铁芯处于线圈中间的平衡位置时，差动变压器的输出电压 $U_o = 0$，液位发生变化时，通过输出电压的大小可以确定液位的高低。

　　除上述常规的电感式传感器的应用外，电感式角位移传感器也是电感式传感器的一种，是电感式传感器的特殊形式，其工作原理如图 6.35 所示。

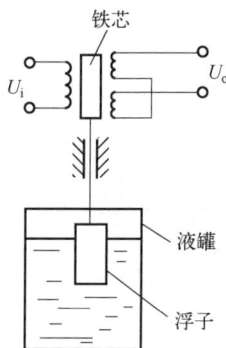

图 6.34　电感式液位传感器工作原理

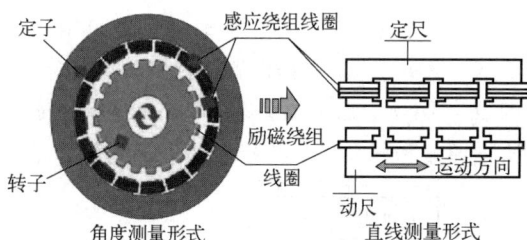

图 6.35　电感式角位移传感器工作原理

　　首先，在传感器的励磁绕组线圈中通入一定频率的交流电流，则会在定子和转子的气隙中形成与励磁电流频率相同的交变磁场。当定子和转子发生相对运动时，磁通量的变化会导致感应绕组线圈中的电磁感应效应。感应绕组线圈会拾取到与定子和转子相对位置相关的两路感应电动势。通过分析和比较这两路感应电动势的特征，可以确定定子和转子相对位置的信息：

$$\begin{cases} e_s = e_m \sin(nx) \\ e_c = e_m \cos(nx) \end{cases} \tag{6.35}$$

　　式中，e_m 为输出的电势幅值；n 是传感器的极对数；x 为位移量。

　　对感应绕组中获得的电动势信号进行处理后，通过对其信号的推导和解算，就可以把电动势信号输出为反映位移变化的角位移量，其解算可以分为鉴相和鉴幅，顾名思义就是对相

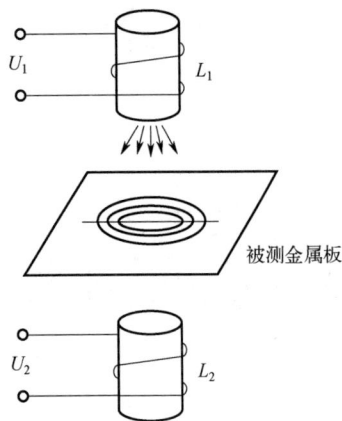

图6.36 透射式涡流厚度传感器结构

位或者幅值进行解算。

下面以低频透射式和高频反射式两种类型的电涡流式厚度传感器来说明电涡流式传感器的应用。

（1）低频透射式涡流厚度传感器

透射式涡流厚度传感器的结构如图6.36所示。该传感器由发射传感器线圈 L_1 和接收传感器线圈 L_2 组成。在被测金属板的上方放置发射传感器线圈 L_1，在金属板的下方放置接收传感器线圈 L_2。当在发射传感器线圈 L_1 上施加低频电压 U_1 时，产生交变磁场 Φ_1。如果两个线圈之间没有金属板，交变磁场将直接耦合到接收传感器线圈 L_2 中，从而产生感应电压 U_2。然而，如果将被测金属板放入两个线圈之间，发射传感器线圈 L_1 产生的磁场会在金属板中引起涡流。这样，磁场能量会受到损耗，导致到达接收传感器线圈 L_2 的磁场减弱为 Φ_1'，从而使得感应电压 U_2 下降。金属板的厚度越大，涡流损耗越大，感应电压 U_2 就越小。因此，通过测量感应电压 U_2 的大小，就可以得知被测金属板的厚度。透射式涡流厚度传感器的检测范围通常为 1～100mm，分辨率为 0.1μm，线性度为1%。

（2）高频反射式涡流厚度传感器

图6.37显示了高频反射式涡流厚度传感器系统的工作原理。为了解决带材不平整以及其在运行过程中上下波动的干扰，我们在带材的上下两侧对称地设置了两个涡流传感器 S_1 和 S_2，其特性完全一致。传感器 S_1 和 S_2 与被测带材表面之间的距离分别为 x_1 和 x_2。如果带材的厚度保持不变，由于传感器位置不变，则被测带材上下表面之间的距离总是满足 $x_1 + x_2 = C$，其中 C 为常数。两个传感器的输出电压之和始终为 $2U_0$，保持不变。但当被测带材的厚度变化 $\Delta\delta$ 时，两个传感器与带材之间的距离也会变化 $\Delta\delta$。这时，两个传感器的输出电压变为 $2U_0 + \Delta U$。放大器会将 ΔU 放大并通过指示仪表电路显示出带材的厚度变化值。将带材的给定厚度和偏差指示值相加即可得到被测带材的实际厚度。

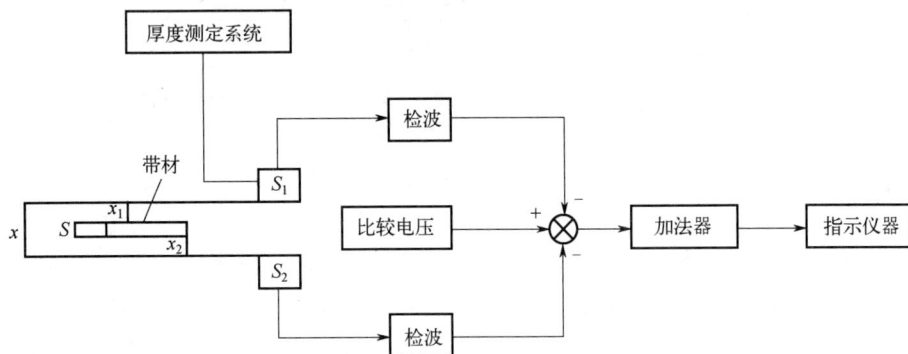

图6.37 高频反射式涡流厚度传感器系统工作原理

✎ 本节习题

（1）电感式传感器分为哪几类？请简要说明它们之间的异同之处？

（2）何谓电涡流效应？怎样利用电涡流效应进行位移测量。

（3）说明差动变隙式电感传感器的主要组成和工作原理。

（4）为什么螺线管式电感传感器比变隙式电感传感器有更大的测位移范围？

（5）在自感式传感器中，螺线管式自感传感器的灵敏度最低，为什么在实际应用中却应用最广泛？

6.4　电容式传感器

6.4.1　电容式传感器的工作原理

电容式传感器是将所需测得的物理量变化转化为电容变化的传感器。它的结构非常简单，本质上就是用两个平行的金属板作为极板，两个金属板中间为绝缘介质，构成的一个可变参数的电容器，如果不考虑其边缘效应的话，它的电容量应该为

$$C = \frac{\varepsilon_0 \varepsilon A}{\delta} \qquad (6.36)$$

式中，ε_0 为真空介质常数，$\varepsilon_0 = 8.85 \times 10^{-12}$ F/m；ε 为极板间的相对介电常数，若为空气介质，$\varepsilon = 1$；A 为两金属平板间的相对覆盖面积，m^2；δ 为极板间的距离，m。

从式（6.36）中可以看出，其中的任何一个参数发生改变时，都会引起电容量的变化，因此，如果将三个可变参数中的两个固定不变，只改变一个参数，就可以将该参数的改变转化为电容的改变，再通过测量电路就可以转化为电信号。同时这也是电容式传感器的分类标准，按照参数的变化，将其分为极距变化型、面积变化型以及介质变化型三种类型，接下来对这三种类型的电容式传感器进行简单的介绍。

（1）极距变化型电容式传感器

如图 6.38 所示，当两个金属极板的相对覆盖面积以及其中的介质不变时，将其中一个金属极

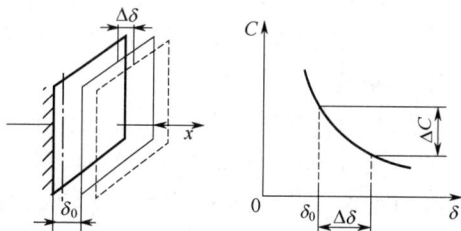

图6.38 极距变化型电容式传感器工作原理

板固定，另外一个金属极板为动板，当这个动板因被测物理量而发生移动时，则两极板间的间距发生了改变，若两金属极板的相对覆盖面积为 A，动板未移动前的极距为 δ_0，由于 ε_0 为常数，因此后续分析中 ε_0 不考虑在内，则该电容的初始电容容量为

$$C_0 = \frac{\varepsilon A}{\delta} \qquad (6.37)$$

当极距 δ_0 减小 $\Delta\delta$ 时，根据式（6.37），电容量会增加 ΔC，即

$$C = C_0 + \Delta C = \frac{\varepsilon A}{\delta_0 - \Delta\delta} = C_0 \frac{1}{1 - \frac{\Delta\delta}{\delta_0}}$$

$$\Delta C = C_0 \frac{1}{1 - \frac{\Delta \delta}{\delta_0}} - C_0 = C_0 \left(\frac{1}{1 - \frac{\Delta \delta}{\delta_0}} - 1 \right) = \frac{C_0 \frac{\Delta \delta}{\delta_0}}{1 - \frac{\Delta \delta}{\delta_0}}$$

因此可得特性方程：

$$\frac{\Delta C}{C_0} = \frac{\Delta \delta}{\delta_0} \left(1 - \frac{\Delta \delta}{\delta_0} \right)^{-1} = \frac{\Delta \delta}{\delta_0} \left[1 + \frac{\Delta \delta}{\delta_0} + \left(\frac{\Delta \delta}{\delta_0} \right)^2 + \left(\frac{\Delta \delta}{\delta_0} \right)^3 + \cdots + \left(\frac{\Delta \delta}{\delta_0} \right)^n \right] \qquad (6.38)$$

由式（6.38）可知，这类传感器的输入（$\Delta \delta$）与输出（ΔC）之间的关系为非线性的，因此肯定存在非线性误差，即

$$\Delta = \left(\frac{\Delta \delta}{\delta_0} \right)^2 + \left(\frac{\Delta \delta}{\delta_0} \right)^3 + \cdots + \left(\frac{\Delta \delta}{\delta_0} \right)^n \qquad (6.39)$$

若 $\Delta \delta / \delta_0 = 1$，则其高次项可以被忽略，这个时候可以认为其为线性的，即

$$\frac{\Delta C}{C_0} = \frac{\Delta \delta}{\delta_0} \qquad (6.40)$$

其灵敏度可近似为：

$$S = \frac{\mathrm{d}(\Delta C)}{\mathrm{d}(\Delta \delta)} = \frac{C_0}{\delta_0} = \varepsilon A_0 \qquad (6.41)$$

因此，若想要减小非线性误差，则必须将 $\Delta \delta$ 减小，即其测量范围不能过大，它的范围应当根据具体的使用场合来设计，对于高精度要求的电容式传感器，需要 $(\Delta \delta / \delta_0) < 0.01$。它的优点是动态特性好，灵敏度和精度高，由于要求测量范围不能过大，因此适用于小位移的精密测量。

若想要提高极距变化型电容式传感器的灵敏度，则可以采用差动式的结构，即将动板置于两个定板中间，形成两个电容器，其变化量相等，符号相反，则另外一个电容的特性方程与式（6.38）相似，但它的偶数项全部为负数。将两电容相减，这时差动电容式传感器的输出为

$$\frac{\Delta C}{C_0} = \frac{\Delta \delta}{\delta_0} \left(1 - \frac{\Delta \delta}{\delta_0} \right)^{-1} = 2 \frac{\Delta \delta}{\delta_0} \left[1 + \left(\frac{\Delta \delta}{\delta_0} \right)^2 + \left(\frac{\Delta \delta}{\delta_0} \right)^4 + \cdots \right] \qquad (6.42)$$

可以看出，其非线性次项只剩下偶数项，因此非线性误差进一步减小了。利用测量电路可以检测出两个电容器之间电容的差值，且通过推导计算可以得出该差值与动板的移动范围 $\Delta \delta$ 之间的关系。除此之外，采用该结构的极距变化型电容式传感器，其灵敏度相比较普通的传感器提高了一倍，并且测量精度也得到了提高。

（2）面积变化型电容式传感器

改变两金属极板之间的相对覆盖面积的方法有多种，比如，可以让其中一个极板进行平移，也可以让其中一个极板旋转一定角度，都可以实现需求。按照这两种改变面积的方式，面积变化型电容式传感器可以进一步分为直线位移型和角位移型。

① 直线位移型。如图 6.39（a）所示，当动板沿某一方向直线运动时，两极板间的相对覆盖面积发生了变化，从而导致电容量的改变，它的输出特性为

$$C = \frac{\varepsilon b x}{\delta} \tag{6.43}$$

式中，b 为极板的宽度；x 为极板的位移。

则该传感器的灵敏度为

$$S = \frac{\mathrm{d}C}{\mathrm{d}x} = \frac{\varepsilon b}{\delta} = 常数 \tag{6.44}$$

除上述常规的平面直线位移型电容式传感器外，还有一种为圆柱体线位移型电容式传感器，如图 6.39（b）所示，它的动板为一个圆柱体，定板为一个圆筒外壳，圆筒与圆柱体之间存在间隙，构成一个电容器，其电容量为

$$C = \frac{2\pi \varepsilon x}{\ln(D/d)} \tag{6.45}$$

式中，d 为动板的外径；D 为定板的孔径。当圆柱沿其轴线方向进行移动时，它们之间的相对覆盖面积也会发生改变，其灵敏度为

$$S = \frac{\mathrm{d}C}{\mathrm{d}x} = \frac{2\pi \varepsilon}{\ln(D/d)} = 常数 \tag{6.46}$$

可以看出，直线位移型的电容式传感器，其灵敏度都为常数，其输出与输入之间为线性关系，因此不存在非线性误差。

② 位移型。图 6.39（c）为角位移型的电容式传感器，动板和定板固定在一个轴上面，当动板围着这个轴转动一定角度时，相对覆盖面积就会变化，导致电容量发生变化，其覆盖面积为

$$A = \frac{\alpha r^2}{2} \tag{6.47}$$

式中，α 为其相对覆盖面积的中心角；r 为覆盖圆弧的半径。

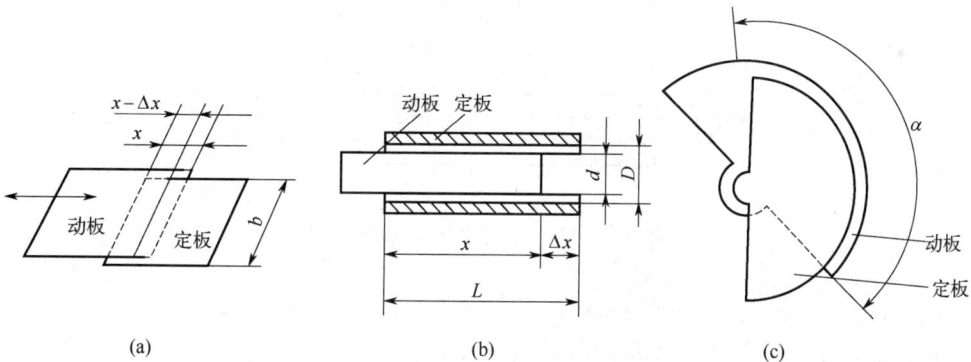

图 6.39 面积变化型电容式传感器工作原理

因此根据前面的公式，其电容量与灵敏度应为

$$C = \frac{\varepsilon \alpha r^2}{2\delta} \tag{6.48}$$

$$S = \frac{\mathrm{d}C}{\mathrm{d}\alpha} = \frac{\varepsilon r^2}{2\delta} = 常数 \tag{6.49}$$

因此可以发现，在理想状态下，该类传感器的输入与输出也为线性关系，也不存在非线性误差。但实际上，由于边缘效应，依然存在较小的非线性误差，且该类传感器的灵敏度不高。

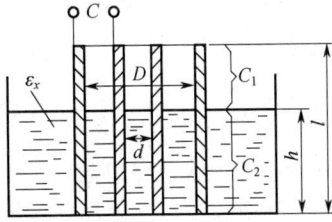

图6.40 介质变化型电容式传感器工作原理

（3）介质变化型电容式传感器

介质变化型就是将输入变成两极板之间的介质变化，即介电常数的变化，但对采集的信号有要求，如材料的厚度、液位、温湿度等能够导致极板间介电常数发生改变的输入信号。因此，其实际的工作原理是根据需求来定的，如图6.40所示的用来测量液位的介质变化型电容式传感器，其电容为

$$C = C_1 + C_2 = \frac{2\pi\varepsilon_0(l-h)}{\ln(D/d)} + \frac{2\pi\varepsilon_x\varepsilon_0 l}{\ln(D/d)}$$
$$= \frac{2\pi\varepsilon_0 l}{\ln(D/d)} + \frac{2\pi(\varepsilon_x - 1)\varepsilon_0}{\ln(D/d)}h \qquad (6.50)$$
$$= a + bh$$

由此可以推出其灵敏度 $S = b = \dfrac{2\pi(\varepsilon_x - 1)\varepsilon_0}{\ln(D/d)} = $ 常数，也不存在非线性误差。

湿度、厚度电容式传感器的工作原理如图6.41所示，可以得出其电容为

$$C = \frac{S}{\dfrac{\delta - d}{\varepsilon_0} + \dfrac{d}{\varepsilon_x\varepsilon_0}} = \frac{\varepsilon_0 S}{\delta - d + \dfrac{d}{\varepsilon_x}} \qquad (6.51)$$

式中，d 为介质的厚度。如果 d 不变，介电常数 ε_x 因为外部环境而发生改变，比如湿度发生变化，则可用作介质变化型湿度传感器；而若介电常数 ε_x 不发生改变，厚度 d 发生变化，则可用作介质变化型厚度传感器。

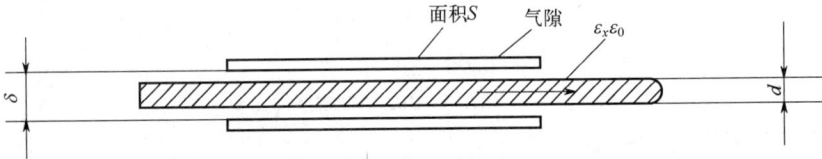

图6.41 湿度、厚度电容式传感器工作原理

（4）电场的边缘效应及其解决措施

电场的边缘效应是指在理想情况下，平板电容器两平板间的电场线为直线，但实际上，电场线在靠近平板的边缘时会出现弯曲的现象，越靠边弯曲就越明显。到边缘时最明显，这种现象称为边缘效应，如图6.42所示。

而上面所提到的所有类型的电容式传感器，都是在忽略电场的边缘效应的情况下来计算其灵敏度的，因此理想状态下除了极距变化型电容

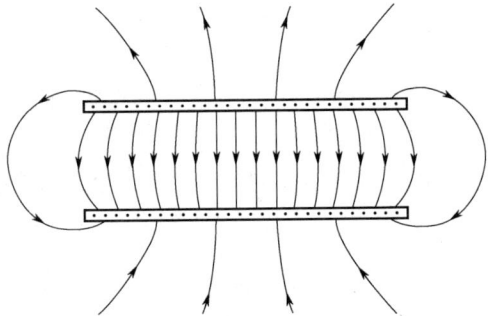

图6.42 电场的边缘效应

式传感器为非线性的传感器，其他都为线性传感器。但实际中，电场的边缘效应是不可忽略的，会导致其实际的电容值比计算得的电容值大、灵敏度降低以及非线性误差增加等。

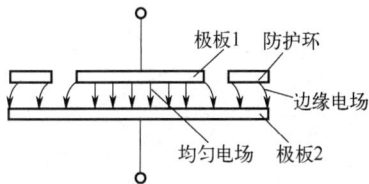

图 6.43　加防护环来减小边缘效应

为了减小边缘效应对传感器的影响，可以增大初始的电容量 C_0，这样当电场边缘效应所导致电容增加的那一部分 ΔC 远远小于初始电容量 C_0 时，就可以忽略其影响。要想增加初始电容量 C_0，根据其计算公式（6.36），可以增加极板的相对覆盖面积，或者减小极板间的距离，但减小极板间的距离会导致电容极其容易被击穿，并且其测量范围也被进一步缩减。所以目前还有一个方法，就是采用防护环，如图 6.43 所示，在实际使用时，防护环和被防护的极板的电位相等，则工作极板上的电场基本保持均匀，而相对弯曲的电场则发生在防护环上。

6.4.2　电容式传感器的测量电路

电容式传感器将所需测的物理量转换为电容的变化后，我们还需要进一步将电容量的变化转化为电压或电流等容易识别的信号，这时就需要各种测量电路来满足这种需求。下面对某些典型的测量电路进行介绍。

（1）桥式电路

该类电桥一般选择采取变压器式电桥，而不采取传统的阻容电桥，将两桥臂端的电容省去，因此其分析方法也有所不同。图 6.44（a）为单臂接法的桥式测量电路，将高频电源接在电容桥的一条对角线上，C_1、C_2、C_3、C_x 分别作为该电桥的四臂，C_x 为电容式传感器，当其达到平衡状态的时候，满足：

$$\frac{C_1}{C_2} = \frac{C_x}{C_3} \qquad U_{\text{out}} = 0$$

若电感传感器的电容发生改变，则 $U_{\text{out}} \neq 0$，输出电压发生改变。

也可以将其接为差动接法，如图 6.44（b）所示，差动接法具有更高的灵敏度，其空载输出电压为

$$\dot{U}_{\text{out}} = \frac{(C_0 - \Delta C) - (C_0 + \Delta C)}{(C_0 + \Delta C) + (C_0 - \Delta C)} \dot{U}_{\text{sr}} = \frac{\Delta C}{C_0} \dot{U}_{\text{sr}} \qquad (6.52)$$

式中，C_0 为平衡状态时电容式传感器的电容值；$\dot{U}_{\text{sr}}$ 为工作电压。可以看出，其输出与供电的电压成正比，因此供电电压的稳定性会影响到测量的精度和非线性误差。

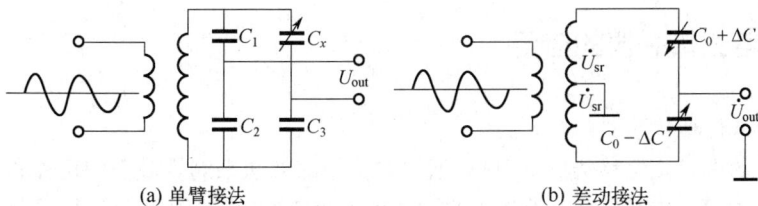

（a）单臂接法　　　　　　　　　　（b）差动接法

图 6.44　桥式电路

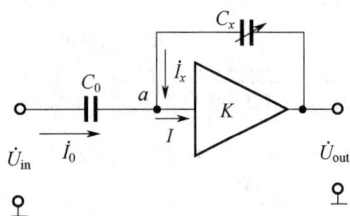

图 6.45 运算放大线路原理图

（2）运算放大电路

运算放大线路的特点是能够消除变极距型电容式传感器的输入与输出之间的非线性问题，使得其成线性关系，它实质上是一种反相比例运算电路，但是其中的电阻由 C_0 和 C_x 来进行替换，其输入与输出的电压全部为交流信号，它的原理图如图 6.45 所示，其特性式为

$$\frac{\dot{U}_{\text{out}}}{\dot{U}_{\text{in}}} = -\frac{Z_f}{Z_1} = -\frac{-\text{j}\dfrac{1}{\omega C_x}}{-\text{j}\dfrac{1}{\omega C_0}} = -\frac{C_0}{C_x} \tag{6.53}$$

因此可得

$$\dot{U}_{\text{out}} = \dot{U}_{\text{in}}\frac{C_0}{C_x} \tag{6.54}$$

将 $C_x = \dfrac{\varepsilon_0 S}{\delta}$ 代入式（6.54）中则

$$\dot{U}_{\text{out}} = \dot{U}_{\text{in}}\frac{C_0}{\varepsilon_0 S}\delta \tag{6.55}$$

根据式（6.55），可以得出输出电压与动极板的输入机械位移 δ 之间成线性关系。从原理层面上看，这样解决了单电容变间隙式传感器存在的非线性问题。当然，由于实际运算放大器无法完全满足理想运放条件，仍会存在一定的非线性误差，但只要开环放大倍数足够大，并且输入阻抗足够高，这种误差将会很小。

在某些情况下，由于结构限制无法采用差动电容，比如在振动测量中，可以将测量头作为电容式传感器的定极板，而将振动机械的任何一部分导电平面作为动极板，这样组成的单极板电容式传感器能够获得更高的线性输出。与使用单极板的其他电路方案相比，这种方案能够提供更高的线性输出。基于这种原理，已经研制出能够测量 0.1μm 的电容式测微仪。

除去上述两类常见的测量电路以外，还有二极管式线路，这种线路的特点是线路特别简单，并且不需要添加相敏解调器就能获得高电平的直流输出，并且具有很高的灵敏度。这种线路是 1963 年 K. S. Lion 提出来的，也被称为非线性双 T 网络。除此之外，还有差动脉冲宽度调制线路，这种线路对于面积变化型和极距变化型电容式传感器来说，都可以让其获得线性输出，且与二极管式线路相似，不需要添加相敏解调器即能获得直流输出，其输出的信号为 100kHz～1MHz 的矩形波。若要详细地了解这两类线路的原理，读者们可参考传感器的相关书籍，会有详细的介绍。

6.4.3　电容式传感器的应用

（1）电容式位移传感器

高灵敏度的电容式位移传感器，可以通过非接触的方法来测量微小的位移和振动的幅值，图 6.46 为其结构图。其测头可以看作电容式传感器电容的动板，被测物可以看作电容的定板，设它们两个形成的电容为 C_X，并且将其接在测量电路中，如前面提到的运算放大器线路，由式（6.54）可得其输出为

$$U_{\text{out}} = -\frac{C_0}{C_X} E_0 \qquad (6.56)$$

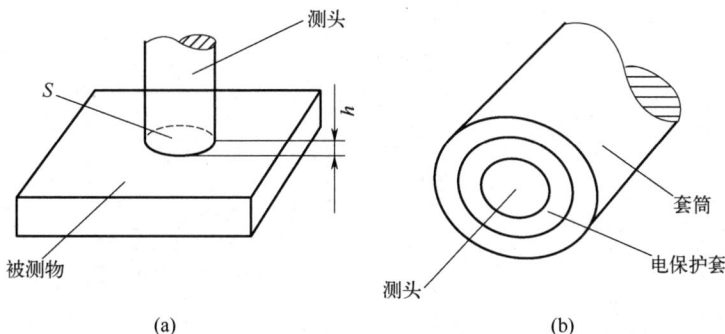

图 6.46 电容式位移传感器及其测头结构

将 $C_X = \dfrac{\varepsilon_0 S}{h}$ 代入式（6.56）中可得

$$U_{\text{out}} = -\frac{C_0 h}{\varepsilon_0 S} E_0 = K_1 h \qquad (6.57)$$

式中，S 为测头的面积；h 为待测的距离；K_1 为一个常数，$K_1 = -\dfrac{C_0 E_0}{\varepsilon_0 S}$。因此其输出与输入的关系为线性关系。

为了减小电场的边缘效应，一般将一个与电极绝缘的电保护套装在测头的外围，再在电保护套上安装一个套筒，在使用的时候将套筒接地。利用同样的原理，还可以将其用在测量梁的振动幅值、轴的回转精度等场合，安装方式如图 6.47 所示。但需要注意的是，这种方式要求被测物体为导体，和测头形成电容器。

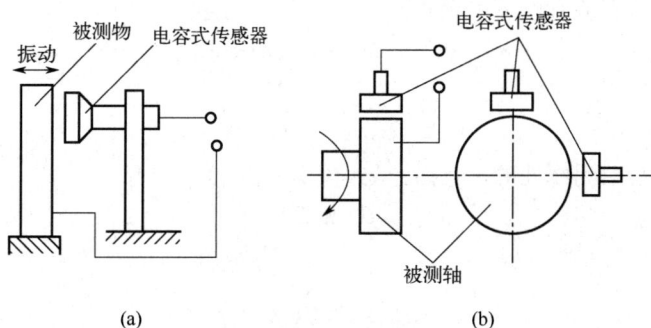

图 6.47 梁的振动幅值、轴的回转精度测量及安装方式

（2）电容式液位传感器

以飞机上的电容式油量表为例，说明它观察油箱余量的工作原理。如图 6.48 所示，该油量表由放大器、变压器式电桥、两相电机以及指针等组成。将电容式传感器 C_x 接入原始电桥的一个臂，C_0 为原始的标准电容器，R 的作用是调整电桥平衡，并且它的电刷与指针同轴连

接，再通过减速器由两相电机来控制。当油箱中的燃油耗尽时，电容式传感器的初始电容为 $C_x = C_{x0}$。我们让其初始电容与标准电容器的电容相等，即 $C_0 = C_{x0}$，且电位器电刷位于零点（$R = 0$），指针就会指向零位。此时电桥没有输出，两相电机不旋转，整个系统就处于平衡状态，因此有

$$E_1 C_{x0} = E_2 C_0 \tag{6.58}$$

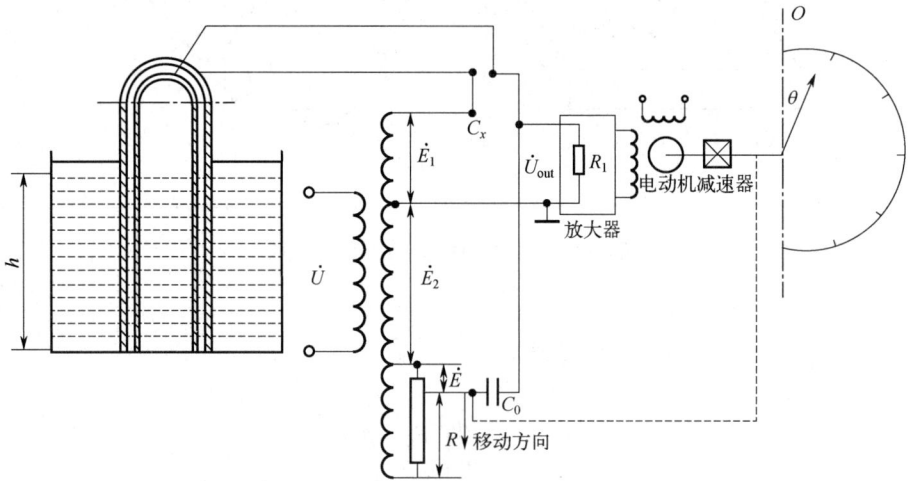

图6.48 飞机油箱上的电容式液位传感器

当油箱中燃油的余量发生变化，如液面升高到 h 时，电容器的电容值也会随之变化，即 $C_X = C_{x0} + \Delta C_x$，其中 $\Delta C_x = k_1 h$。此时电桥的平衡被破坏，经过测量电路转换为电压输出，经过放大器放大后，两相电机便开始旋转，同时减速器带动电位器和指针一起旋转。当电位器的电刷移动至输出电压为 E 的某一位置时，电桥重新恢复平衡，输出电压为零，两相电机停止旋转，指针也会停留在相应的指示角度 θ 上，从而指示出油量的多少。根据平衡条件，可以确定新的平衡位置应有以下关系式：

$$E_1(C_{x0} + \Delta C_x) = (E_2 + E)C_0 \tag{6.59}$$

$$E = \frac{E_1}{C_0} \Delta C_x = \frac{E_1}{C_0} k_1 h \tag{6.60}$$

由于使用的电位器为线性的，且指针与电刷同轴连接，则有

$$\theta = k_2 E \tag{6.61}$$

将式（6.60）代入其中可得

$$\theta = \frac{E_1}{C_0} k_1 k_2 h \tag{6.62}$$

即可得出指针的转动角度和液位高低的关系，同时可以从式中看出液位高低 h 与指针转动角度 θ 成线性关系。

（3）电容式加速度传感器

差动式电容加速度传感器的结构原理图如图6.49所示，它的结构由两个定板1、质量块3、绝缘垫2、弹簧4和壳体6组成，质量块的两个断面作为动板与定板形成电容，此电容可与壳体共同组成输出端5。

当电容式加速度传感器的壳体随着被测对象在竖直方向上做直线加速运动时，传感器内部的质量块处于相对静止的惯性空间中。同时，两个固定电极将相对于质量块产生大小正比于被测加速度的位移。这个位移会使得两个电容之间的间隙产生变化，其中一个电容的间隙会增加，另一个电容的间隙会减小。这就会导致 C_1 和 C_2 产生大小相等、符号相反的增量，而这个增量正比于被测加速度的大小。最终，通过外接的测量电路就可以得到被测加速度的大小信息。

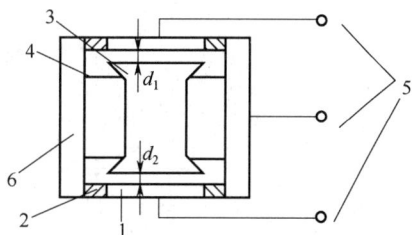

图 6.49 差动式电容加速度传感器
1—定板；2—绝缘垫；3—质量块；4—弹簧；
5—输出端；6—壳体

（4）电容式触摸屏传感器

随着现代科技的不断发展，触摸屏已从传统的电阻屏升级为电容屏，与电阻屏相比较，电容屏具有更快的反馈，且支持识别多点同时触摸，因此现在大部分的电子设备的触摸屏都是电容屏。电容屏可分为表面式电容屏和投射式电容屏。投射式电容屏按照工作原理可分为自容式和互容式电容屏，表面式电容屏与自容式电容屏只能支持单点触摸并且不能支持戴手套触摸，但其简单、计算量小，因此需要根据实际的应用场合来选择触摸屏的类型。比如，我们日常使用的手机显示屏为投射式互容电容屏，投射式电容触控面板模块的组成有触控感应玻璃（Cover Sensor）与软性电路板（Flexible Print Circuit，FPC）。触控感应玻璃为单一片的 ITO（Indium Tin Oxide，氧化铟锡）玻璃，非三明治式的堆栈结构，没有使用 ITO 薄膜，而是在一块镀膜玻璃上，直接进行线路图形的制作，并在感应区的四周设置均匀分布的电场；软性电路板负责信号的传递工作，软板上有电路、触控控制器与连接器，会先将触控感应玻璃的信号传送至触控控制器进行判定，然后再将定位信号透过连接器传送给主机板，交由软件执行解读与反应的工作。

自容式电容屏工作原理如图 6.50 所示，先利用 ITO 在玻璃表面制成横向与纵向电极阵列，这些电极则与地组成电容，称为自电容 C_p。当人的手指触碰到电容屏时，人体电场与地形成的电容 C_F 会叠加到显示屏上面，使得屏体的电容增加，随后自电容屏依次分别检测横向与纵向电极阵列，根据触摸前后电容的变化，分别确定横向坐标和纵向坐标，然后组合成平面的触摸坐标。自电容的扫描方式，相当于把触摸屏上的触摸点分别投影到 X 轴和 Y 轴方向，然后分别在 X 轴和 Y 轴方向计算出坐标，最后组合成触摸点的坐标。但是一旦有两个接触点，且这两个点不在同一 X 或 Y 方向上，则会组成四个坐标，但其中只有两个点是真实的，因此不能用来多点触控。

互容式电容屏与自容式电容屏的区别在于，利用 ITO 制作横向电极和纵向电极的时候，其两组电极的交叉点会形成电容，这个电容为互电容，如图 6.51 所示，这两组电极分别作为电容器的两端。手指接触屏幕时，会改变接触区域附近电极间的相互作用，导致该区域电容量发生变化。在测量互电容的过程中，水平方向的电极会逐一发送信号，而垂直方向上的电极则同步接收这些信号。通过这种方法，可以获取所有水平与垂直电极交叉点的电容值，进而了解整个触摸屏表面的电容分布情况。利用触摸前后电容变化的数据（通常表现为电容值下降），可以确定每个触摸位置的具体坐标。这意味着即便屏幕上存在多个触摸点，系统也能准确识别并计算出各个触摸点的确切位置。

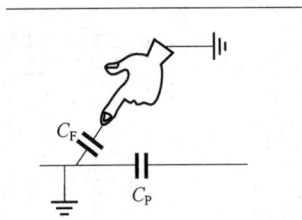

图 6.50 自容式电容屏的工作原理

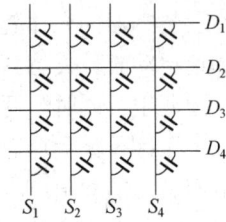

图 6.51 交叉点形成互电容

📝 本节习题

（1）根据电容式传感器的工作原理，可将其分为几种类型？每种类型各有什么特点？各适用于什么场合？

（2）影响电容式极距变化型传感器灵敏度的因素有哪些？提高其灵敏度可以采取哪些措施，带来什么后果？

（3）除了本节讲的信号调节电路以外，电容式传感器还有哪几种类型的信号调节电路？各有什么特点？

（4）为什么电容式传感器的绝缘、屏蔽和电缆问题特别重要？如何避免这些问题？

（5）为什么高频工作的电容式传感器连接电缆的长度不能任意变动？

（6）试述变极距型电容式传感器产生非线性误差的原因及在设计中如何减小这一误差。

6.5 压电式传感器

6.5.1 压电式传感器的工作原理

压电式传感器为有源传感器或发电型传感器，它的敏感元件为一种压电材料，它以压电材料的压电效应为原理，进而达到测量物理量的目的。

（1）材料的压电效应

材料的压电效应可以分为正压电效应和逆压电效应。

正压电效应指的是当压电材料，如石英或者钛酸钡等，当受到某个方向的外力时，除了其外观形状发生变化外，其内部还会产生极化，其表面会形成正负相反的电荷以及电场，且其产生的电荷多少与外力的大小成正比关系。若作用力的方向发生改变，其产生的电场也会发生改变，当外力消失后，产生的电荷与电场又都会消失。

而逆压电效应与之相反，当把这种材料放入交变电场下时，它的外形尺寸也会随之发生变化，电场消失后，这种变化也会随之消失。

本节中的压电式传感器，其原理一般都为正压电效应。

能够产生压电效应的材料称为压电材料，分为压电晶体和压电陶瓷，在后续会给出具体的说明。下面以石英晶体为例子，解释其产生压电效应的原理。

石英晶体的基本形状为六棱柱，两端为一对称的棱锥，如图 6.52（a）所示。在晶柱中，纵轴线 z 被称为光轴，通过六角棱线且垂直于光轴的轴线 x 被称为电轴，垂直于棱面的轴线

y 则被称为机械轴，如图 6.52（b）所示。如果从晶体上沿着轴线切下薄片并使其晶面分别平行于 z、y、x 轴线的话，就得到了晶体切片。在正常状态下，这个晶片不呈现出电性。然而，当施加在晶片上的外力 F 沿着 y 方向作用时，晶片会极化并形成沿着 x 方向的电场。电荷分布在垂直于 x 轴的平面上，如图 6.53（a）所示，这种现象被称为纵向压电效应。同样地，当施加的外力 F 沿着 y 方向作用时，电荷仍会在与 x 轴垂直的平面上产生，如图 6.53（b）所示，这种现象则被称为横向压电效应。然而，如果施加的外力 F 沿着 z 轴方向作用时，在晶片的表面上既不会产生电荷，晶片也不会极化，且无论外力的大小和方向如何，都是这样的效果。

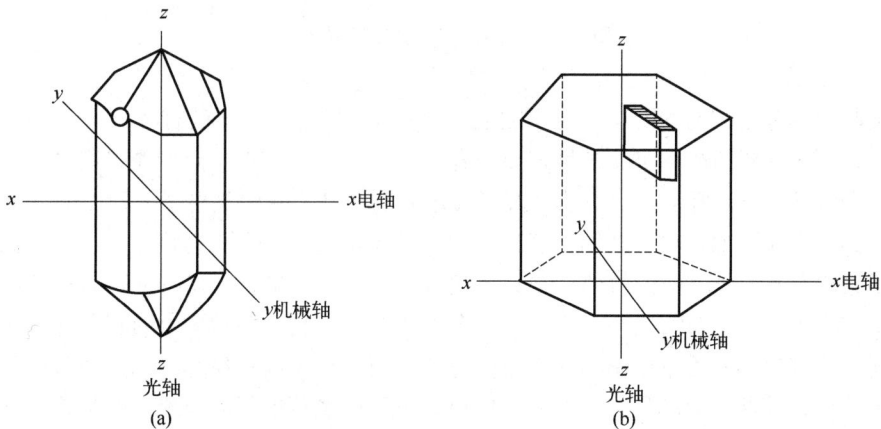

图 6.52　石英晶体

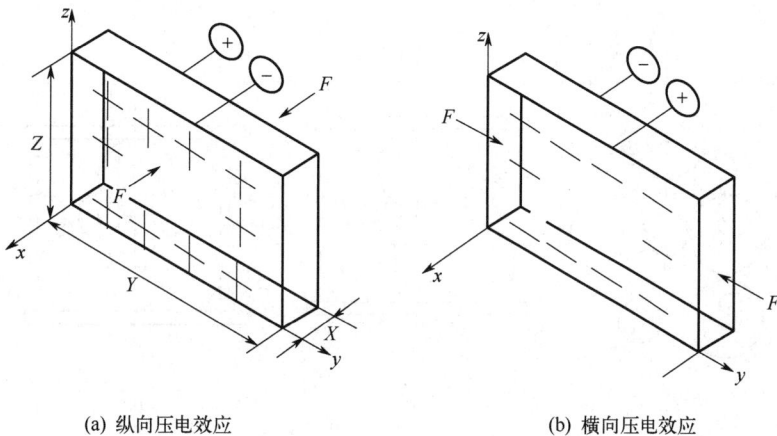

(a) 纵向压电效应　　　　(b) 横向压电效应

图 6.53　晶片极化及其电荷分布

根据前人的实验可以证明，极板上电荷量 q 与晶片所受的外力 F 为正比关系，表示为

$$q = DF \tag{6.63}$$

式中，D 为压电常数，与材料和切片的方向有关。由于 D 通常很小，因此输出的电荷很小，一般都需要电荷放大器。

图 6.54 所示为晶体切片上电荷正负与受力方向的关系图，可以看出，无论是在电轴方向

上施加压力或拉力，抑或是在机械轴上施加压力或拉力，所产生的电荷依然是在与电轴垂直的平面上出现。

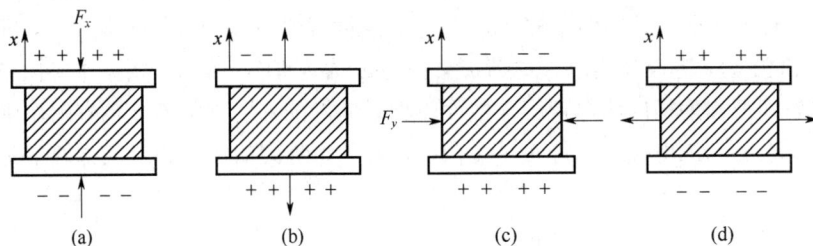

图 6.54 电荷正负与受力方向的关系

石英晶体的分子式为 SiO_2，其结构如图 6.55（a）所示，由于硅有 4 个正电荷，氧有 2 个负电荷，因此在没有受到外力的情况下电荷是平衡的，不带电。而如果将其在 x 轴方向上压缩，如图 6.55（b）所示，上方的硅离子会进入到与其相邻的氧离子之间，而下方的氧离子则进入到与之相邻的硅离子之间，表现出来的结果就是在上表面呈负电荷，下表面呈正电荷。而如果将其在 x 轴方向上拉伸，则与之相反，在上表面呈正电荷，下表面呈负电荷。如果在 y 轴方向上压缩，如图 6.55（c）所示，左右两侧的氧离子与硅离子同时会移动相同的距离，因此左右两侧的平板不带电，而上方的硅离子由于挤压向上移动，下方的氧离子由于挤压向下方移动，因此就会产生上表面呈正电荷、下表面呈负电荷的现象。但是若在 y 轴上受到拉力，上方的硅离子由于没有受到挤压，因此上表面不带电，同样的道理，下方的氧离子下表面也不带电。由此可知，若在 y 轴上受拉力，则该晶体不会产生电荷，因此没有压电效应的产生。

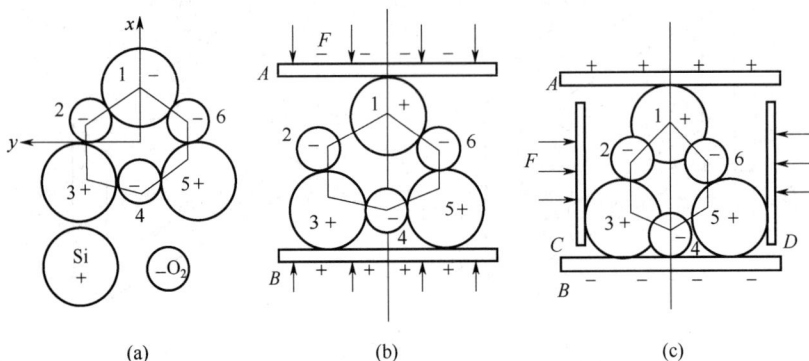

图 6.55 石英晶体结构及其被压缩时的电荷变化

（2）压电材料

压电效应的敏感材料被称为压电材料。1880 年，法国科学家 Curie J 和 Curie P 在研究石英晶体时观察到了这种效应。这一发现引发了科学家们对压电材料的广泛研究。经过一百多年的发展，压电材料的种类已经不仅限于最初的压电晶体，还包括压电陶瓷、压电聚合物以及它们的复合材料。压电式传感器属于物性传感器，目前主要采用压电晶体和压电陶瓷作为传感器的材料。压电晶体为单晶体，而压电陶瓷为多晶体。晶体材料与非晶体材料的主要区别在于晶体材料的物理特性受晶体内部结构的方向影响，而非晶体材料的物理特性则与方向无关。

① 压电晶体。压电晶体的类别有许多种，如石英、磷酸铵、硫酸锂、电气石等，由于石英晶体的性能好于其他晶体，因此经常将其作为压电式传感器中的压电材料。

石英晶体作为一种性能出众的压电晶体，不需要人工极化处理，不受热释电效应影响。其介电常数和压电常数在常温下十分稳定，温度变化每升高 1℃，压电常数仅减小 0.016%，到 400℃时，仅减小 5%。因此，适用于制造工作温度范围较宽的传感器。但当温度超过 500℃时，压电常数急剧下降，达到 573℃时完全失去压电特性。

此外，石英晶体具有较高的机械强度，可承受约 108Pa 的压力，冲击下漂移小，弹性系数大，可测量大范围的力和加速度。其自振频率高，动态响应好，绝缘性能好，迟滞小，重复性好，线性范围宽。因此，被认为是首选的压电材料。尽管天然生长的石英稳定性良好，但资源稀缺，通常仅用于校准用途或精度要求高的传感器中。一般采用人工培养方法获取石英晶体用于制作传感器，在高温高压环境下，1kg 石英的生长需要约一周时间。

近年来，出现了性能优于石英晶体的人工培养压电晶体，如瑞士 Kistler 公司研制的 KI85。这种在 1000℃高温环境下生长的新型单晶体，除了具有石英晶体的高强度和温度稳定性外，压电系数是石英的 3 倍以上，且最高工作温度可达 700℃。这种优异的晶体被用于制作一些微型、高精度压电式传感器。

② 压电陶瓷。最早使用的压电陶瓷为钛酸钡（$BaTiO_3$）压电陶瓷，它是由碳酸钡和二氧化钛按照固定的比例混合后，再经过烧制发生化学反应后形成的一种材料，尽管它的介电常数比石英晶体的介电常数要大许多，电阻率也较高，但其稳定性以及机械强度等性能都远远不如石英晶体，且其使用时温度不能超过 80℃。

目前来说，使用较为广泛的压电陶瓷材料为锆钛酸铅（PZT）压电陶瓷，它是由钛酸铅和锆酸铅组成的一种固溶体，具有介电常数高、工作温度高（250℃）、稳定性好等优点，除此之外，还可以根据使用场景和对其的性能要求来在其中添加少量的其他元素，如铌、锡、锰等。

需要注意的是，压电陶瓷材料的压电效应产生机理和压电晶体的压电效应产生机理有所不同，压电陶瓷的晶粒内部有很多已经极化了的电畴，且都具有一定的方向，如图 6.56（a）所示。在没有加电场的情况下，这些电畴在晶体内部中分布随机，且极化作用相互抵消，因此不产生电荷，呈中性。在加了电场之后，电畴的极化方向则与外加的电场保持一致，如图 6.56（b）所示，当外加电场的强度使得压电陶瓷的极化到达极限的时候，晶体内部所有的电畴方向则与外加电场一致，这就是其极化的过程，这种状态下的材料具有了一定的极化强度。而当外加电场撤销过后，晶体内部所有的电畴的极化方向与原来电场方向基本一致，因此压电陶瓷内部的极化强度也不为零，如图 6.56（c）所示，此时材料有压电特性，它的极化强度称为剩余极化强度。此时在压电陶瓷的两端则会出现束缚电荷，且符号相反，由于这些电荷的存在会吸引外界的自由电荷，且这些外界载荷大小与束缚电荷相等、方向相反，因此会完整抵消掉束缚电荷，这个时候压电陶瓷不表现出极性，如图 6.56（d）所示。

而若此时在陶瓷片上施加与极化方向平行的外力，陶瓷片将发生压缩变形，导致片内的正负束缚电荷之间距离缩短，电畴偏转，极化强度减小。原本吸附在极板上的自由电荷的一部分会被释放，引发放电现象。当压力解除时，陶瓷片恢复原状，导致片内的正负电荷之间距离增加，极化强度增加。电极再次吸附一部分自由电荷，产生充电现象。这种由机械效应转变为电效应的现象称为压电陶瓷的正压电效应。放电电荷的数量与外力 F 的大小成正比，即

$$Q = d_{33}F \qquad (6.64)$$

式中，Q 为电荷量；d_{33} 为压电陶瓷的压电系数。

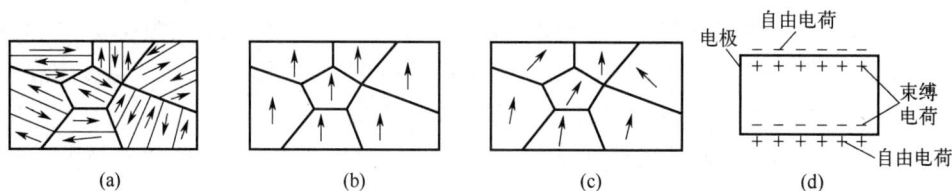

图 6.56 压电陶瓷材料的压电效应

但是由于刚极化完后的压电陶瓷，其特性不稳定，在使用一段时间后压电系数才是一个几乎稳定不变的常数，而经过更长时间的使用，压电系数则会下降，因此需要对其进行校准。一般来说，使用两年左右压电系数会发生变化，需要做校正。为了提高这种人工极化压电陶瓷材料的稳定性，一般还需要对其进行老化处理，处理过后的压电陶瓷在正常情况下其性能稳定，但如果是在高温环境中工作，还需要对其做隔热处理，防止压电陶瓷受到高温影响而导致测量不准确。

6.5.2 压电式传感器的等效电路及其测量电路

（1）压电式传感器的等效电路

压电式传感器的压电元件的组成如图 6.57 所示，在其两个工作面上有压电晶片，且被镀上了金属膜，这两层金属膜构成了两个电极。当力作用在其上面时，压电晶片发生压电效应使得电荷聚集在金属膜上，这种情况下可以将其视为电容器。但与之不同的是，晶片表面的电荷会慢慢漏掉，速度非常缓慢，因此若将它视为电容器，则它的电容量为

$$C_a = \frac{\varepsilon_0 \varepsilon A}{\delta} \qquad (6.65)$$

则极板间产生的电压为

$$e_a = \frac{q}{C_a} \qquad (6.66)$$

式中，q 为压电晶片上的电荷。

因此我们既可以将压电元件看成一个电荷的发生器，也可以将其看成一个电容器。一个电荷源 q 和电容 C_a 并联的电路，如图 6.57（b）所示，其中 C_i 为负载的等效电容，C_c 为中间连接电缆的分布电容，R_i 为负载输入电阻，R_a 为传感器本身的绝缘电阻（若该电阻无限大，则电荷不会漏掉）。当然在实际的使用过程中，单片压电晶片所产生的电荷往往是不够的，除非给出的作用力很大，但不适用于作用力小的场合，因此通常用两片及以上的压电晶片来测量，它们的接法有并联和串联两种之分，实际还需要根据需求来选择接法。

设单个压电晶片的电容量、电压和电荷为 C'、U'、Q'，经过串并联后的总电容、总电压

和总电荷为 C、U、Q。当两个压电晶片串联的时候，其电荷分布与单个的一致，上极板为正，下极板为负，总的与单个的关系为

$$C' = C/2 \qquad U' = 2U \qquad Q' = Q$$

可以看出，电容量减小了，但输出的电压增大，因此可以用在电压输出的场合。

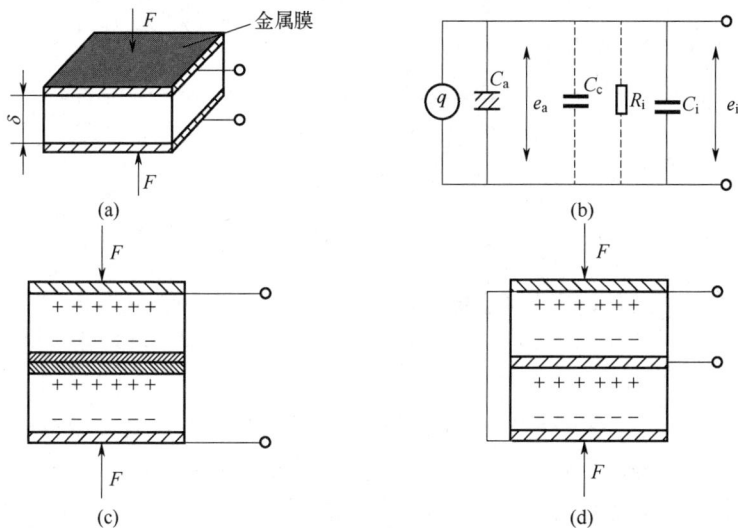

图 6.57　压电式传感器的压电元件

当两个压电晶片并联的时候，其电荷分布发生了改变，两端的极板为正，中间的极板为负，总的与单个的关系为

$$C' = 2C \qquad U' = U \qquad Q' = 2Q$$

可以看出，电容量增大了，电荷量也增大了，其时间常数增加，可以用在信号变化缓慢的场合，且将电荷作为输出。

以上提到的两种输出方式，即电压输出和电荷输出，其实都是非常小的，因此都需要电压放大器和电荷放大器来起到放大输出的作用，在后续会详细提及。

由图中可以看出，当将传感器接上负载后，其等效电路中的等效电容 $C = C_a + C_c + C_i$，等效电阻 $R_0 = \dfrac{R_a R_i}{R_a + R_i}$，而压电材料在发生压电效应后所产生的电荷会慢慢漏掉，因此电荷 q 不仅要给电容 C 充电，还要通过等效电阻 R_0 来漏掉一部分，则传感器在外力 F 的作用下生成的电荷 q 为

$$q = Ce + \int i \mathrm{d}t \tag{6.67}$$

式中，e 为接上负载后传感器的输出电压，即 $e = R_0 i$；i 为泄漏产生的电流。前面提到，电荷大小还与外力成正比，因此有

$$q = DF = DF_0 \sin(\omega t) \tag{6.68}$$

式中，F_0 为外力的幅值；ω 为其频率。

由于 F 与 q 成正比，因此还可以将电荷 q 写成

$$q = q_0 \sin(\omega t) \tag{6.69}$$

联立式（6.67）与式（6.69），并将 $e = R_0 i$ 代入其中，忽略过渡过程，其稳态解为

$$i = \frac{\omega q_0}{\sqrt{1 + (\omega C R_0)^2}} \sin(\omega t + \varphi) \tag{6.70}$$

$$\varphi = \arctan \frac{1}{\omega C R_0} \tag{6.71}$$

则输出电压为

$$e = \frac{D}{C} \frac{1}{\sqrt{1 + \left(\dfrac{1}{\omega C R_0}\right)^2}} F_0 \sin(\omega t + \varphi) \tag{6.72}$$

由式（6.72）可以看出，只有当被测信号 F 的频率 ω 很高的时候，即 $\omega \gg \dfrac{1}{C R_0}$，输出电压才会与其无关，才能做到不失真测量，则式（6.72）可以写成

$$e = \frac{D F_0}{C} \sin(\omega t + \varphi) \tag{6.73}$$

除此之外，从不失真测试的条件来看，当被测信号 F 的频率不高时（注意只是相对不高），为了能够做到不失真测试，只有让传感器后续所接的测试电路有高输入阻抗，这样也能满足不失真测试的条件。但是当测静态信号或者信号的频率非常低时，只能不断提高输入阻抗，但又不可能增大很多，因此从原理上就决定了这类传感器不能用来测静态数值，只能用来测量数值的波动变化。

压电式传感器的输出理论上应为压电晶片表面上的电荷 q。然而，在实际测试中，常常采用等效电容 C 上的电压值作为压电式传感器的输出。因此，压电式传感器存在电荷和电压两种输出形式。相应地，其灵敏度也可以用电荷灵敏度或电压灵敏度来表示，两者之间的关系为

$$S_q = C S_e = (C_a + C_c + C_i) S_e \tag{6.74}$$

$$S_e = \frac{S_q}{C} = \frac{S_q}{C_a + C_c + C_i} \tag{6.75}$$

式中，S_e 为电压灵敏度；S_q 为电荷灵敏度。

电荷灵敏度 S_q 是受压电式传感器的结构以及其压电材料影响的，而电压灵敏度除了这些影响外，还与所用的电缆长度有关。

（2）电压放大器

当用作电压输出的时候，由于传感器本身输入的内阻抗很高，而输出的阻抗又很小，因此其测量电路需要接入一个高输入阻抗的电压放大器。图 6.58 为接入电压放大器后的等效电路图，由前面分析可知，原来的输出电压应为放大器的输入电压，即

$$e_i = \frac{q}{C_a + C_c + C_i} \tag{6.76}$$

系统的输出电压为

$$e_y = A_p \qquad e_i = \frac{q A_p}{C_a + C_c + C_i} \tag{6.77}$$

系统的灵敏度应为

$$S_e = \frac{D}{C_a + C_c + C_i} \tag{6.78}$$

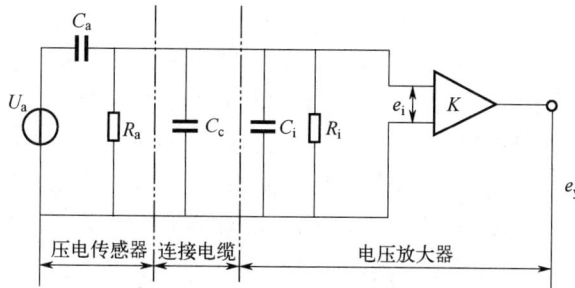

图 6.58　接入电压放大器后的等效电路图

　　从式（6.78）可以得知，增加测量回路的电容量会让传感器的灵敏度降低。为了解决这个问题，可以提高测量回路中的等效电阻。由前面可知，传感器本身的漏电阻（绝缘电阻）通常很高，因此想要提高测量回路的等效电阻，就要提高输入电阻，放大器的输入电阻越大，传感器的低频响应也就越好。除此之外，虽然电压放大器的电路简单且性价比好，但是电缆的长度不能过长，增加电缆长度会使传感器的电压灵敏度降低，且一旦电缆的长度、类型等确定后，不能用其他类型的电缆进行替代。因为一旦替换了电缆，则其灵敏度必然会与之前的不一样，会导致测量误差的产生，因此如果必须更换电缆的话，需要在更换后对其灵敏度进行校正，保证测量精度。

　　现在随着集成化的发展，已经有很多传感器内部已经集成了前置放大器，因此这种情况下的传感器电缆长度几乎可以忽略不计，大大提高了传感器的灵敏度和性能。

　　（3）电荷放大器

　　压电传感器连接电荷放大器的等效电路图如图 6.59 所示，电荷放大器克服了电压放大器受电缆长度影响的缺点，它本质上是一个高增益的且带有电容负反馈的运算放大器，将原来的电荷源换成电压源，内阻降低了，这时系统发出的输出为

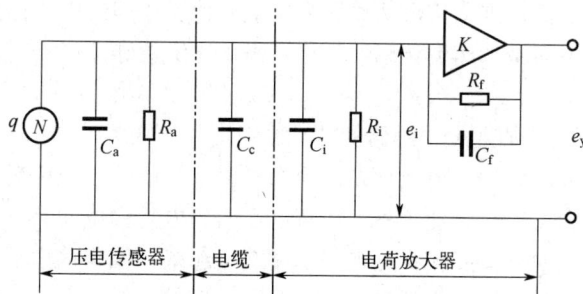

图 6.59　接入电荷放大器的等效电路图

$$e_y = \frac{-Kq}{C_a + C_c + C_i + (1+K)C_f} \tag{6.79}$$

式中，K 为放大器的开环增益系数；C_f 为放大器的反馈电容。

当开环增益系数 K 足够大时，即 $(1+K)C_f \gg C_a + C_c + C_i$，则输出的电压正比于输入电荷，即

$$e_y \approx -\frac{q}{C_f} \qquad\qquad (6.80)$$

由式（6.80）可知，这种放大器当开环增益系数足够大时，就可以忽略掉电缆长度对其精度的影响，因此在更换电缆后，可以不用校准传感器的灵敏度。

此外，在电荷放大器的实际电路中，反馈电容 C_f 的容量通常会做成可选择的，这其实是考虑到被测物理量的大小以及后级放大器不会因为输入信号过大而饱和，因此才需要将反馈电容 C_f 作为可调电容，其调节范围一般为 100～10000pF。调节 C_f 可以改变前置级输出的大小。此外，在直流状态下工作时，电容负反馈线路相当于开路状态，电缆噪声会对其产生较大的影响，同时，放大器的零漂也比较大。因此，为了减小这种影响，并进一步让放大器稳定工作，通常会在反馈电容 C_f 的两端并联一个很大的电阻 R（约 $10^{10} \sim 10^{14}\Omega$），其作用是提供直流反馈。

电荷放大器与电压放大器比较起来，电压放大器的电路简单且价格低廉，但是由于电缆长度对其的影响造成其不能进行远程测试，限制了它的应用场合。而电荷放大器由于放大器的输出电压只与传感器的电荷量以及反馈电容有关，与电缆电容无关，这就使得其可以进行远距离的调试，因此目前电荷放大器相对来说使用较多。

6.5.3 压电式传感器的应用

压电式传感器是一种可将物理量转化为电信号的传感器。压电效应是压电式传感器的主要工作原理，即当压电材料受到外力作用时，会产生电荷或电势差变化，实现对物理量的检测和测量。压电式传感器主要用于测量加速度、压力和力等。

（1）压电式加速度传感器

压电式加速度传感器是一种常用的加速度计。它具有结构简单、体积小、重量轻、使用寿命长等优异的特点。压电式加速度传感器在飞机、汽车、船舶、桥梁和建筑的振动和冲击测量中已经得到了广泛的应用，特别是航空和宇航领域中更有它的特殊地位。

压电式加速度传感器根据结构形式可分为压电元件受压缩时的压缩型加速度传感器和压电元件受剪切力时的剪切型加速度传感器。接下来以压缩型加速度传感器为例来简单讲一下其工作原理。

图 6.60 所示为压缩型加速度传感器的结构原理图和实物图，它由壳体、弹簧、质量块、压电元件以及基座组成。它的压电元件是由两个压电片组成的，组成后在其两个表面上镀上一层银，并焊接上输出引线。除此之外，还可以在两压电片的中间夹一个金属的薄片，将其中一根引线焊接在其上面，另一根则直接与基座连接起来，作为输出端。压电元件和输出端制作好后，在压电元件上放上一个质量块，质量块的材料一般为金属钨或者高密度钨合金，这些材料的特点是密度高，以求能够在质量确定的条件下尽可能地减小体积。需要注意的是，在装配传感器的时候，应当对压电元件施加一个预加力，这是为了消除该传感器各个元件在加工时由加工粗糙等因素而导致各个元件接触时不灵敏从而导致的非线性误差的问题，该预加的压缩力一般是由弹簧施加的，除了用弹簧施加以外，还可以用螺纹连接从而达到施加预加力的效果。当然需要注意的是，这种提前施加的压缩力应该远远大于在振动或冲击场合下

的最大动应力，这样当传感器向不同方向有加速度时就会使得压电元件上的力增大或减小，但是从原理上可以看出，这种加速度传感器只能测试试件在一个方向上的加速度。将弹簧安装完毕后，就将所有的元件安装在基座上，并装上壳体，而为了避免壳体或基座在测试时产生应变从而使得压电元件发生变形，通常需要选择刚度大的材料来制作基座和壳体。

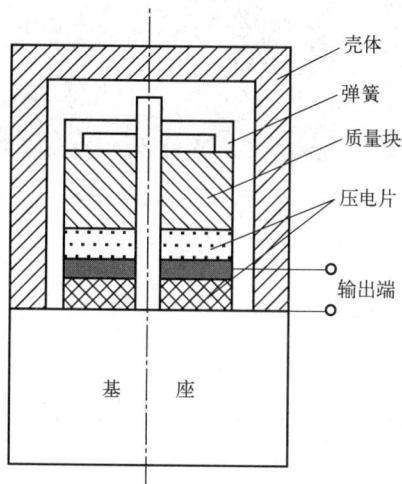

图 6.60 压缩型加速度传感器

在测量过程中，需要将传感器基座与试件进行刚性固定。当传感器收到加速度信号时，由于弹簧的刚度很大，而质量块的质量相对较小，因此可以将质量块的惯性视为很小，则质量块会感受到与试件相同的振动，并受到与加速度方向相反的惯性力的影响。质量块会在压电元件上产生一个正比于加速度的交变力，从而使压电元件通过压电效应在其两个表面上产生交变电荷（或电压）。当试件的振动频率远远小于传感器的固有频率时，传感器的输出电荷（或电压）与作用力成正比，也就是与试件的加速度成正比，经过电压放大器或电荷放大器放大后，即可测量出试件的加速度。

（2）压电式力传感器

压电式力传感器按照用途可分为单向力传感器、双向力传感器以及三向力传感器，而压电元件作为力与电之间的转换元件，其原理都大致相同，即当被测力通过壳体再传递到传感器内部的压电元件上时，由于压电效应会产生电荷，由前面可知电荷量 q 与被测力大小 F 成正比，再将这些电荷由导线引出并接入测量电路中，即可测得动态力的变化幅度。压电式力传感器适用于变化频率不太高的动态力的测量，测力范围可以达到几十千牛以上，非线性误差小于 1%，其固有频率可达数十千赫兹。在装配时需要注意的是，与压电式加速度传感器一样，要有足够的预加力，用以消除元件之间接触不良导致的非线性误差，使传感器工作在线性的状态。

压电式力传感器的应用范围十分广泛。工业自动化生产离不开压电式传感器，图 6.61 所示为压电式力传感器应用在电力控制系统中，图 6.62 所示为压电式力传感器应用于监控工业生产。20 世纪 90 年代前，我国对传感器的用量还不到世界市场量的 4%，但是随着我国对传统工业改造步伐的加快，进入后工业化时代，各种传感器的需求已日益增多。其中，压电式力传感器在各行业用传感器中占比超过 30%，在工业生产过程控制用传感器中占比超过 40%。

图 6.61 压电式力传感器应用在电力控制系统中

图 6.62 压电式力传感器应用于监控工业生产

本节习题

（1）为什么压电式传感器不能用于静态测量，只能用于动态测量中，而且是频率越高越好？

（2）什么是压电效应？试比较石英晶体和压电陶瓷的压电效应。

（3）结合所学知识，谈谈设计压电式传感器的检测电路的基本考虑点是什么，并说明其原因。

（4）为了提高压电式传感器的灵敏度，设计中常采用双晶片或多晶片组合，试说明其组合的方式和适用场合。

（5）原理上，压电式传感器不能用来测量静态物理量，但是在实际的应用中却可以用来测量准静态物理量，为什么？

（6）简述压电式传感器分别与电压放大器和电荷放大器相连时各自的特点，说明电压放大器与电荷放大器的优缺点，各自要解决什么问题。

6.6 视觉传感器

在现代科技的浪潮中，视觉传感器扮演着越来越重要的角色。它们通过模拟人眼的功能，捕捉图像信息，为自动化和智能系统提供了强大的视觉能力。从工业自动化到智能家居，再到自动驾驶车辆，视觉传感器的应用正不断拓展，其发展不仅提高了生产效率，也极大地增强了系统的智能化水平。本节将介绍视觉传感器的种类和基本原理。

6.6.1 生物视觉与机器视觉

所谓视觉，可以简单地理解为通过捕捉环境中的场景（包括其组成部分、空间布局及材质特性等）形成图像，以此一次性获取大量的场景信息。这些信息经由多层次的分析与处理后，能够帮助我们达成对场景的理解并有效传达出去。

（1）生物视觉

生物的视觉功能基于特定的生物组织和器官构建。当环境中的场景通过成像器官（即眼睛）形成图像时，视觉神经会感知到亮度的变化，并将其转化为神经信号，这些信号随后沿着视觉通路传递至中枢神经系统，也就是大脑。这一过程构成了完整的视觉通路。生物视觉系统不仅结构复杂，而且具备强大的功能与高度的智能化，是一种高效的信息处理系统。

（2）机器视觉

随着信息处理理论、电子设备以及计算机技术的发展，人类开始尝试利用摄像机来捕捉环境场景的图像，并将这些图像转换为计算机可处理的数字信号，这一过程被称为计算机视觉。为了更好地应用于工程技术领域，计算机视觉通常将视觉传感（即信息获取）、视觉信息处理、理解和认知等功能模块分开设计。这样做不仅简化了类似于生物视觉系统的复杂交互架构，也使得现有的计算机平台能够更便捷地实现这些功能。由此，计算机视觉在工程应用中催生了一个新的学科——机器视觉。

6.6.2　视觉传感器的分类

视觉传感器按照芯片的分类，可以分为 CCD 和 CMOS 两大类别，其实这两大类型的传感器是光电式传感器的一种，但是由于其在机器视觉中占据重要地位并发挥很大的作用，因此本小节将单独介绍它们的工作原理。光电式传感器在 6.7.1 小节有所介绍，感兴趣的读者可以提前去了解一下。

CCD 传感器利用的是内光电效应原理，它是一种高效的光检测设备，能够将接收到的光线转换成电信号。这种传感器的核心组成部分是众多的光敏单元，每个单元可以视为一个像素点，它们按照特定的尺寸和布局规则排列，形成线阵或面阵结构。这些光敏单元不仅负责捕捉光线，还具备电荷存储、传输以及最终信号输出的功能，从而实现图像信息的精准记录与处理。

CMOS 成像传感器与 CCD 传感器几乎是同期问世的，二者均使用硅作为基础材料，拥有相似的光谱响应特性和量子效率，且它们的感光单元及电荷储存能力也相仿。不过，由于结构设计和制造工艺的不同，这两种传感器的性能存在显著差异。CMOS 传感器集成了光敏二极管、MOS 场效应晶体管、MOS 放大器以及 MOS 开关电路于单一芯片上，适用于对成像品质要求不是特别高的应用场景。而 CCD 则需要驱动电路、接口电路、逻辑控制电路和模拟数字转换电路等外部配置。相较之下，CCD 具备更优的图像质量与适应性，因此广泛应用于高端市场。然而，随着 CMOS 技术的迅速进步，两者之间的性能差异正在逐渐缩小。

根据其结构和使用场景的不同，CCD 传感器可以分为多种类型。以下是几种常见的 CCD 传感器分类。

（1）面阵 CCD

帧转移性 CCD（Frame Transfer CCD）：这种类型的 CCD 有一个额外的存储区域，用于暂时保存图像数据，以便在读取期间不会干扰新图像的捕获。它的结构包括一个光敏区域和一个存储区域，这两个区域在物理上是分开的。

行间转移性 CCD（Interline Transfer CCD）：这种 CCD 的设计使得每个像素旁边都有一个快速转移通道，可以直接将电荷转移到读出寄存器中。这种方式允许快速清除非选定行的电荷，减少了拖影现象，适合高速拍摄场景。

帧行间转移性 CCD（Frame Interline Transfer CCD）：结合了帧转移性和行间转移性的特点，旨在提供更好的图像质量和更少的拖影。

（2）线阵 CCD

这种 CCD 通常只有一排像素，适用于扫描式图像捕捉，如文档扫描仪，具体还可分为单沟道线阵 CCD 与双沟道线阵 CCD，它们可以逐行扫描图像，适用于需要高分辨率的静态图像捕捉。

（3）三线传感器 CCD

在这种设计中，有三排平行的像素，每排分别对应红色、绿色和蓝色滤波器，从而实现彩色图像的捕捉。这种传感器常用于要求高分辨率和高质量色彩再现的专业级相机。

（4）全幅面 CCD（Full Frame CCD）

全幅面 CCD 中的每个像素都参与到光电信号的收集和传输中。在图像捕捉完成后，所有像素的电荷会被逐行转移到一个水平移位寄存器中，然后逐个像素地读出。这种方法可以提供优秀的图像质量和低噪声，但读出速度较慢。

每种类型的 CCD 传感器都有其独特的优点和局限性，选择哪种类型的 CCD 取决于具体的应用需求，比如所需的图像质量、分辨率、成本预算以及是否需要高速度拍摄等。

6.6.3 CCD 传感器的工作原理

CCD 传感器的最基本单元是 MOS 电容器，其结构如图 6.63 所示，在 P 型硅基底上，首先通过热氧化工艺生成一层二氧化硅（SiO$_2$），接着在这层二氧化硅上沉积一层金属作为电极（即栅极），这样就构成了一个独立的金属-氧化物-半导体（MOS）电容器。当光线照射到这个 MOS 光敏单元时，在栅极附近的硅层中会产生电子-空穴对。由于栅极电压 U_G 所形成的电场，多数载流子（在这种情况下为空穴）会被排斥，而少数载流子（即电子）则会在电场的作用下被吸引并聚集，从而形成光生电荷，则 MOS 电容器存储信号电荷的容量为

$$Q = C_{OX} U_G A \tag{6.81}$$

式中，C_{OX} 为 MOS 电容容量；U_G 为栅极的正偏压；A 为栅极电极的面积。

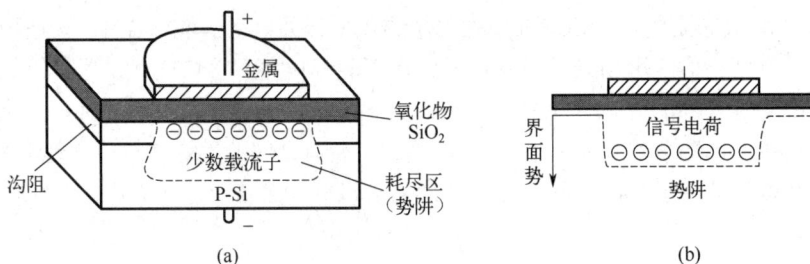

图 6.63 MOS 电容器与电荷存储

由 MOS 组成的 CCD 传感器，其工作原理流程如下。

① 电荷存储。光敏元件储存由光照产生的电荷的能力与施加在栅极上的正向阶跃电压 U_G 密切相关。当没有施加电压 U_G 时，P 型 Si 中的空穴分布是均匀的；一旦施加了电压 U_G，就会排斥空穴并形成耗尽区域。随着电压 U_G 的增加，这个耗尽区域会进一步向半导体内部

扩展。当电压 U_G 超过阈值电压 U_{th} 时，氧化层对 P 型 Si 体内产生的电势（即界面电势 φ_S）变得足够强，从而形成一个稳定的耗尽区。在这种情况下，由光照产生的电子会被耗尽区捕获，如图 6.63（b）所示。

② 电荷转移。当多个 MOS 光敏元件以 1～3μm 的间隔依次相邻排列时，每个元件形成的耗尽区可以与其他元件的耗尽区相互作用，导致光生电子所在的势阱之间出现耦合现象，即所谓的势阱"耦合"。这种耦合使得电子能够在不同的势阱之间移动。图 6.64（a）展示了 CCD（电荷耦合器件）的基本结构原理，其中三个相邻的栅极分别受到时钟脉冲 $\varPhi_1$、$\varPhi_2$ 和 $\varPhi_3$ 的作用。这三个相位的时钟（驱动）脉冲的时序波形如图 6.64（b）所示。通过这些时序脉冲的控制，光生电荷可以在栅极下方沿着半导体表面按照特定的方向逐个单元地转移，这一过程如图 6.64（c）所示。这样，通过精确控制驱动脉冲的时序，可以有效地实现电荷的有序移动，这是 CCD 工作原理的关键部分。

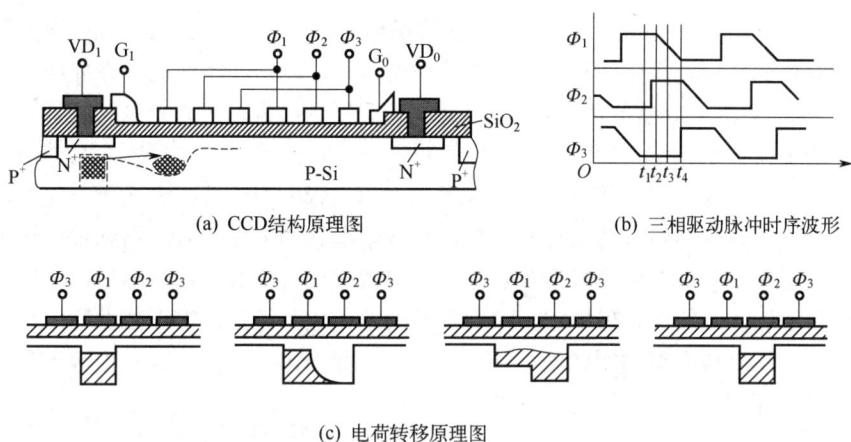

(a) CCD结构原理图　　　　　　　(b) 三相驱动脉冲时序波形

(c) 电荷转移原理图

图 6.64　CCD 的基本结构原理

③ 电荷注入。电荷注入分为光注入和电注入两种。

光注入技术包括三种主要方式：正面照射、背面照射以及微孔直射。在正面照射方法中，光子透过栅极下方的透明绝缘材料到达耗尽区域；背面照射是光线穿透基底材料直接到达耗尽区；对于微孔直射，则是在光敏感单元中心电极位置打制一个小孔，使得光线能够直接照射至硅片表面。由于 CCD 传感器正面存在大量的栅电极，这些电极会对光线产生反射与散射现象，导致正面照射下的光谱灵敏度低于背面照射，因此背面照射通常被认为是一种更优的选择。

电注入过程涉及一种特殊的二极管 VD_1，它由 N^+ 扩散区和 P 型基底组成，位于图 6.64（a）的左侧。CCD 的输入栅极 G_1 被施加一个适当的正向偏置电压以维持开启状态，并作为基准电压。当输入的模拟信号加载到 VD_1 上，$\varPhi_1$ 维持在一个较高的电平时，通过 PN 结向基底注入的电子会被吸引至 $\varPhi_1$ 势阱内。简而言之，电注入是指 CCD 利用其输入部分 VD_1-G_1 对输入的模拟信号进行取样，并将该信号转化为相应的电荷量，最终注入响应势阱 $\varPhi_1$ 中完成信号的转换。

④ 电荷转出。CCD 通常以电流形式输出电荷信号。如图 6.64（a）右侧所示，当 $\varPhi_3$ 电压从高电平转变为低电平时，信号电荷会通过施加了固定电压的输出栅极 G_0，流入位于反向

偏置二极管 VD_0 的 N^+ 区域。由基底 P 型材料和 N^+ 区以及外部电源构成一个二极管反偏电路，为信号电荷提供了一个深度势阱。信号电荷一旦进入这个反偏二极管 VD_0，就会产生与电荷量直接相关的电流 I_d，该电流的大小与注入的信号电荷的大小 Q_S 成正比关系。

6.6.4　CMOS 传感器的工作原理

CMOS 传感器的核心是由许多微小的像素单元组成的阵列。每个像素单元通常包含以下几个关键部分。

光电二极管：光电二极管是感光元件，负责将入射光转换成电荷。光电二极管在没有光照的情况下是反向偏置的，这意味着它不会导通。当有光照射时，光电二极管会产生自由电子，这些电子会累积起来形成电荷。

晶体管：每个像素单元至少有一个晶体管，用于控制读取光电二极管产生的电荷。常见的配置包括源跟随器（Source Follower）和复位晶体管（Reset Transistor）。源跟随器用于放大信号，而复位晶体管则用于清除光电二极管中的电荷，以便开始新的曝光周期。

当 CMOS 传感器开始曝光时，复位晶体管关闭，每个像素单元的光电二极管开始积累由入射光产生的电荷；曝光结束后，复位晶体管重新开启，清除光电二极管中的剩余电荷，准备下一次曝光。接下来，源跟随器晶体管放大光电二极管中的电荷，形成一个与电荷量成比例的电压信号，行选择晶体管依次打开，将每个像素单元的电压信号读出到垂直读出线。这些读出的模拟电压信号被送到模数转换器，转换成数字信号。数字信号随后被传送到图像处理器（ISP），进行各种图像处理操作，如白平衡调整、色彩校正、噪声减少等。经过处理的数字图像数据被组合成完整的图像帧，并通过接口（如 MIPI、USB 等）传输到存储设备或显示设备，最终形成用户可以看到的图像。

6.6.5　视觉传感器的应用

图 6.65 展示了一个典型的机器人视觉传感器应用场景。在此场景中，两个光源分别从不同的角度照射出两束光线至传送带上，这两束光线事先已经校准，确保它们在传送带上恰好交会于一点。因此，在传送带上没有物品的情况下，这两束光线看起来就像是合并成了一条连续的线。工作时，系统会自动控制传送带移动物体，而操作员则以任意的位置将物件放置于正在运行的传送带上。随着物件沿着传送带移动至光线交汇点，原本合并的光线会被物体分开形成两道独立的光线，这两道光线之间的距离与物件的高度呈正相关。基于对捕捉到的图像进行的分析和处理，视觉传感系统能够识别物件的类别、具体位置及其方向，并将这些数据传输给机器人的控制单元，使得机器人能够精确地追踪并拾取物件。

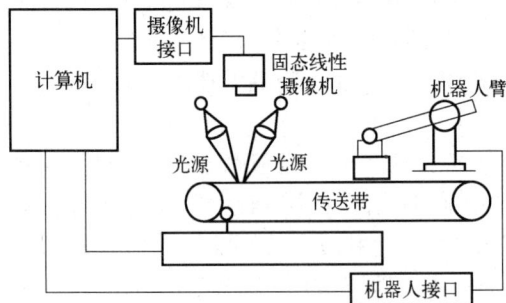

图 6.65　视觉传感器的应用

📝 **本节习题**

（1）结合生活常识，谈谈机器视觉在生活中的具体应用。
（2）视觉传感器按照芯片的分类可分为哪几类？具体有什么异同点？
（3）CCD 传感器的工作流程是什么样的？
（4）请写出 CCD 视觉传感器的分类有哪些，并列举其中一个类型的具体应用。

6.7 其他类型的传感器

除了上述几类基本型的传感器之外，还有许多生活中常用到的传感器，接下来对这些传感器的原理等进行简单的介绍。

6.7.1 光电式传感器

光电式传感器在生活中有许多应用，比如一些小区内，楼道的灯的内部就安装了这类传感器，它是一种将光控和声控结合的传感器。在白天的光线充足时，光控开关为开路，无论外界有多大的声音，灯都不会打开，而到了傍晚，光控开关闭合，当有声音发出时，声控开关闭合，灯就会亮。

光电式传感器是以光电元件为检测元件的传感器，它先将被测物理量的变化转换为光量的变化，然后再通过光电器件的作用把光量的变化转化为电量的变化。该传感器的物理基础为光电效应，光电效应指的是物体在吸收光能后转换为该物体中某些电子的能量，从而使得物体发射出电子或者导致电导率变化以及产生光电动势，而光电效应分为外光电效应和内光电效应。

（1）外光电效应

当某种物体在受到光线照射后，其电子获得光子的能量后而从物体的表面发射出来，这种现象称为外光电效应，而发射出来的电子称为光电子。光电管和光电倍增管就是基于此效应而研发出来的光电器件，该效应满足爱因斯坦光电效应方程：

$$hv = A_0 + \frac{1}{2}mV_0^2 \qquad (6.82)$$

式中，A_0 为电子逸出物体表面所需的功；v 为光的频率；h 为普朗克常数；m 为电子的质量；V_0 为电子逸出时的初速度。

① 光电管。光电管的结构如图 6.66（a）所示，它是一个装有两个电极的真空玻璃泡，其中一个为光电阴极，另外一个为阳极。有的阴极贴附在玻璃泡的内壁上，有的是涂在半圆筒形的金属片上，但其都是对光敏感的那一侧是向内的。阳极则一般装在玻璃泡的球心位置，为单根或者环状的金属丝。

当阴极受到波长适当的光线照射时，由于外光电效应，阴极会向外发射出电子，电子又会被阳极所吸引，因此光电管内部就有了电子流，在外电路中则产生了电流。

② 光电倍增管。如果入射光照度非常小的话，光电管产生的电流就非常小，信噪比低。

为了克服上述缺点，设计了光电倍增管，其结构如图 6.66（b）所示。在光电管的基础上，玻璃管内还增加了很多的光电倍增极，这些倍增极在电子的轰击下能发射出更多的电子，在此过程中，光电流是逐级递增的，一直到阳极会形成较大的电流，因此灵敏度非常高。

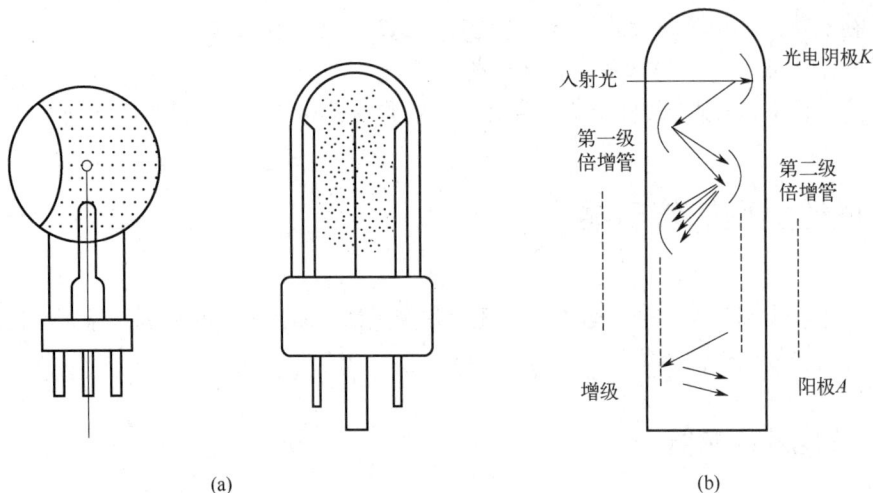

图 **6.66** 光电管与光电倍增管结构

（2）内光电效应

物体（通常为半导体）在光线作用下，电阻率发生变换或有电动势产生的现象即为内光电效应，其可分为光电导效应和光生伏打效应。

光电导效应是指某些材料在被光照射到时，会生成电子-空穴对，从而造成材料的电导率增加、电阻值减小，基于该类效应的光电元件有光敏电阻等。

光生伏打效应是指半导体材料的 PN 节在受到光照射时产生电动势的现象，基于该类效应的光电效应有太阳能电池、光敏二极管等。

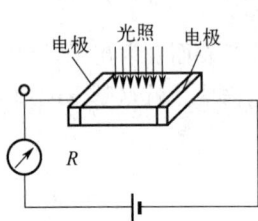

图 **6.67** 光敏电阻

① 光敏电阻。光敏电阻又称光导管，工作原理如图 6.67 所示，当没有光照时，其暗电阻很大，电路中的暗电流非常小；有光照时，其亮电阻很小，电路中的亮电流会急剧增大。其暗电阻的值越大、亮电阻的值越小，它的灵敏度就越大。

② 光敏二极管与光电池。光敏二极管也可以叫作光电二极管，它的结构与一般的二极管类似，其敏感元件是一个 PN 结，该 PN 结具有光敏特性，其原理则是 PN 结的光生伏打效应，当 PN 结受到光照时，其吸收光能，从而产生电动势。

如图 6.68 所示，将 PN 结封装在一个金属管壳内，光透过管壳顶部的透光玻璃直接照射在 PN 结上。在电路中，PN 结通常处于反向工作状态。在没有光照射时，光敏二极管的反向电阻大，暗电流很小，处于截止状态。当光照射在 PN 结上时，会产生电子-空穴对，使电子的浓度增加，因此光电流也增加，光的强度越大，产生的光电流也就越大，且由于无光照时的反偏电流小，为纳安数量级，因此光照时的反向电流基本与光强成正比，随着入射光照度的变化，光敏二极管通过外电路将光信号转换为电信号输出。

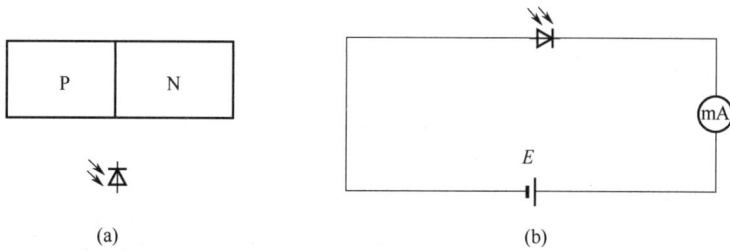

图 6.68 光敏二极管工作原理

光电池像电池一样能够给外电路提供能量，它的原理是当 PN 结的两端没有施加电压时，PN 结内部存在着由 N 区指向 P 区的结电场，如图 6.69 所示。而当受到光照时，其由于光生伏打效应所产生的电子-空穴对在电场中受到电场力，其电子会向 N 区移动并积累，空穴则向 P 区移动并积累，导致 PN 结的电位发生变化，从而产生电动势，若用导线将其连接起来，则会产生由 P 区流向 N 区的电流，其产生的电流电压的测量方法如图 6.69 所示。光电池的种类根据半导体材料的种类可分为硒光电池、砷化镓光电池、硅光电池，其中硅光电池由于成本低等优点，作为能量转化时最为常用。

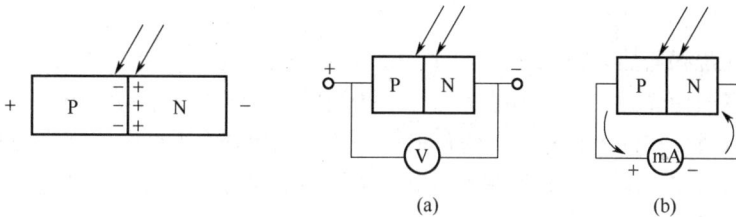

图 6.69 光电池原理及其测量方法

6.7.2 光纤式传感器

光纤式传感器与寻常的机电转换式传感器有所不同，它将被测物理量转换成可检测的光学信号，以光学测量为基础，从而进行测量。光作为一种电磁波，可像无线电波一样作为信息载体来传播信息，光在光纤中的能量衰减小、速度快、安全性也高，且光纤还可以在各种恶劣的环境中工作，因此光纤式传感器在各个领域都有所应用。

（1）光纤的结构

光纤是由玻璃、石英等透射率高的材料拉制而成的极细的纤维，直径为 $\phi 4 \sim 10 \mu m$，一般为圆柱形的结构，最内层为纤芯，纤芯由包层包裹，一般来说包层的材料是玻璃或塑料。但是需要注意的是，纤芯的折射率必须高于包层材料的折射率，包层最外面涂有保护层，用来增强光纤的强度，同时其折射率必须远远大于包层，防止光在光纤中传播时能量泄漏，其结构和实物如图 6.70 所示。

（2）光纤的导光原理

我们高中物理所学的光的全反射为光纤的导光原理，

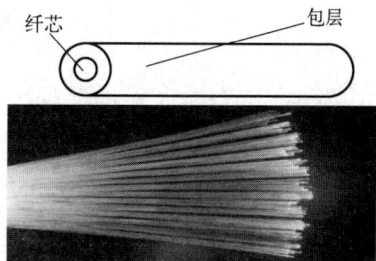

图 6.70 光纤

即当光线从折射率较高的材料射向折射率较低的材料（即从光密材料射入光疏材料），并且满足入射角大于临界角这个条件时，即

$$\sin \alpha > \frac{n_2}{n_1} \qquad (6.83)$$

式中，α 为入射角；n_1 为光密物质的折射率；n_2 为光疏材料的折射率。

此时会在两种物质的交界面上发生全反射现象，这也是为什么要求纤芯的折射率必须高于包层材料的折射率，如图 6.71 所示，除去正常的能量损耗外，光在光纤内部呈现"之"字形传播。

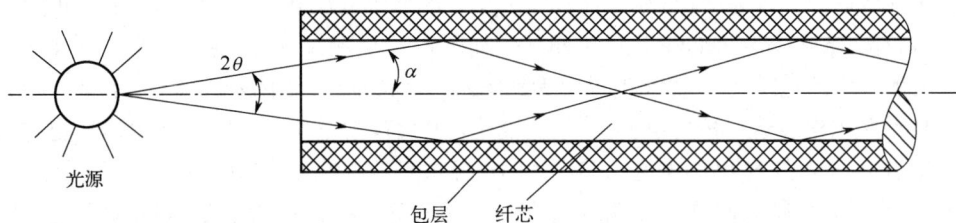

图 6.71 光在光纤中的传播

（3）光纤式传感器的工作原理

光纤式传感器由光源、光纤、敏感元件、探测器、信号调理电路组成，其工作原理如图 6.72 所示。光源所发出的光经过光纤的传播后，传入光调制器中，光调制器对光的某一特性进行调制处理后再将信号耦合输入探测器中，转换为电信号，最后电路对电信号进行解调后测得所需的物理量。

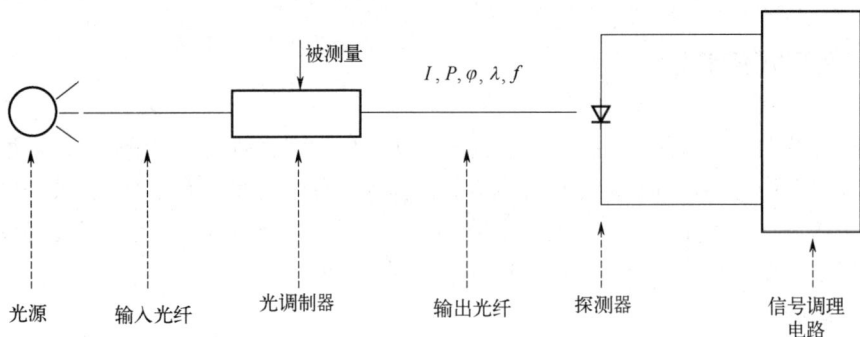

图 6.72 光纤式传感器工作原理

其中，敏感元件（光调制器）既可以是光纤，也可以是其他光敏元件，因此光纤式传感器又可分为传感型（物理型）和传光型光纤式传感器。传感型光纤式传感器利用对外界环境变化敏感的光纤，将传输和感知合二为一。光纤不仅传输光线，还作为敏感元件，通过改变光束的基本参数（如光强、相位、偏振、频率等），反映被测物理量（如力、压力、温度等）的变化。光信号经光敏二极管等光电器件检测，最终被光接收器接收并转换为光强度和相位的变化信号，经信号处理后得到被测物理量。这种特性使得光纤式传感器能够应用于力、压

力、温度等物理参数的测量。而传光型光纤式传感器则仅仅只有传光的作用。

6.7.3　热电式传感器

热电式传感器基于其敏感元件的电磁特性随温度波动的原理，用于监测温度及其相关参数。当温度变动引起电阻变化时，此类传感器被称为热电阻传感器；而当温度差引起热电动势变化时，则形成了热电偶传感器。这两类设备已在工业制造及科研领域内普遍应用，市场上提供了标准化的仪器，便于用户进行温度测量与数据记录。本节将分别对这两种传感器的原理及其应用进行介绍。

（1）热电阻传感器

1）热电阻材料及其特性

需要用来测温度的材料，首先需要具备高温度系数、高电阻率的特点，满足这个条件后，与其他材料相比其反应速度快、灵敏度高、体积小；除此之外，还需要其物理化学性能稳定，从而保证测量准确性；最后，需要保证其输出的特性尽量为线性特性，减小非线性误差。通常用作热电阻材料的金属有铂、铜、镍、铁等。

尽管铁和镍具有较高的温度系数和电阻率，理论上优于铂和铜，但它们由于纯化难度大以及温度-电阻关系的显著非线性，在实际应用中受到了限制。因此，在热电阻传感器中，铂和铜仍然是最常用的材料，以其优异的稳定性和线性响应占据主导地位。

① 铂的特性。铂因其易于提纯、在高温和氧化性环境中化学性质和物理性能稳定而备受青睐，且其电阻的输出与输入关系近似线性，这使得其测量精度非常高，其电阻阻值与温度之间的关系用下式表示：

0～660℃温度范围：
$$R_t = R_0(1 + At + Bt^2) \tag{6.84}$$

–190～0℃温度范围：
$$R_t = R_0[1 + At + Bt^2 + C(t-100)t^3] \tag{6.85}$$

式中，R_0、R_t 分别代表铂电阻在 0℃和 t ℃时的电阻值；A、B、C 为常数，$A = 3.96847 \times 10^{-3}$ /℃，$B = -5.847 \times 10^{-7}$ /℃，$C = -5.847 \times 10^{-12}$ /℃。铂制成的温度计常用于需要高精度测量温度的场合，但是由于其为贵金属，因此在普通场合下还是采用铜作为热敏电阻。

② 铜的特性。铜相比起铂，更容易提纯，且在 $-50 \sim 150$℃的范围内，其输出特性接近线性，价格便宜，被广泛用于各种场合。其电阻阻值与温度之间的关系为

$$R_t = R_0(1 + At + Bt^2 + Ct^3) \tag{6.86}$$

式中，$A = 4.28899 \times 10^{-3}$ /℃，$B = -2.133 \times 10^{-7}$ /℃，$C = 1.233 \times 10^{-9}$ /℃。

尽管铜在 $-50 \sim 150$℃范围内有不错的性能，但是当温度高于 100℃时，它容易被氧化，因此适用于低于 100℃的场合。

2）热敏电阻

① 热敏电阻的分类及其特点。热敏电阻器是一种利用半导体材料制成的温度敏感元件。它们可以根据物理特性被分为三个主要类别：a. 负温度系数（NTC）热敏电阻；b. 正温度系数（PTC）热敏电阻；c. 临界温度系数（CTR）热敏电阻。考虑到负温度系数热敏电阻的广泛应用，下面将主要介绍这一类型。

NTC 热敏电阻是一种由多种氧化物复合烧结而成的材料。它通常用于测量 $-100 \sim 300$℃的温度范围。与热电阻相比，NTC 热敏电阻具有以下显著特点：a. 具有较大的电阻温度系数

和高灵敏度，大约是热电阻的 10 倍；b. 结构简单，体积小巧，能够测量局部温度；c. 电阻率高，热惯性小，适合动态测量；d. 易于维护，便于远程控制；e. 制造过程简单，使用寿命长。然而，NTC 热敏电阻也存在一些局限性，例如较差的互换性以及较为严重的非线性特性。

② NTC 电阻的特性。图 6.73 所示为 NTC 热敏电阻的 *R-T* 曲线，其经验公式为

$$R_T = Ae^{\frac{B}{T}} \tag{6.87}$$

式中，R_T 为温度为 T 时的电阻值；A 为常数，通常与材料及其尺寸相关；B 为热敏电阻常数。

如果已知在 T_1 时的电阻为 R_{T_1}，在 T_2 时的电阻为 R_{T_2}，则 A、B 的值可求得

$$A = R_{T_1} e^{\frac{B}{-T_1}} \tag{6.88}$$

$$B = \frac{T_1 T_2}{T_2 - T_1} \ln \frac{R_{T_1}}{R_{T_2}} \tag{6.89}$$

图 6.73 展示了热敏电阻的伏安特性曲线。从图中可以看到，当通过热敏电阻的电流较小时，曲线接近直线，符合欧姆定律。随着电流的增加，热敏电阻的温度显著升高，由于其负温度系数的特性，电阻值降低，导致电压上升速度减缓，从而表现出非线性特性。如果电流继续增大，热敏电阻的温度会进一步升高，电阻值的下降幅度超过了电流的增加速度，这导致出现电压随着电流的增加而降低的现象。

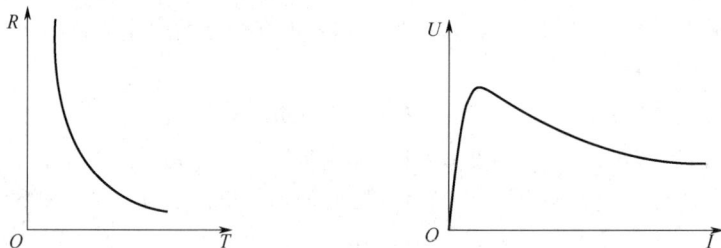

图 6.73 热敏电阻伏安特性曲线

热敏电阻的显著非线性特性是实现温度测量扩展和提高精度时需要克服的关键难题。解决这一问题的方法是将具有较小温度系数的金属电阻与热敏电阻进行串联或并联，这样做可以使热敏电阻在一定的温度范围内表现出接近线性的特性，有效地减轻热敏电阻的非线性影响，从而在更宽的温度范围内实现更精确的温度测量。

3）现代热敏电阻

① 近期开发的玻璃封装热敏电阻因其优异的耐热性、可靠性和频率响应特性而受到关注。图 6.74 提供了这种热敏电阻结构的示意图。它非常适合用作高性能温度传感器的关键组件。当温度从 125℃升高至 300℃时，其响应时间从 30s 缩短至 6s，工作稳定性也从±5%提高到±3%。

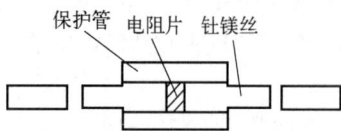

图 6.74 玻璃封装热敏电阻结构示意图

② 氧化物热敏电阻通常具有较高的灵敏度，但它们仅能在不超过 300℃的环境中工作。最近，通过使用卤化物和氢还原技术制造的硼热敏电阻，即使在 700℃的高温下，也

能保持所需的灵敏度、互换性和稳定性，适用于测量液体的流速、压力和成分等参数。

③　负温度系数热敏电阻的非线性特性一直是其应用中的一个难题。然而，最近研发的 $CdO-Sb_2O_3-WO_3$ 和 $CdO-SnO_2-WO_3$ 两种热敏电阻，在 $100 \sim 300℃$ 的温度范围内，其特性曲线表现出良好的线性关系，有效解决了传统负温度系数热敏电阻的非线性问题。

（2）热电偶传感器

热电偶作为一种广泛使用的接触式温度传感器，以其简便的结构、易于生产、广泛的测量范围、较小的热响应时间和高精度，以及易于远程传输的输出信号而著称。

1）热电效应

如图 6.75 所示，将两种不同材质的导体 A 和 B 连接形成闭合电路，当两个连接点（1）和（2）处于不同温度时，会在电路中产生热电动势，进而形成电流，这一现象即为热电效应。热电动势主要由两部分构成：接触电势（珀尔帖电势）和温差电势（汤姆逊电势）。

当两种不同导体接触时，因自由电子密度差异导致电子迁移，使得一个导体带正电位，另一个导体带负电位。当电子迁移达到平衡后，在接触点形成的电势被称为接触电势，它的大小不仅取决于导体的类型，还与接触点的温度有关，其计算公式为

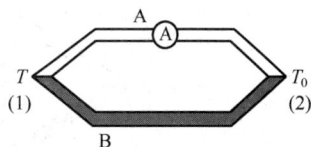

图 6.75　不同材质的导体 A、B 连接

$$E_{AB}(T) = \frac{kT}{e} \ln \frac{N_A}{N_B} \tag{6.90}$$

式中，$E_{AB}(T)$ 为两种金属 A、B 在温度 T 时的接触电势，$k = 1.38 \times 10^{-23} J/K$，$e = 1.6 \times 10^{-19} J/K$ 为电子电荷；N_A、N_B 为金属 A、B 的自由电子密度；T 为节点处的绝对温度。

对于单一金属，如果两端的温度存在差异，则温度较高端的自由电子会向温度较低的一端迁移，导致金属两端出现电位差，从而形成温差电势。温差电势的大小取决于金属材料的特性及其两端之间的温差。可以表示为

$$E_A(T, T_0) = \int_{T_0}^{T} \sigma_A dT \tag{6.91}$$

式中，$E_A(T, T_0)$ 为金属两端温度分别为 T 和 T_0 时的温差电势；σ_A 为温差系数；T 与 T_0 为高低端的绝对温度。

那么对于图 6.75 的两种导体构成的闭合回路，它们总的温差电势应该为

$$E_A(T, T_0) - E_B(T, T_0) = \int_{T_0}^{T} (\sigma_A - \sigma_B) dT \tag{6.92}$$

因此回路总热电势应该为

$$E_{AB}(T, T_0) = E_{AB}(T) - E_{AB}(T_0) + \int_{T_0}^{T} (\sigma_A - \sigma_B) dT \tag{6.93}$$

因此，可以得出如下的结论：

①　当热电偶的两个电极采用相同的材料（即 $N_A = N_B$，$\sigma_A = \sigma_B$）时，即使两端存在温差，整个闭合回路中的总热电动势仍然为零。因此，为了产生热电动势，热电偶必须使用两种不同的材料作为电极。

②　如果热电偶的两个电极材料不同，但是热电偶两端的温度相等（即 $T = T_0$），在这种情况下，闭合回路中同样不会产生热电动势。

该热点效应还遵循如下工作定律：

① 中间导体定律：对于由 A、B 两个不同材料导体组成的热电偶，若引入第三个导体，如图 6.76 所示，只要保持它两端的温度一致，则对整个回路没有影响。

② 连接导体定律与中间温度定律：在热电偶电路中，若两个导体 A、B 分别与连接导线 A'、B'相连，节点温度为 T、T_n、T_0，如图 6.77 所示，则连接导线定律可表示为

$$E_{ABB'A'}(T, T_n, T_0) = E_{AB}(T, T_n) + E_{A'B'}(T_n, T_0) \tag{6.94}$$

即闭合回路中的总热电动势等于热电偶产生的热电动势 $E_{AB}(T, T_n)$ 与连接导线产生的热电动势 $E_{A'B'}(T_n, T_0)$ 的代数和。这一定律是工业上广泛使用补偿导线来进行温度测量的基础理论。

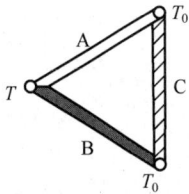

图 6.76　中间导体定律　　　　　图 6.77　连接导线定律

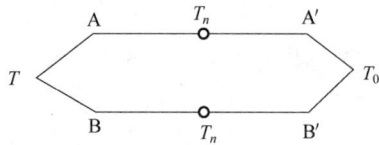

中间温度定律的表达式为

$$E_{AB}(T, T_n, T_0) = E_{AB}(T, T_n) + E_{AB}(T, T_0) \tag{6.95}$$

即闭合回路中的总热电动势等于 $E_{AB}(T, T_n)$ 与 $E_{AB}(T, T_0)$ 的代数和。这里 T_n 被称为中间温度。中间温度定律为建立分度表提供了理论依据，只要获得了参考端温度为 0℃时的热电动势与温度的关系，就可以利用该式计算出当参考端温度不为 0℃时的热电动势。

2）热电偶

热电偶材料分为标准化热电偶和非标准化热电偶。标准化热电偶指的是国家已经确定其型号，批量生产的热电偶；非标准化热电偶指的是针对某个特殊用途，特殊定制的热电偶，比如钨铼系、铱铑系、镍铬-金铁、镍钴-镍铝和双铂钼等热电偶。

热电偶的分类如下：

① 普通热电偶。这种热电偶最为常见，常应用于工业领域中，它由热电极、绝缘套管、保护套管、接线、反接线盒盖等组成。这类热电偶的主要用途为测量气液等介质的温度，并且已经标准化，还可以根据具体的使用场景来选择不同测温性能的热电偶。

② 铠装热电偶。图 6.78 展示了铠装热电偶的结构示意图，根据其测量端的设计，可以分为碰底型［图（a）］、不碰底型［图（b）］、露头型［图（c）］和帽型［图（d）］等类型。铠装热电偶也称为缆式热电偶，主要具有以下特点：动态响应迅速，测量端的热容较小，具备良好的柔韧性和高强度，种类丰富（可以制作成双芯、单芯及四芯等多种形式）。

③ 薄膜热电偶。薄膜热电偶的结构可以分为片状和针状等类型。图 6.79 是片状薄膜热电偶的结构示意图。薄膜热电偶的特点包括：很小的热容，快速的动态响应能力，适用于测量小面积区域以及瞬态温度变化。

④ 表面热电偶。表面热电偶分为永久性安装和非永久性安装两类。这类热电偶主要用于测量金属块、炉壁等固体表面的温度。

⑤ 浸入式热电偶。浸入式热电偶主要用于测量熔融金属合金液的温度。与其他类型的热

电偶相比，其主要优势在于可以直接插入液态金属中进行温度测量。

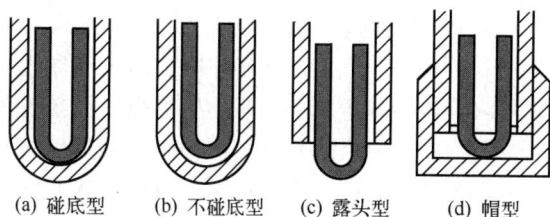

(a) 碰底型　(b) 不碰底型　(c) 露头型　(d) 帽型

图 6.78 铠装热电偶

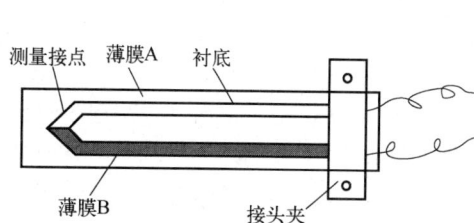

图 6.79 薄膜热电偶

⑥ 特殊热电偶。特殊热电偶指的是专门针对某个场景所设计的热电偶，如专门用来测量火箭发射时其表面温度分布及其温度梯度的一次性热电偶。

⑦ 热电堆。它是由多对热电偶串联组成的装置，其输出的热电动势与被测物体温度的四次方成正比。这种薄膜热电堆通常设计成线形或梳形结构，用于辐射温度计实现非接触式的温度测量。

3）热电偶的温度补偿

热电偶产生的电势与其两端的温度差直接相关。为确保电势仅受待测温度的影响，通常将 T 定义为待测温度端，而 T_0 作为固定的冷端。理想状态下，T_0 应保持在 0℃，但实际应用中很难达到这一标准，这就涉及热电偶冷端温度补偿的问题。

① 0℃恒温法：在标准大气压下，将清洁的水和冰混合后置于保温容器中，可以保持 T_0 在 0℃。近年来，已经开发出一种能够将温度稳定在 0℃ 的半导体制冷器件。

② 补正系数修正法：根据中间温度定律，可以计算出 T 不等于 0℃ 时的电势。这种方法虽然精确，但操作较为烦琐。因此，在工程实践中，通常采用补正系数修正法来实现补偿。当冷端温度为 t_n 时，测得的温度为 t_1，其实际温度则为

$$t = t_1 + kt_n \tag{6.96}$$

式中，k 为补正系数，可通过相关手册查得不同材料热电偶的 k 值。

③ 补偿导线法：由于正常情况下显示仪表或者控制仪表一般离热电偶较远，而正常的热电偶长度只有 1m 左右，显然不满足这种工业需求，因此需要根据连接导体定律来满足上述要求，其延伸导线需要满足直径粗、导电系数大等条件，用来减小导线的电阻。图 6.80（a）为延伸热电极法示意图，导线的材料与热电偶材料一致。

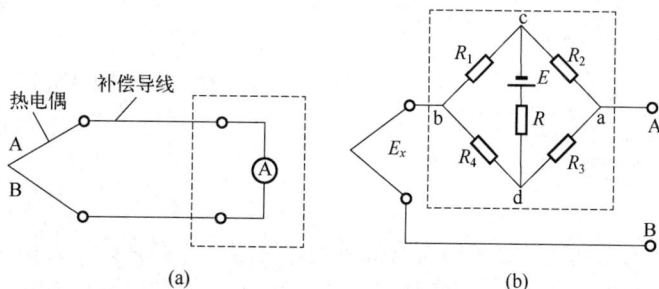

(a)　　(b)

图 6.80 延伸热电极法与补偿电桥法示意图

④ 补偿电桥法：这种方法通过利用不平衡电桥产生的电压来校正热电偶参考端温度变化所引起的电势变化。图 6.80（b）所示为补偿电桥法示意图，电桥的四个臂与冷端保持相同温度，其中 R_1、R_2 和 R_3 为锰钢线绕制的电阻，而 R_4 则是铜导线绕制的补偿电阻。E 代表电桥的电源，R 是限流电阻，其阻值根据热电偶的材料特性来确定。在操作时，通过选择适当的 R_4 阻值以保持电桥平衡，使得电桥输出 U_{ab} 为 0。当冷端温度上升时，R_4 的阻值也会随之增加，导致电桥失去平衡，U_{ab} 值相应增加。此时，由于冷端温度的升高，热电偶电势 E_x 会减小。如果 U_{ab} 的增加量恰好等于热电偶电势 E_x 的减少量，那么整个回路的总电势就不会随着热电偶冷端温度的变化而变化，即实现了温度补偿，公式为

$$U_{AB} = U_{ab} + E_x \tag{6.97}$$

（3）热电式传感器的应用

热电式传感器通常是用来测温度的，下面再对它的其他方面的应用进行简单介绍。

① 测量管道流量。应用热敏电阻来测量管道流量的原理可以通过以下方式描述。

如图 6.81 所示，R_{t1} 和 R_{t2} 是热敏电阻，其中 R_{t1} 被放置在待测流量的管道中，而 R_{t2} 则被放置在一个不受流体流速影响的环境中，以保持其温度稳定。R_1 和 R_2 是普通电阻，这四个电阻共同构成了一个电桥电路。在流体静止不动时，电桥保持平衡状态，此时电流计 A 不显示读数。然而，一旦流体开始流动，R_{t1} 上的热量会被流体带走，导致 R_{t1} 的温度下降，进而使其阻值发生变化，这会使电桥失去平衡。此时，电流计 A 会显示出一个读数，这个读数与流体的流速 v 成正比关系。

② 热电式继电器。图 6.82 展示了一种使用热敏电阻进行电机过热保护的电路设计。在这个设计中，三个特性相同的负温度系数热敏电阻被串联起来，并安装在电机的三相绕组附近。在电机正常工作时，绕组的温度保持在较低水平，导致热敏电阻的阻值较高，从而使得三极管不导通，继电器 K 也不会吸合。然而，如果电机发生过载或任意一相发生对地短路，绕组的温度会急剧上升，这会导致热敏电阻的阻值相应降低。一旦阻值降低到一定程度，三极管就会导通，继电器 K 随之吸合，从而切断电机的电路，实现过热保护功能。

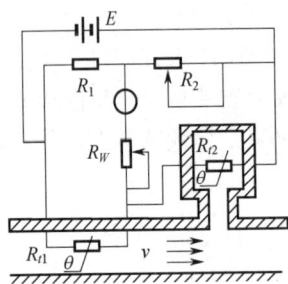

图 6.81 测量管道流量

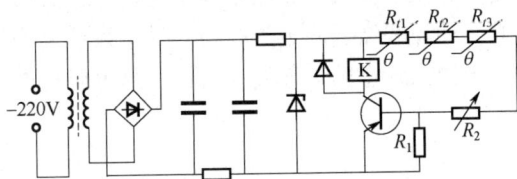

图 6.82 电机过热保护电路设计

6.7.4 柔性传感器

柔性传感器指的是利用柔性材料制得的各类传感器，具有良好的柔韧性、延展性和可自由弯曲甚至折叠的特性。利用该类材料制得的传感器可以对其进行任何方向的弯曲、变形，因此可以紧贴被测对象。除此之外，柔性传感器还可以传输人体内部、人体与外部之间的各类信息，因为其优秀的生物相容性在医疗人体健康监测领域前景广泛，近些年来柔性传感器

的研发与制备高速发展，其相关的应用如图 6.83 所示，主要有人机交互、设备穿戴、健康监测等领域。

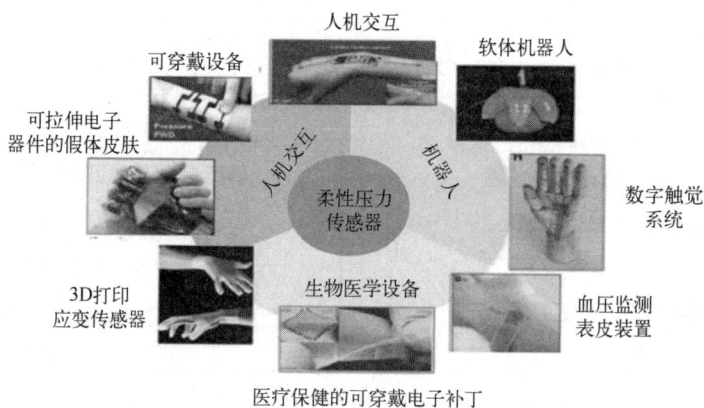

图 6.83 柔性传感器的应用

（1）柔性压力传感器的分类及相关概述

柔性传感器按照原理分类可分为压电式、摩擦电式等类型。

① 压电式柔性压力传感器。压电式柔性压力传感器的原理与压电式传感器一致，但是其中的压电材料不再是传统的压电陶瓷、石英等材料，而是更换成了更加先进的柔性材料，如聚（偏氟乙烯-三氟乙烯）[P(VDF-TrFE)]、氧化锌（ZnO）、聚丙烯（PP）、锆钛酸铅（PZT）等。近些年，国内采用静电纺丝技术，制备了由聚乙烯吡咯烷酮与聚苯胺、聚丙烯腈及钛酸钡构成的双功能纳米纤维薄膜（BJNFF），以此开发出可切换信号类型的压感与动觉传感器。此传感器在模式 Ⅰ 时，响应垂直压力生成交流电压；切换至模式 Ⅱ 时，则因动态接触引发的电子移动，输出适用于滑动识别的直流电压。

② 摩擦电式柔性压力传感器。摩擦电式柔性压力传感器利用摩擦起电原理进行工作，通过不同材料在摩擦过程中将机械能转化为电能。表面摩擦产生电荷后，电荷在接触部位移动以平衡电化学势。图 6.84 展示了其传感机制。该传感器在机械刺激下输出电信号，适用于自供电传感器，制作工艺简单、成本低且易于集成，可广泛应用于环境振动能量收集。根据工作模式可分为接触、滑动、单电极和隔空四种模式。

③ 其他类型。除上述两种柔性压力传感器外，还有如电容式、电阻式柔性压力传感器，它们的工作原理与前面提到的普通电容式、电阻式传感器原理一致，与压电式柔性压力传感器一样，其主要是更换了更加先进的柔性敏感元件，从而能够满足在使用过程中遇到的各种机械变形。关于压阻式柔性压力传感器，国内专家通过静电纺丝与超声处理结合，成功制备了具备波纹状有序结构的 CNTs/TPU 纤维型应变传感器。这种传感器中的 CNTs 均匀覆盖于TPU 纤维上，其传感特性符合隧道效应理论，无论是在平行还是垂直方向上。尤其是，当CNTs 沿垂直轴排列时，该传感器展现出高达 900% 的卓越延展性能，以及在 200% 应变下经受 10000 次循环的杰出耐用性。同时，它还具备低至 0.5% 的检测限和仅 70ms 的迅速响应速度。

（2）柔性温湿度传感器

① 温度传感器。科研人员运用诸如电阻温度检测器（RTD）、汞柱温度计及热电偶等传

统工具，依据其物理属性随温度变化的特性来进行温度测量。然而，这些传统半导体或金属基传感器存在制作成本高、柔韧性差的问题，难以实现持续监测。为追求更高集成度与多用途性，各类柔性温度传感器得到了深入探究与改良，涵盖主动矩阵、自供电、自修复与自清洁特性。

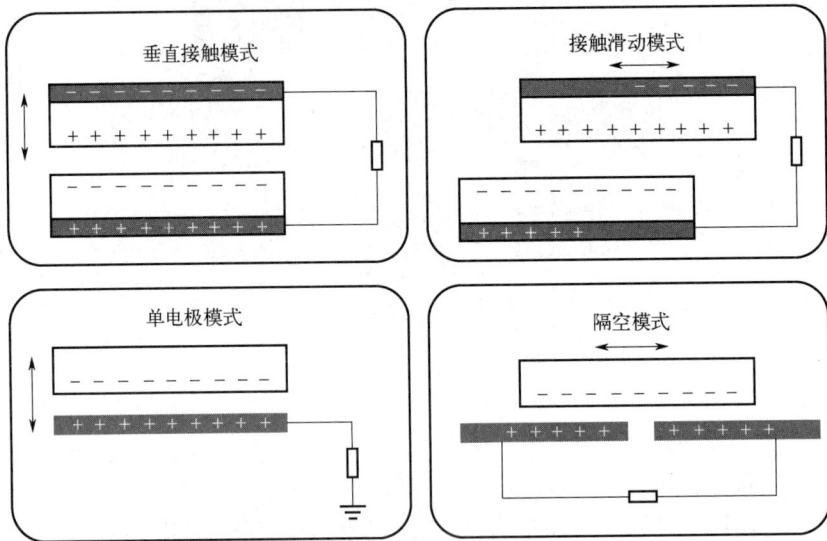

图6.84 摩擦电式柔性压力传感器工作模式

近期，海外研究人员通过在 PET 基板的铂电极上滴涂高质量分散液并固化，生产出能在室温至 150℃ 区间内工作的传感器。与此同时，国内已研发出基于石墨增强的 PEO 与 PVDF 复合物的柔性温度传感器，其在 25～42℃ 的温度监测范围内，展现出了 0.1℃ 的精细分辨力和超 2000 次的重复测量稳定性。

② 湿度传感器。空气相对湿度对诸如制药、纺织业、食品保存及农业生产等多个领域至关重要，精确监控湿度对于保障产品质量和工艺流程极为关键。鉴于此，采用性能卓越的湿度传感器进行相对湿度的监测与调控不可或缺。湿度传感器主要分为电子（如电阻式与电容式）、光学及声学三种类型。在这之中，基于膜的电子传感器，因其低能耗、高敏感度、优良的稳定性和迅捷的反应能力，成为最常用的湿度检测手段，尤其是聚合物基电容传感器，自四十年前问世以来，凭借良好的线性度、可靠性和经济性，在中等湿度环境下（相对湿度为 20%～80%）占据主导地位。不过，在低湿度条件下（相对湿度低于 20%），这类传感器的非线性特征愈发明显。

为了提升湿度传感器的整体效能，纳米级材料的创新结构被广泛应用。特别是一维纳米材料和纳米纤维，它们的小尺度、多孔性质和大表面积有利于分子吸附，极大增强了传感器的敏感度，展现出在湿度传感应用领域的巨大前景。

（3）其他类型柔性传感器

上述两类的柔性传感器是用来测压力、温湿度的物理传感器，除去物理传感器外，还有用来测如汗液、气体等被测量的化学传感器，这些传感器作为现代传感器技术的杰出代表，正逐步改变我们对个人健康管理和疾病预防的传统观念，预示着一个更加智能、个性化的健康管理新时代的到来。

　　柔性汗液传感器的设计原理为巧妙地将汗液中的生物标志物浓度转换为可量化的电信号，随后通过数据处理算法和无线传输技术，将信息直观呈现给用户。汗液，作为一种丰富的生物液体资源，含有电解质、代谢产物、营养成分和蛋白质等多种成分，通过对这些成分的动态监测，能够揭示个体的生理状态乃至潜在疾病迹象。例如，汗液中氯离子水平的波动是诊断囊性纤维化的重要指标；而在竞技体育领域，通过对运动员汗液的实时分析，可以辅助判断是否存在违禁药物使用及药物代谢情况，为公平竞赛保驾护航。

　　由于呼出气体中蕴含的挥发性有机化合物（VOCs）携带了关于人体代谢状态和健康状况的丰富信息，这使得柔性气体传感器在运动和日常生活中用于呼吸分析的应用前景广阔。特别是，基于导电聚合物，如 PEDOT[聚（3,4-乙烯二氧噻吩）]或 PANI（聚苯胺）的化学电阻型柔性气体传感器，通过聚合物与 VOC 蒸气相互作用引起的体积膨胀或氧化还原反应，实现对 VOCs 的灵敏检测。这类传感器不仅能够捕捉到微小的呼吸变化，还具备出色的便携性和无线监测能力，为实现远程健康监护提供了可能。

6.7.5　智能传感器

　　（1）常规传感器的缺点

　　常规传感器虽然在众多领域有着广泛应用，但它们同样面临一系列挑战和局限。首先，精度受限于外部环境条件，如温度和湿度的变化，可能导致测量误差。其次，响应速度慢的问题在需要即时反馈的应用场景中显得尤为突出。传感器的效能可能会随着时间的推移而变化，这种变化通常被称为漂移。在某些应用场景中，对于漂移的容忍度比其他场景要低得多。如果不采取措施进行漂移补偿，传感器的准确性将随时间逐渐下降，这是我们在使用过程中力求避免的问题。此外，高昂的成本、较高的功耗以及较大的体积和重量，限制了它们在特定应用中的普及。同时，面对极端环境条件时，传感器的环境适应性较差，容易受损或失效，并且安装与维护的复杂性不仅增加了使用成本，还可能成为实际应用中的障碍。最后，干扰敏感性也是一个不容忽视的问题，电磁干扰和机械振动等因素都可能对传感器造成负面影响。

　　（2）智能传感器的发展

　　该类传感器克服了常规传感器的缺点，其主要特点是将传统的传感器数据采集能力与微处理器的数据处理能力紧密结合，实现了两者的有效融合。在某种程度上，这种结合赋予了传感器类似人工智能的功能，能够进行更复杂的数据分析和决策。其发展过程可以归纳为下列三个时期。

　　① 基础智能化。在此阶段，传感器主要负责将物理量转换为电信号，并具备一些基本的优化功能，如减少非线性误差、降低噪声干扰以及提升测量精度等。

　　② 自主智能化。这类传感器不仅继承了基础智能化的所有特性，还增加了自我诊断和自我校准的能力，能够自动调整自身的工作状态以保持最佳性能。此外，它们还能在一定程度上独立处理数据，并根据环境变化做出相应的判断，实现自动化操作，节省人力和能源消耗。

　　③ 高级智能化。达到这一级别的传感器拥有更为全面的功能集合，除了包含前两个层级的所有智能特性之外，还能够执行多维度感知、特定属性检测、图像呈现及识别等任务。这意味着高级智能传感器可以有效地模拟人类的认知行为，从复杂的环境中快速准确地提取有价值的信息。例如，通过将压力敏感元件（如半导体硅压阻）、电桥电路、预放大电路、模数

转换器、微处理器、接口电路以及存储单元等组件集成于单一芯片之上，即可构建出一种高度集成化的智能压力传感器，该传感器能够执行从数据采集到信息处理的一系列任务，展现出强大的智能化水平。

（3）智能传感器的功能与结构

智能传感器的结构如图 6.85 所示，由传感元件、信号调理单元、输入接口、微处理器以及通信接口组成。其中，微处理器在智能传感器中扮演着核心角色，它负责执行多项关键任务，包括但不限于数据收集、数据存储、数据处理、系统校准和补偿等。这些任务往往难以仅靠硬件本身来完成，而微处理器的存在则使得这些功能得以高效实现。通过集成微处理器，智能传感器的制造难度显著降低，同时其性能得到了大幅提升，成本也有所减少，更重要的是，传感器的整体可靠性得到了增强。微处理器的引入，不仅提高了智能传感器的技术含量，也为其实现更广泛的应用奠定了坚实的基础。

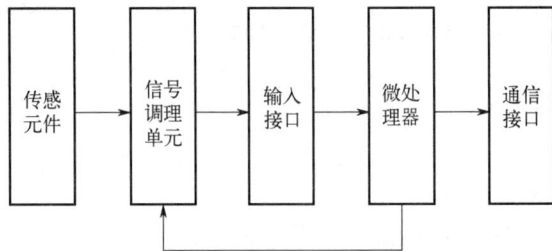

图 6.85 智能传感器工作流程

① 智能传感器具备自我校正与诊断的能力，不仅能自动监测所需测量的各种参数，还能够实现自动归零、自动平衡调整及自动校正等功能，部分高级智能传感器甚至拥有自我标定的功能。

② 智能传感器具有数据储存、逻辑判断和信息处理的功能，能够对采集到的数据进行信号优化或处理，如信号预处理、线性化处理，或是针对温度、静态压力等参数实施自动补偿。

③ 智能传感器具有灵活的配置能力。通过在系统中集成多样化的硬件和软件模块，用户可以利用微处理器发送的指令来调整这些模块的组合方式，以适应不同的测量需求。

④ 除上述基本功能以外，智能传感器还具有双向通信的功能，能直接与微处理器或单片机通信。

（4）智能传感器的应用举例

Honeywell 开发的 PPT/PPT-R 系列压力传感器采用了公司成熟的硅压阻技术，确保了在广泛的温度区间内拥有出色的重复性和稳定性，其精度高达 0.05%。该系列传感器的压力信号经过单片机的补偿处理，并支持用户自定义调整，随后信号可通过 RS232 接口以数字形式传输。此外，PPT/PPT-R 传感器既可以通过 RS232 接口与多个同类设备联网使用，也支持通过内置的 D/A 转换器产生精确的模拟输出。其结构图和内部电路图如图 6.86 所示。

除此之外，Honeywell 还提供了 HPB100 和 HPB200 型高精度气压计以及 HPA100 和 HPA200 型高度计，进一步丰富了其产品线，为需要精确测量大气压力或高度的应用场景提供了更多选择。这些产品结合了先进的技术和高质量的设计，旨在满足各种严苛应用的需求。

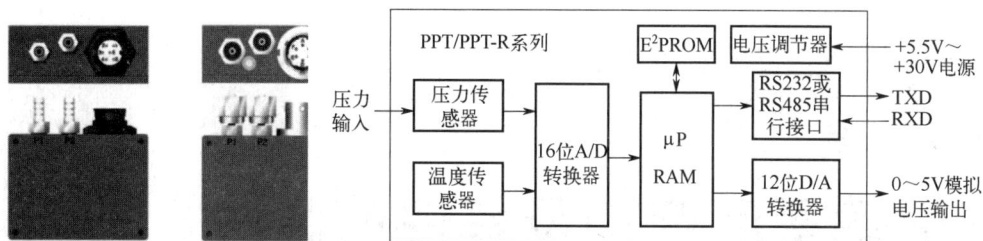

图 6.86　PPT/PPT-R 结构图与内部电路图

✎ 本节习题

（1）简述光电式传感器的特点和应用场合，用方框图表示光电式传感器的组成。

（2）试比较光电池、光敏晶体管、光敏电阻及光电倍增管在使用性能上的差别。

（3）光纤式传感器一般分为哪些类型？类与类之间有什么异同点？

（4）简述什么是光电导效应、光生伏打效应、外光电效应，这些光电效应的典型光电器件各自有哪些。

（5）什么是金属导体的热电效应？试说明热电偶的测温原理。

（6）简述热电偶的几个重要定律，并分别说明它们的实用价值。

（7）结合所学知识，谈谈生活中的柔性传感器有哪些。

本书配套资源

第 7 章
离散傅里叶变换及其快速算法

本章学习目标

深入理解离散傅里叶变换（DFT）的基本原理、性质及其在信号处理中的重要作用，并掌握其高效计算方法——快速傅里叶变换（FFT）。

（1）深入理解离散傅里叶变换（DFT）

明确 DFT 的定义，理解其物理意义和数学表达式，掌握 DFT 的基本性质，如线性、周期性、对称性、共轭对称性等。通过 DFT 分析离散时间信号的频谱特性，理解频谱分辨率、频谱泄漏等概念，并能识别信号中的频率成分。

（2）掌握 DFT 的计算方法

了解 DFT 的直接计算方法，即根据 DFT 的定义式进行矩阵乘法或求和运算，理解其计算复杂度和局限性。认识到直接计算 DFT 的高计算复杂度，理解开发高效算法（如 FFT）的必要性。

（3）学习快速傅里叶变换（FFT）

深入理解 FFT 的基本思想，包括分而治之的策略、旋转因子的引入、蝶形运算等。掌握 FFT 的基本算法步骤，包括按时间抽取（DIT）和按频率抽取（DIF）两种常见的 FFT 算法实现方式。理解 FFT 相比 DFT 在计算复杂度上的显著优势，能够比较不同长度信号的 FFT 计算量。

（4）FFT 的应用

了解 FFT 在信号处理领域中的广泛应用，如频谱分析、滤波器设计、信号压缩等。理解 FFT 在图像处理中的应用，如图像滤波、特征提取、图像压缩等。

探讨 FFT 在通信系统中的作用，如 OFDM（正交频分复用）技术中的应用。

（5）FFT 的变体与高级主题

了解分裂基 FFT 作为 FFT 的一种变体，其结合了 DIT 和 DIF 的优点，进一步提高了计算效率。探讨处理素数长度序列的 FFT 算法，如 Cooley-Tukey 算法的扩展或 Rader 算法等。学习窗口函数在减少频谱泄漏中的作用，理解不同窗口函数对 FFT 结果的影响。

（6）解决问题与创新能力的培养

培养学生在面对涉及 DFT 和 FFT 的复杂问题时，能够运用所学知识进行分析、建模和求解的能力。鼓励学生探索 DFT 和 FFT 的新应用、新算法，培养创新思维和科研能力。

通过完成上述学习目标，学生将能够全面掌握离散傅里叶变换及其快速算法的理论知识和实践技能，为后续的信号处理、通信、图像处理等领域的学习和研究打下坚实的基础。

7.1　序列的傅里叶变换

在数字信号处理中，序列的傅里叶变换（Discrete Time Fourier Transform, DTFT）是一种将离散时间信号从时域转换到频域的数学工具。与连续时间信号的傅里叶变换类似，DTFT 为分析离散时间信号的频谱特性提供了强大的手段。

对于给定的离散时间信号 $x(n)$，其离散时间傅里叶变换（DTFT）定义为

$$X(e^{j\omega}) = \text{DTFT}x(n) = \sum_{n=-\infty}^{\infty} x(n)e^{-j\omega n} \tag{7.1}$$

式中，ω 是连续频率变量（以弧度/样本为单位）；j 是虚数单位；$e^{j\omega}=\cos\omega+j\sin\omega$ 是复指数函数。

DTFT 具有多种重要性质，这些性质在信号处理中非常有用。

① 线性性。DTFT 满足线性叠加原理，即对于任意两个离散时间信号 $x_1(n)$ 和 $x_2(n)$，以及任意常数 a 和 b，有

$$ax_1(n) + bx_2(n) = aX_1(e^{j\omega}) + bX_2(e^{j\omega}) \tag{7.2}$$

② 时移性。时域中的信号平移对应于频域中的相位移动，即

$$x(n-k) = e^{-j\omega k}X(e^{j\omega}) \tag{7.3}$$

③ 频移性（通过调制）。在时域中乘以复指数函数会导致频域中的信号发生平移，即

$$x(n)e^{j\omega_0 n} = X[e^{j(\omega-\omega_0)}] \tag{7.4}$$

④ 共轭对称性。如果 $x(n)$ 是实数序列，则 $X(e^{j\omega})$ 满足共轭对称性：$X(e^{-j\omega}) = X^*(e^{j\omega})$，其中，$X^*$ 表示 X 的共轭。

⑤ 周期性。$X(e^{j\omega})$ 是 ω 的周期函数，周期为 2π，即

$$X[e^{j(\omega+2\pi)}] = X(e^{j\omega}) \tag{7.5}$$

⑥ 帕什瓦（Parseval）定理。DTFT 保留了信号的总能量，即

$$\sum_{n=-\infty}^{\infty} |x(n)|^2 = \frac{1}{2\pi}\int_{-\pi}^{\pi} |X(e^{j\omega})|^2 \, d\omega \tag{7.6}$$

⑦ 收敛性。DTFT 的求和必须收敛，这通常要求信号 $x(n)$ 在时域中是绝对可和的，即

$$\sum_{n=-\infty}^{\infty} |x(n)| < \infty \tag{7.7}$$

然而，在实际应用中，许多信号并不满足这个条件。尽管如此，DTFT 的概念仍然非常有用，因为它可以通过一些技术手段（如窗函数、加窗 DTFT 等）来进行近似计算。

DTFT 在数字信号处理中有广泛的应用，包括频谱分析、滤波器设计、系统稳定性分析等。通过 DTFT，我们可以观察到信号在不同频率上的分量分布，进而对信号进行进一步的处理和分析。

序列的傅里叶变换是数字信号处理中的一项基本技术，它将离散时间信号从时域转换到频域，为信号的频谱分析提供了有力的工具。通过 DTFT，我们可以深入了解信号的频率特性，进而在信号处理中做出更加准确的决策。

序列的傅里叶变换是离散傅里叶变换（DFT）的一种特例。序列是指按照一定顺序排列的离散数据集合。在傅里叶变换中，通常使用离散时间序列来表示。序列的傅里叶变换是通过将序列从时域（n 维）转换到频域（k 维）来分析序列的频率特征的。给定序列 $x(n)$，其傅里叶变换表示为 $X(k)$，公式如下：

$$X(k) = \Sigma[x(n) * \exp(-2\pi \mathrm{i} * k * n / N)]$$

式中，N 为序列的长度；n 为时域的离散时间索引；k 为频域的离散频率索引。

对于周期性序列，其傅里叶变换是一个离散的频谱，只有在特定的频率上才会出现非零分量。这些特定的频率对应于序列的周期和谐波频率。序列的傅里叶变换可以提供序列在频域上的频率信息。通过分析傅里叶变换结果，可以了解序列中不同频率成分的幅度和相位信息。序列的逆傅里叶变换是将序列从频域转换回时域的过程。将傅里叶变换的结果应用逆变换，可以获得原始时域序列。序列的傅里叶变换结果由序列的长度和采样率决定，并且具有特定的频率分辨率。频率分辨率决定了在频域中可以识别的最小频率间隔。序列的傅里叶变换为信号处理、通信系统等领域提供了强大的工具，可以帮助分析时域信号的频率特征。

傅里叶变换在信号处理中扮演着重要的角色。通过将信号从时域转换到频域，可以对信号进行频谱分析，识别信号中的频率分量和频谱特征，这在音频处理、图像处理、通信系统等领域非常有用。例如，在音频处理中，可以使用傅里叶变换进行音频信号的频谱分析，以提取音频中的音乐、语音、噪声等成分，从而支持音频编解码、音频增强和音频识别等应用。

在通信系统中，傅里叶变换用于信号调制、多路复用、频谱分析等任务。例如，正交频分复用（OFDM）是一种通信技术，它使用傅里叶变换将数据信号转换到频域，然后在频域上进行并行传输，提高了系统的容量和抗干扰能力。此外，傅里叶变换还可以用于信号的滤波和均衡，以提高通信系统的性能。

傅里叶变换在图像处理中具有重要的应用。通过将图像转换到频域，可以进行频谱分析、滤波、边缘检测等操作。例如，快速傅里叶变换（FFT）在图像编码中被广泛使用；JPEG 压缩算法中的离散余弦变换（DCT）就是傅里叶变换的一种应用。

在控制系统中，傅里叶变换用于系统建模、系统频率响应分析和滤波器设计。例如，频域分析可以用于研究系统的频率特性、稳定性和响应特性，并用于设计滤波器、控制器和补偿器等。

传感器信号通常包含信号和噪声，傅里叶变换可以帮助分离信号和噪声，提取出感兴趣的信号成分。例如，在地震、医学影像和雷达等领域中，傅里叶变换被广泛用于信号分析、特征提取和噪声抑制。

总之，序列的傅里叶变换在实际工程中扮演着至关重要的角色。它被应用于信号处理、通信系统、图像处理、控制系统和传感器信号处理等领域，为工程师和科学家们提供了强大的工具，用于分析、处理和优化各种类型的信号和系统。通过傅里叶变换，我们可以更好地理解和操纵信号，并实现从时域到频域的转换，为工程应用提供更丰富的信息和更高的性能。

7.2 离散傅里叶变换及其性质

离散傅里叶变换（Discrete Fourier Transform，DFT）是序列的傅里叶变换（DTFT）在有限长序列上的具体实现。DFT 将有限长离散时间信号从时域转换到频域，是数字信号处理中非常重要的一种变换。

对于长度为 N 的有限长离散时间信号 $x(n)$，其离散傅里叶变换（DFT）定义为

$$X(k) = \mathrm{DFT}x(n) = \sum_{n=0}^{N-1} x(n)\mathrm{e}^{-\mathrm{j}\frac{2\pi}{N}kn}, \quad k = 0,1,2,\cdots,N-1 \tag{7.8}$$

式中，$X(k)$ 是 DFT 的系数，表示信号在离散频率点 k 上的频谱分量。注意，这里的频率变量 k 是离散的，取值范围从 0 到 $N-1$，与连续时间信号的频率变量 ω 不同。

相应地，DFT 的逆变换（IDFT）定义为

$$x(n) = \frac{1}{N}\sum_{k=0}^{N-1} X(k)\mathrm{e}^{\mathrm{j}\frac{2\pi}{N}kn}, \quad n = 0,1,2,\cdots,N-1 \tag{7.9}$$

DFT 具有多种重要性质，这些性质在信号处理中非常有用。

① 线性性。DFT 满足线性叠加原理，即对于任意两个有限长序列 $x_1(n)$ 和 $x_2(n)$，以及任意常数 a 和 b，有

$$ax_1(n) + bx_2(n) = aX_1(k) + bX_2(k) \tag{7.10}$$

② 周期性。由于 DFT 是在有限长序列上定义的，因此 DFT 的系数 $X(k)$ 是周期函数，周期为 N，即

$$[X(K+N) = X(K)] \tag{7.11}$$

但通常我们只考虑 $k=0,1,2,\cdots,N-1$ 的范围。

③ 对称性。对于实数序列 $x(n)$，其 DFT 系数 $X(k)$ 满足共轭对称性，即

$$X(N-k) = X^*(k) \tag{7.12}$$

式中，X^* 为 X 的共轭。

④ Parseval 定理。DFT 保留了信号的总能量，即

$$\sum_{n=0}^{N-1} |x(n)|^2 = \frac{1}{N}\sum_{k=0}^{N-1} |X(k)|^2 \tag{7.13}$$

⑤ 循环移位。时域中的循环移位对应于频域中的相位旋转，即

$$x(n-m)_N = \mathrm{e}^{-\mathrm{j}\frac{2\pi}{N}km} X(k) \tag{7.14}$$

式中，$(n-m)_N$ 表示对 $n-m$ 进行模 N 运算。

⑥ 卷积定理。时域中的循环卷积对应于频域中的乘积，即

$$x(n) \circledast h(n) = X(k) \cdot H(k) \tag{7.15}$$

式中，$\circledast$ 表示循环卷积。

DFT 在数字信号处理中有广泛的应用，通过 DFT，我们可以观察到信号在不同频率上的分量分布，进而分析信号的频谱特性。利用 DFT 的卷积定理，可以设计数字滤波器，实现信号的滤波处理。DFT 可以用于信号压缩算法中，如 JPEG 图像压缩标准就利用了 DFT 的变换编码技术。通过 DFT，我们可以分析线性时不变（LTI）系统的频率响应特性，进而评估系统的性能。

离散傅里叶变换（DFT）是数字信号处理中的一项核心技术，它将有限长离散时间信号从时域转换到频域，为信号的频谱分析、滤波器设计、信号压缩等提供了有力的工具。DFT 的性质丰富多样，这些性质在信号处理中发挥着重要作用。

离散傅里叶变换将离散序列从时域（n 维）转换为频域（k 维），给定离散序列 $x(n)$，其 DFT 表示为 $X(k)$。其中，N 表示序列的长度，n 表示时域的离散时间索引，k 表示频域的离散频率索引。

DFT 满足线性和叠加性质，对原始序列进行频移，其 DFT 结果同样进行相应的频移。如果原始序列是实数序列，那么它的 DFT 结果具有共轭对称性。如果原始序列是周期性的，那么它的 DFT 结果也是周期性的，而且周期等于原始序列的周期。DFT 可以用于计算两个序列之间的相关性。FFT 是一种高效计算 DFT 的算法，它利用了 DFT 的对称性和周期性，从而减少了计算量。FFT 算法的时间复杂度为 $O(N\log_2 N)$，比直接计算 DFT 的 $O(N^2)$ 更快速。

离散傅里叶变换在信号处理和通信系统中有广泛的应用，包括：对信号进行 DFT，可以将信号从时域转换为频域，分析信号的频率成分；对信号进行 DFT，可以在频域对信号进行滤波操作，去除或增强特定频率成分；基于 DFT 的压缩算法，如基于离散余弦变换（DCT）的 JPEG 图像压缩算法；将信号的 DFT 结果进行反变换，可以将频域的信号重建为时域的信号。

当谈到离散傅里叶变换（DFT）时，还有一些重要的性质和概念需要了解：DFT 给出了离散信号的频谱信息，其频率分辨率由采样率和序列长度决定。频率分辨率表示在频域中可以区分的最小频率间隔。通常情况下，频率分辨率等于采样率除以序列长度。DFT 结果中，$k=0$ 的分量称为零频分量或直流分量，表示信号的直流成分或平均值。它在频谱图中表示为与横轴相切的点。频谱图是用于可视化信号在频域中的成分的图形表示。横轴表示频率，纵轴表示信号的幅度或能量，通过绘制相关的 DFT 结果可以得到频谱图。FFT 是 DFT 的一种高效实现方法，它在许多领域中得到广泛应用，包括图像处理、音频处理、通信系统等。FFT 算法允许快速计算大规模序列的 DFT，从而提高了计算效率。在信号处理中，为了减少频谱泄漏或准确估计频谱，在计算 DFT 之前通常会应用窗函数。窗函数是一种在时间域中对原始信号进行加权的函数，常用的窗函数包括矩形窗函数、汉宁窗、汉明窗等。反离散傅里叶变换（IDFT）是将频域信号转换回时域的过程。对 DFT 结果应用 IDFT 可以获得原始时域信号。

离散傅里叶变换在语音信号处理中扮演着重要的角色，通过将语音信号转换到频域，可以进行频谱分析、声调识别、语音合成等操作。例如，将语音信号进行离散傅里叶变换后，可以提取出不同频率的成分，进而实现语音信号的特征提取和语音识别等应用。

在视频压缩中，离散傅里叶变换也得到了广泛应用，通过将视频图像的每一帧进行离散傅里叶变换，可以得到频域上的图像频谱。利用频谱的性质，可以对图像频谱进行量化、编码和压缩，以减少数据量，实现视频的高效传输和存储。

离散傅里叶变换在数字滤波器设计中具有重要作用，通过在频域对滤波器的频率响应进行分析，可以实现目标滤波特性的设计和优化。离散傅里叶变换可以用于滤波器的频率响应计算、滤波器系数的计算以及滤波器的系统识别和逆滤波等。

在通信系统中，离散傅里叶变换被广泛应用于正交频分复用（OFDM）等技术中，离散傅里叶变换可以将数据信号从时域转换到频域，实现信号的多路复用和频谱分析，提高通信系统的数据传输速率和抗干扰性能。

类似于语音处理，离散傅里叶变换在图像处理中也发挥着重要作用。对图像进行离散傅里叶变换，可以将图像转换到频域，实现图像的频谱分析、滤波和增强等操作。例如，在图像压缩中，可以对图像频谱进行量化和编码，实现图像的高效压缩和传输。

离散傅里叶变换在医学图像处理中也有广泛应用，例如，在核磁共振成像（MRI）中，可以通过对医学图像进行离散傅里叶变换，实现对图像频谱的分析和图像增强，从而提供更清晰的医学诊断信息。

总之，离散傅里叶变换在实际工程中扮演着至关重要的角色，广泛应用于语音处理、视频压缩、数字滤波器设计、通信系统、图像处理等领域，为工程师和科学家们提供了强大的工具，用于分析、处理和优化各种类型的离散信号和系统。通过离散傅里叶变换，我们可以更好地理解和操控信号的频域特性，实现从时域到频域的转换，为工程应用提供更丰富的信息和更高的性能。

例 7.1　给定一个离散时间信号 $x(n)=\{1,2,3,4\}$，其中 $n=0,1,2,3$。计算该信号的 4 点离散傅里叶变换 $X(k)$，并验证其线性性质。

解：对于长度为 N 的离散时间信号 $x(n)$，其 N 点 DFT 定义为：

$$X(k)=\sum_{n=0}^{N-1}x(n)\mathrm{e}^{-\mathrm{j}\frac{2\pi}{N}kn},\quad k=0,1,\cdots,N-1$$

式中，j 是虚数单位，满足 $\mathrm{j}^2=-1$。

计算 $X(k)$：对于给定的信号 $x(n)=\{1,2,3,4\}$，其中 $N=4$，需要计算 $X(0)$，$X(1)$，$X(2)$，$X(3)$。

$$X(0)=\sum_{n=0}^{3}1\mathrm{e}^{-\mathrm{j}\frac{2\pi}{4}\cdot0\cdot n}=\sum_{n=0}^{3}1=1+2+3+4=10$$

$$X(1)=\sum_{n=0}^{3}1\mathrm{e}^{-\mathrm{j}\frac{2\pi}{4}\cdot1\cdot n}=1\mathrm{e}^0+2\mathrm{e}^{-\mathrm{j}\frac{\pi}{2}}+3\mathrm{e}^{-\mathrm{j}\pi}+4\mathrm{e}^{-\mathrm{j}\frac{3\pi}{2}}$$

利用欧拉公式，计算得：

$$X(1)=1-2\mathrm{j}-3+4\mathrm{j}=-2+2\mathrm{j}$$

计算 $X(2)$ 和 $X(3)$ 类似，但结果会更复杂，因为涉及不同的复指数项：

$$X(2)=0,\quad X(3)=-2+4\mathrm{j}$$

验证线性性质：DFT 的线性性质表明，如果 $x_1(n)$ 和 $x_2(n)$ 是两个信号，且 a 和 b 是任意常数，那么：$\mathrm{DFT}[ax_1(n)+bx_2(n)]=aX_1(k)+bX_2(k)$。

对于本例，我们可以选择 $x_1(n)=\{1,0,0,0\}$ 和 $x_2(n)=\{0,1,0,0\}$，并令 $a=1$，$b=1$ 来验证。首先计算 $x_1(k)$ 和 $x_2(k)$，然后计算 $\mathrm{DFT}[x_1(n)+x_2(n)]$ 并与 $x_1(k)+x_2(k)$ 比较。

7.3　快速 FFT 和 IFFT

快速傅里叶变换（Fast Fourier Transform，FFT）是计算离散傅里叶变换（DFT）及其逆变换的一种高效算法。DFT 的计算复杂度为 $O(N^2)$，而 FFT 通过利用 DFT 的对称性和周期性等性质，将计算复杂度降低，大大提高了计算效率。FFT 的基本思想是将长序列的 DFT 分解为短序列的 DFT，然后利用短序列 DFT 的快速计算性质来加速整个计算过程。

快速傅里叶变换（FFT）和逆快速傅里叶变换（IFFT）是信号处理中非常重要的算法，它们分别用于将信号从时域转换到频域，以及从频域转换回时域。

快速傅里叶变换（FFT）是离散傅里叶变换（DFT）的一种高效算法，其公式可以表示为

$$X(k)=\sum_{n=0}^{N-1}x(n)W_N^{nk} \tag{7.16}$$

式中，$X(k)$ 为频域的信号，即第 k 个频率分量的值；$x(n)$ 为时域的信号，即第 n 个时间点的值；N 为信号的长度，即采样点数。

W_N^{nk} 是一个复数因子，通常表示为

$$W_N^{nk} = \mathrm{e}^{-\mathrm{j}\frac{2\pi}{N}nk} \tag{7.17}$$

式中，e 为自然对数的底数；j 为虚数单位，满足 $j^2 = -1$。

式（7.17）描述了如何通过 FFT 算法将时域信号 $x(n)$ 转换为频域信号 $X(k)$。FFT 算法利用单位根的性质和分治策略，显著降低了 DFT 的计算复杂度。

逆快速傅里叶变换（IFFT）是 FFT 的逆过程，用于将频域信号转换回时域信号。其公式可以表示为

$$x(n) = \frac{1}{N}\sum_{k=0}^{N-1} X(k)W_N^{-nk} \tag{7.18}$$

式中，$x(n)$ 表示时域的信号，即第 n 个时间点的值（重构后的信号）；$X(k)$ 表示频域的信号，即第 k 个频率分量的值；

N 和 W_N^{-nk} 的含义与 FFT 公式中相同。

在 IFFT 公式中，有一个额外的系数 $\frac{1}{N}$，这是为了确保在转换过程中信号的能量保持不变。

通过 IFFT 算法，我们可以将频域信号 $X(k)$ 转换回时域信号 $x(n)$，从而实现对信号的完整恢复。IFFT 算法同样利用了单位根的性质和分治策略，以实现高效的计算。

FFT 和 IFFT 是信号处理中不可或缺的工具，它们通过高效的算法实现了信号在时域和频域之间的转换，为信号的分析、处理和应用提供了重要的支持。

FFT 广泛应用于信号的频谱分析，通过 FFT 可以得到信号的频率分布信息，进而分析信号的频谱特性。在图像处理中，FFT 可用于图像的滤波、频域分析等操作，帮助改善图像质量或提取图像特征。在通信系统中，FFT 常用于时域信号的解调，将接收到的时域信号转换为频域信号，以便进行后续处理。

在 MATLAB 中，FFT 可以通过 fft 函数实现。该函数直接对输入信号进行 FFT 计算，返回信号的频谱系数。为了更直观地观察频谱，通常会使用 fftshift 函数将频谱从 $0\sim f_s$ 范围移动到 $-f_s/2\sim f_s/2$ 范围，并使用 abs 函数取绝对值得到幅度响应。

IFFT 在信号重构中起着重要作用，通过 IFFT 可以将信号的频谱系数转换回时域信号，实现信号的完整恢复。在通信系统中，IFFT 用于信号的调制，将频域信号转换为时域信号进行传输。在 MATLAB 中，IFFT 可以通过 ifft 函数实现。该函数直接对输入信号的频谱系数进行 IFFT 计算，返回对应的时域信号。需要注意的是，在进行 IFFT 之前，应确保输入信号的频谱系数是通过 FFT 得到的，或者已经以某种方式被转换到了频域。

FFT 和 IFFT 是数字信号处理中的重要算法，它们通过高效的计算方式在频域和时域之间进行转换。在 MATLAB 等数学软件中，FFT 和 IFFT 都有现成的函数，方便用户进行频谱分析、信号重构等操作。在实际应用中，FFT 和 IFFT 的结合使用为数字信号处理提供了强大的工具支持。

FFT 算法可以显著减少计算 DFT 所需的时间复杂度，使频域分析和处理更加高效。FFT 算法通过将 DFT 递归分解为较小规模的 DFT，并利用蝶形运算实现对频域系数的快速计算。

常见的 FFT 算法包括 Cooley-Tukey 算法和 Radix-2 算法，它们基于 DFT 的对称性和周期性，通过分治策略实现高效计算。FFT 算法适用于各种信号处理和频谱分析应用，能够快速计算大规模信号的频谱信息。IFFT 是 FFT 的逆过程，用于将频域信号恢复到时域。IFFT 算法与 FFT 类似，通过反转 FFT 的计算步骤实现逆变换。对于长度为 N 的序列，IFFT 算法的时间复杂度同样为 $O(N\log_2 N)$，与 FFT 算法的时间复杂度相当。IFFT 在信号恢复、频域滤波、通信系统解调等领域广泛应用，能够高效地实现频域到时域的转换。

　　FFT 和 IFFT 广泛应用于数字信号处理、通信系统、图像处理、音频处理等领域。在通信系统中，FFT 用于 OFDM 调制、频谱分析等；IFFT 用于接收端信号解调和信号恢复。在音频处理中，FFT 用于频谱分析、音频特征提取；IFFT 用于音频合成和信号重构。总的来说，FFT 和 IFFT 作为高效的频域分析和处理工具，在数字信号处理领域扮演着不可或缺的角色，为信号处理和通信系统提供了强大的计算基础。

　　离散傅里叶变换提供了用数值计算的方法对信号进行傅里叶变换的依据。但是，仔细观察后就会发现，若用常规方法进行计算，工作量是十分惊人的。以正变换为例，计算一个 X_k 值，要做 N 次复数乘法和 $N-1$ 次复数加法。而计算全部 N 个 X_k 值，则需做 N^2 次乘法和 $N(N-1)$ 次加法。若点数 $N=1024$，乘法次数高达 1024^2（1048576）次，如此浩大的计算工作量，就是对计算机而言也是过于冗长和耗时了。所以，尽管 DFT 理论提出多年，在一段时期内，其应用只限于某些数据的事后处理，在速度和成本上都赶不上模拟系统，其应用价值相当有限。多年来，人们一直在寻找一种快速简便的算法，使 DFT 不仅在原理上成立，而且能付诸实施。1965 年，Cooley J.W. 和 Tukey J.W. 提出了一种快速通用的 DFT 计算方法，编写出了使用这个方法的第一个程序。此算法称为快速傅里叶变换，即 FFT，它的出现极大地提高了 DFT 的计算速度，很快就被广泛地应用于各个技术领域，使科学分析的面貌完全改观。

　　FFT 的基本原理是充分利用已有的计算结果，避免常规 DFT 运算中的大量重复计算，提高计算效率，缩短运算时间。FFT 提高运算速度的效果随点数 N 的增加而增加，当 $N=1024$（1K FFT）时，FFT 的运算量仅不到常规运算量的 1%，可见 FFT 的效率是相当惊人的。快速傅里叶变换 FFT 是计算有限离散傅里叶变换 DFT 的一种快速算法，在变换理论上仍然属于 DFT 的范畴，它不仅可以计算离散傅里叶正变换，而且可以计算离散傅里叶逆变换。由于实际上的 DFT 和 IDFT 无一不是采用 FFT 算法，所以人们习惯上把它们统称为 FFT。FFT 自问世以来，已经出现了多种具体算法，速度也越来越快。标准的 FFT 程序可以在各种算法手册和信号分析程序库中查到。

　　例 7.2　给定一个长度为 $N=8$ 的复数序列 $x(n)$，其中 $n=0,1,\dots,7$，序列为：$x(n)=\{1,1,1,1,0,0,0,0\}$。使用 FFT 算法计算其频谱 $X(k)$。

　　解：

　　对于 FFT，通常使用蝶形算法（Butterfly Algorithm），这里不详细展开算法细节，但简述其过程。由于 $N=8$ 是 2 的幂，可以使用 Cooley-Tukey FFT 算法。

　　FFT 的输出 $X(k)$ 可以通过以下方式计算（这里仅给出概念性步骤）。

　　位反转重排：首先，将输入序列 $x(n)$ 根据其二进制表示的位反转重新排列。对于 $N=8$，排列后的序列为 $\{1,1,0,0,1,1,0,0\}$（这里的直接表示简化了，实际位反转是针对索引的）。

　　蝶形运算：应用一系列的蝶形运算，每次合并两个子序列，通过旋转因子（Twiddle Factors）和复数乘法来更新这些子序列。

　　对于 $N=8$，FFT 的结果[即频谱 $X(k)$]通常是一个复数数组，但由于输入序列的特殊性（一半为 0），频谱将包含一些对称性和简化特性。

具体计算细节复杂，但结果类似于：

$$X(k)=\{4,0,0,0,0,0,0,0\}$$

例 7.2 中的 $X(k)$ 是高度简化的，实际 FFT 输出包含复数部分，但由于输入序列的特殊性质（四个相同的 1 后跟四个 0），实际 FFT 结果将具有特定的相位和幅度特性。

✎ 习题

（1）离散傅里叶变换（DFT）是将离散时间信号从时域转换到哪个域？

（2）解释 DFT 的周期性和对称性。给定一个长度为 N 的序列 $x(n)$，其 DFT 结果 $X(k)$ 具有哪些周期性和对称性质？

（3）计算序列 $x(n)=\{1,2,3,4\}$ 的 4 点 DFT。

（4）在音频处理中，离散傅里叶变换（DFT）常用于什么目的？请简述其应用过程。

（5）解释 DFT 中频谱混叠和频谱泄漏产生的原因，如何克服或减弱。

（6）在 A/D 转换之前和 D/A 转换之后都要让信号通过一个低通滤波器，它们分别起什么作用？

（7）用 DFT 对连续信号进行谱分析的误差问题有哪些？

（8）画出模拟信号数字化处理框图，并简要说明框图中每一部分的功能作用。

本书配套资源

第 **8** 章

滤波器

本章学习目标

全面理解滤波器的基本原理、类型、设计方法及其在信号处理中的应用。

（1）理解滤波器的基本概念与分类

明确滤波器的定义，理解其在信号处理中抑制不需要的频率成分、提取有用信号的功能。掌握滤波器按照不同标准的分类方法，如按照通过信号的频率范围分为低通滤波器（LPF）、高通滤波器（HPF）、带通滤波器（BPF）、带阻滤波器（BSF）；按照实现方式分为模拟滤波器、数字滤波器等。

（2）掌握滤波器的主要性能指标

理解截止频率的定义，即滤波器对信号衰减达到一定程度（如-3dB）的频率点。掌握通带增益和阻滞衰减的概念，了解它们如何描述滤波器在通带和阻带内的性能。学习滤波器的相位特性，包括相频特性和群延迟特性，理解它们对信号处理的影响。

（3）学习不同类型滤波器的设计原理

了解 RC 滤波器、LC 滤波器等模拟滤波器的设计原理，掌握其截止频率的计算公式和元件选择方法。学习数字滤波器的设计原理，包括有限冲激响应（FIR）滤波器和无限冲激响应（IIR）滤波器的设计方法。理解数字滤波器相比模拟滤波器的优势，如更好的稳定性、更高的精度和灵活性。

（4）掌握滤波器设计的具体步骤

明确滤波器的设计需求，包括截止频率、通带增益、阻带衰减等性能指标。根据设计需求选择合适的滤波器类型和实现方式。对于模拟滤波器，根据设计公式计算电阻、电容或电感等元件的参数；对于数字滤波器，选择合适的滤波器结构和系数。使用 MATLAB、Simulink 等仿真工具对设计的滤波器进行仿真验证，确保其满足设计要求。

（5）了解滤波器在信号处理中的应用

探讨滤波器在通信系统中的应用，如信道滤波、信号解调等。学习滤波器在音频处理中的应用，如噪声抑制、回声消除等。了解滤波器在图像处理中的作用，如边缘检测、图像平滑等。

（6）解决问题与创新能力的培养

培养学生在面对滤波器设计问题时，能够运用所学知识进行分析、建模和求解的能力。鼓励学生探索滤波器设计的新方法、新技术，培养创新思维和科研能力。

通过完成上述学习目标，学生将能够全面掌握滤波器的基本原理、设计方法和应用技巧，为后续的信号处理、通信、图像处理等领域的学习和研究打下坚实的基础。

8.1 滤波器的概念、分类及工作原理

滤波是消除噪声的一种有效方法，滤波器在配置上一般应靠近 A/D 转换器；对动态信号可采用模拟滤波器，既滤除噪声，又可实现抗混叠滤波。模拟滤波器的截止频率设计在数据采集器的最高采样率的 1/2 处，从而保证了抗混叠滤波作用的实现。滤波器作为一种选频电路，它可以使信号中的某些频率成分以固定的增益通过，而在这些频率以外的成分被极大地衰减，所以说滤波器是实现信号和干扰、噪声分离的关键器件，是最常用的信号调理电路之一。对于一个滤波器，能通过它的频率范围称为该滤波器的频率通带，被它抑制或极大地衰减的频率范围称为频率阻带，通带与阻带的交界点称为截止频率。

滤波器主要由电容、电感和电阻等元件组成。不同类型的滤波器，其元件的连接方式和数量会有所不同。例如，RC 低通滤波器就由一个电阻和一个电容串联而成。滤波器的工作原理主要基于电容和电感对不同频率信号的阻抗差异。电容具有通高频阻低频的特性，而电感则具有通低频阻高频的特性。滤波器的基本结构如图 8.1 所示。

图 8.1 滤波器的基本结构

在众多测量场景下，时变信号电压往往可以视为由多个不同频率和振幅的简谐波叠加而成。滤波器作为一种选频设备，其作用是允许特定频带范围内的信号顺利通过，同时大幅度地抑制其他频率成分。滤波器的这种频率筛选特性在测试技术中发挥着消除噪声、排除干扰信号等重要作用，广泛应用于信号检测、自动控制、信号处理等多个领域。

滤波器可以用不同的方法进行分类，如按通带和阻带的分布不同，滤波器可分为低通、带通、高通和带阻滤波器，以及其他类型的通带滤波器；按处理信号的性质来分，有模拟滤波器和数字滤波器两大类；按滤波器电路中是否含有有源器件，滤波器可分为有源滤波器和无源滤波器；按滤波器以何种方法逼近理想滤波器来分，则有巴特沃思滤波器、切比雪夫滤波器、贝塞尔滤波器等；还可按电路的阶数把滤波器分为一阶滤波器、二阶滤波器等。

（1）滤波器分类

根据滤波器的选频作用，一般分为低通、高通、带通和带阻滤波器。图 8.2 表示了这 4

种滤波器的幅频特性。图 8.2（a）表示低通滤波器，在频率 $0\sim f_2$ 之间，幅频特性平直，它可以使信号中低于 f_1 的频率成分几乎不受衰减地通过，而高于 f_2 的频率成分受到极大的衰减。图 8.2（b）表示高通滤波器，与低通滤波器相反，从频率 $f_1\sim\infty$，其幅频特性平直。它使信号中高于 f_1 的频率成分几乎不受衰减地通过，而低于 f_1 的频率成分将受到极大的衰减。图 8.2（c）表示带通滤波器，它的通频带为 $f_1\sim f_2$，它使信号中高于 f_1 和低于 f_2 的频率成分可以不受衰减地通过，而其他成分受到衰减。图 8.2（d）表示带阻滤波器，与带通滤波器相反，阻带在频率 $f_1\sim f_2$ 之间，它使信号中高于 f_1 和低于 f_2 的频率成分受到衰减，其余频率成分几乎不受衰减地通过。

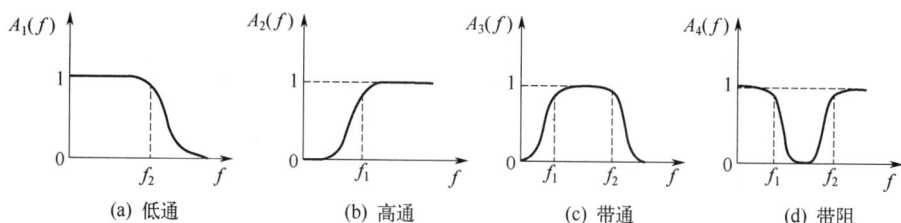

图 8.2 滤波器的幅频特性

上述 4 种过滤带中，在通带和阻带之间存在一个过渡带。在此带内，信号受到不同程度的衰减。这个过渡带是滤波器所不希望的，但也是不可避免的。

（2）滤波器的基本参数

对于理想滤波器，只需规定截止频率就可以说明它的性能，因为在截止频率 f_{c1}、f_{c2} 之间的幅频特性为常数 A_0；在截止频率以外的幅频特性则为零，如图 8.3 所示。而对于实际滤波器，由于它的特性曲线没有明显的转折点，通频带中幅频特性也并非常数，因此需要用更多的参数来描述实际滤波器的性能，主要参数有纹波幅度、截止频率、带宽、品质因数、倍频程选择性等。

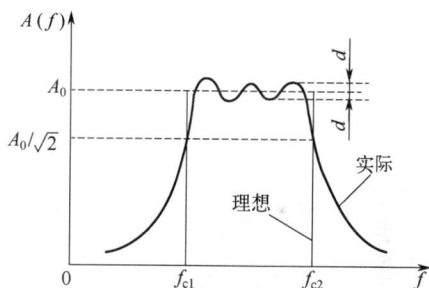

图 8.3 理想带通滤波器与实际带通滤波器的幅频特性

① 纹波幅度 d。在一定频率范围内，实际滤波器的幅频特性可能呈纹波变化。其波动幅度 d 与幅频特性的平均值 A_0 相比，越小越好，一般应远小于-3dB，即 $d\ll A_0/\sqrt{2}$。

② 截止频率 f_c。幅频特性值等于 $A_0/\sqrt{2}$ 所对应的频率称为滤波器的截止频率。以 A_0 为参考值，$A_0/\sqrt{2}$ 对应于-3dB 点，即相对于 A_0 衰减了 3dB。若以信号的幅值平方表示信号功率，则所对应的点正好是半功率点。

③ 带宽 B 和品质因数 Q 值。上下两截止频率之间的频率范围称为滤波器带宽，或-3dB 带宽，单位为 Hz。带宽决定着滤波器分离信号中相邻频率成分的能力——频率分辨率。

在电工中，通常用 Q 代表谐振回路的品质因数。在二阶振荡环节中，Q 值相当于谐振点的幅值增益系数，$Q=1/（2\xi）$（ξ 为阻尼率）。对于带通滤波器，通常把中心频率 f_0 和带宽 B 之比称为滤波器的品质因数 Q。例如，一个中心频率为 500Hz 的滤波器，若其中-3dB 带宽为 10Hz，则 Q 值为 50。Q 值越大，表明滤波器分辨率越高。

8.1.1 滤波器的原理及分类

滤波器是一种用于从信号中分离出特定频率分量或消除不需要的频率分量的电路或设备。在信号处理中，滤波器的主要目的是对信号进行频谱分析或修改，以便更好地适应系统或应用的需求。滤波器的滤波过程如图 8.4 所示。

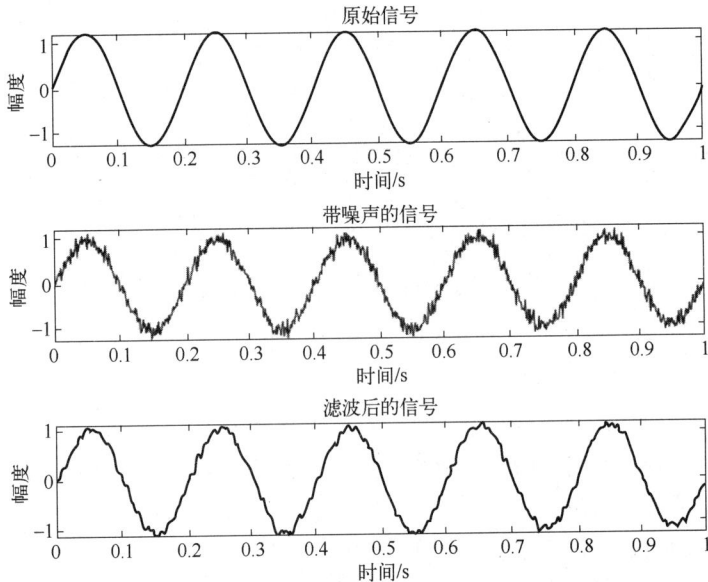

图 8.4 滤波器的滤波过程

滤波器的原理基于信号的频率特性，通过选择性地放大或衰减不同频率的信号分量来实现其滤波功能。

（1）按工作原理分类

模拟滤波器：使用模拟电路元件（如电阻、电容、电感等）实现的滤波器，通常用于连续时间信号的滤波。

数字滤波器：通过数字信号处理技术，在离散时间域上对信号进行滤波，包括 FIR（有限脉冲响应）滤波器和 IIR（无限脉冲响应）滤波器。

（2）按频率响应分类

低通滤波器（LPF）：允许低于截止频率的信号通过，而高于截止频率的信号则被衰减。

高通滤波器（HPF）：允许高于截止频率的信号通过，而低于截止频率的信号则被衰减。

带通滤波器（BPF）：只允许在某一频率范围内的信号通过，低于和高于这一范围的信号都会被衰减。

带阻滤波器（BEF）：与带通滤波器相反，它阻止某一频率范围内的信号通过，而允许其他频率的信号通过。

全通滤波器（APF）：对所有频率的信号都有相同的增益，但会改变信号的相位。

（3）按实现方式分类

有源滤波器：使用有源元件（如晶体管、运算放大器等）实现的滤波器，可以提供增益。

无源滤波器：仅使用无源元件（如电阻、电容、电感等）实现的滤波器，不提供增益。

（4）按设计方法分类

巴特沃思滤波器：具有最大平坦的频率响应，但过渡带较宽。

切比雪夫滤波器：在通带或阻带有等纹波特性，可以获得较窄的过渡带。

椭圆滤波器：在通带和阻带都有等纹波特性，可以实现最窄的过渡带，但设计较复杂。

贝塞尔滤波器：具有最大平坦的群延迟特性，适用于对相位敏感的应用。

（5）按其他特性分类

线性相位滤波器：具有线性相位响应的滤波器，常用于需要保持信号相位的应用。

非线性相位滤波器：相位响应不是线性的滤波器，可能会引入相位失真。

滤波器的选择和设计需要根据具体的应用场景和需求来确定，以便达到最佳的滤波效果。

8.1.2　RC 滤波器

在测试系统中，RC 滤波器经常被采用。其优势在于电路构造简单，能够有效抵抗干扰，并且在低频段表现出良好的性能。

（1）RC 低通滤波器

RC 低通滤波器是一种常见的电子滤波器，由一个电阻和一个电容组成，用于在电路中滤除高频信号，只允许低频信号通过，广泛应用于音频处理、通信系统、电源滤波等领域。

RC 低通滤波器的典型电路如图 8.5 所示。设滤波器的输入电压为 U_x，输出电压为 U_y，其微分方程为

$$RC\frac{\mathrm{d}U_y}{\mathrm{d}t}+U_y=U_x \tag{8.1}$$

令 $\tau=RC$，τ 为时间常数。经拉氏变换得频响函数为

$$H(f)=\frac{1}{\mathrm{j}2\pi f\tau+1} \tag{8.2}$$

这是典型的一阶系统。截止频率取决于 RC 值，截止频率为

$$f_\mathrm{e}=\frac{1}{2\pi RC} \tag{8.3}$$

当 $f\ll\dfrac{1}{2\pi RC}$ 时，其幅频特性 $A(f)=1$，信号不受衰减地通过。

当 $f=\dfrac{1}{2\pi RC}$ 时，$A(f)=\dfrac{1}{\sqrt{2}}$，也即幅值比稳定幅值降了 $-3\mathrm{dB}$。

当 $f\gg\dfrac{1}{2\pi RC}$ 时，输出 U_x 与输入 U_y 的积分成正比，即

$$U_y=\frac{1}{RC}\int U_x\mathrm{d}t \tag{8.4}$$

其对高频成分的衰减率为 $-20\mathrm{dB}/10$ 倍频程。

（2）RC 高通滤波器

RC 高通滤波器的典型电路如图 8.6 所示。设滤波器的输入电压为 u_y，输出电压为 u_x，其微分方程为

$$u_y + \frac{1}{RC}\int u_y \mathrm{d}t = u_x \tag{8.5}$$

同理，令 $\tau = RC$，其频响函数为

$$H(f) = \frac{\mathrm{j}2\pi f\tau}{\mathrm{j}2\pi f\tau + 1} \tag{8.6}$$

（3）带通滤波器

带通滤波器可以被视为由低通滤波器和高通滤波器串联组合而成。在这种串联配置中，原高通滤波器的截止频率成为带通滤波器的下截止频率，如图 8.6 所示，而原低通滤波器的截止频率则成为其上截止频率，如图 8.5 所示。然而，当多个滤波器级联时，需要注意到后一级滤波器实际上成为了前一级滤波器的"负载"，同时前一级滤波器又充当了后一级滤波器的信号源内阻。为了解决这个问题，通常会在两级滤波器之间使用运算放大器等元件进行隔离。因此，实际应用中的带通滤波器往往是有源的。

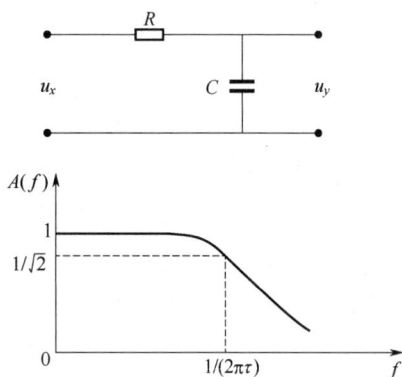

图 8.5　RC 低通滤波器及其幅频特性曲线　　　图 8.6　RC 高通滤波器及其幅频特性曲线

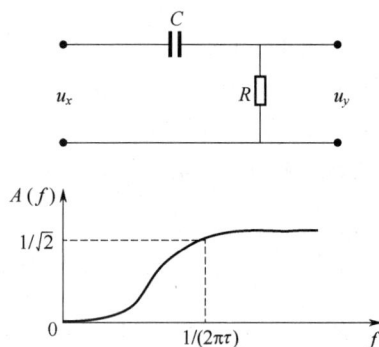

8.1.3　理想滤波器

观察图 8.7 可以发现，4 种滤波器在通频带与阻频带之间均存在一个过渡区域，在此区域内信号会经历不同程度的衰减。这一过渡带的存在是滤波器性能不理想的一个表现。

理想滤波器是一个在物理上无法实现但用于深入理解滤波器特性的理论模型。基于线性系统的不失真测试原理，理想滤波器的频率响应特性应当满足特定的数学条件：

$$H(f) = \begin{cases} A_0\mathrm{e}^{-\mathrm{j}2\pi f t_0}, & |f| < f_\mathrm{c} \\ 0, & \text{其他} \end{cases} \tag{8.7}$$

这种在频域上表现为矩形窗函数的"理想化"低通滤波器，其对应的时域脉冲响应函数为

$$h(t) = 2A_0 f_\mathrm{c} \frac{\sin[2\pi f_\mathrm{c}(t - t_0)]}{2\pi f_\mathrm{c}(t - t_0)} \tag{8.8}$$

若给滤波器一单位阶跃输入

$$x(t) = u(t) = \begin{cases} 1, & t \gg 0 \\ 0, & t = 0 \end{cases}$$

则滤波器的输出为

$$y(t) = h(t) * x(t) = \int_{-\infty}^{\infty} x(\tau)h(t-\tau)\mathrm{d}\tau \tag{8.9}$$

其结果如图 8.7 所示。从图 8.7 可见，输出响应从零值（a 点）到稳定值 A_0（b 点）需要一定的建立时间 $t_b - t_a$。计算积分式（8.8），有

$$T_\mathrm{e} = t_b - t_\mathrm{s} = \frac{0.61}{f_\mathrm{c}} \tag{8.10}$$

式中，t_s 为输出响应的起始时间点（对应图 8.7 中的 a 点，通常为阶跃输入的施加时刻 $t_0=0$）；f_c 为低通滤波器的截止频率，也称为滤波器的通带。f_c 越大，响应的建立时间 T_e 越小，即图 8.7 中的图形越陡峭。如果按理论响应值的 10%～90% 作为计算建立时间的标准，则

$$T_\mathrm{e} = t_b' - t_\mathrm{s}' = \frac{0.45}{f_\mathrm{c}} \tag{8.11}$$

式中，t_b' 为输出响应达到理论值 10% 的时间点；t_s' 为输出响应达到理论值 90% 的时间点。

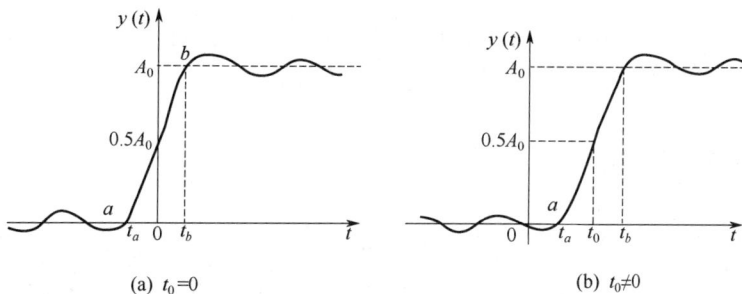

图 8.7　理想低通滤波器对单位阶跃输入的响应

因此，低通滤波器对阶跃响应的建立时间 T_e 和带宽 B（即通频带的宽度）成反比，即

$$BT_\mathrm{e} = 常数$$

这一结论对其他滤波器（高通、带通、带阻）也适用。

滤波器的带宽是衡量其频率分辨能力的一个指标，通频带越狭窄，其分辨力就越高。然而，滤波器的高分辨能力与测量时所需的快速响应之间存在矛盾。当使用滤波器从信号中提取特定频率成分时，需要足够的时间来完成。如果建立时间不足，可能会导致结果失真，但过长的测量时间同样是不必要的。一般采用 $BT_\mathrm{e}=5～10$。

8.1.4　实际滤波器

实际滤波器的性能与理想状态存在一定差距，以下是用于描述其性能特征的几个关键参数：

① 截止频率是幅频特性值等于 $A_0/\sqrt{2}$ 所对应的频率。以 A_0 为参考值，$A_0/\sqrt{2}$ 对应于 $-3\mathrm{dB}$ 点，即相对于 A_0 衰减 3dB。

② 带宽 B 为上、下两个截止频率之间的频率范围，单位为 Hz。

③ 品质因数 Q 为中心频率 f_n 和带宽 B 之比，即

$$Q = \frac{f_n}{B} \tag{8.12}$$

式中，f_n 为上、下截止频率的比例中项，即中心频率，$f_n = \sqrt{f_{c1} f_{c2}}$。

④ 纹波幅度 d_0。实际滤波器在通带内可能出现纹波变化。其波动幅度 d 与幅频特性的稳定值 A_0 相比，越小越好，一般应远小于-3dB，即 $d \ll \dfrac{A_0}{\sqrt{2}}$。

⑤ 倍频程选择性。在过渡带中，幅频曲线的倾斜程度表明了幅频特性衰减的快慢，它决定着滤波器对带宽外频率成分衰减的能力。通常用上截止频率 f_{c2} 与 $2f_{c2}$ 之间，或者下截止频率 f_{c1} 与 $\dfrac{f_c}{2}$ 之间幅频特性的衰减量来表示，即频率变化一个倍频程时的衰减量，这就是倍频程选择性。很明显，衰减越快，滤波器的选择性越好。

⑥ 滤波器因素 λ。这是滤波器选择性的另一种表示方法，用滤波器幅频特性的-60dB 带宽与-3dB 带宽的比值来表示，即

$$\lambda = \frac{B_{-60dB}}{B_{-3dB}} \tag{8.13}$$

理想滤波器 $\lambda = 1$，一般要求滤波器 $1 < \lambda < 5$。如果带阻衰减量达不到-60dB，则以标明衰减量（如-40dB）的带宽与-3dB 带宽之比来表示其选择性。

8.1.5 滤波器的阶次

实际滤波器的传递函数是一个有理函数，即

$$H(s) = \frac{b_m s^m + b_{m-1} s^{m-1} + \cdots + b_1 s + b_0}{a_n s^n + a_{n-1} s^{n-1} + \cdots + a_1 s + a_0} \tag{8.14}$$

式中，n 为滤波器的阶数。滤波器可以根据其阶数进行分类，包括一阶、二阶直至 n 阶滤波器。对于某一特定类型的滤波器来说，阶数的增加会增强其在阻频带上对信号的衰减能力。由于高阶传递函数能够被表示为多个一阶和二阶传递函数的乘积，因此，高阶滤波器的设计可以被简化为对一阶和二阶滤波器进行设计的过程。

8.1.6 滤波器的逼近方式

理想滤波器的性能只能通过实际滤波器来近似实现，而根据不同的设计准则，可以获得不同的频率响应特性。尽管许多电路都具备滤波功能，但以下四种滤波器因其广泛的应用而备受瞩目：巴特沃思（Butterworth）滤波器、切比雪夫（Chebyshev）滤波器、椭圆（Elliptie）滤波器和贝塞尔（Bessel）滤波器。每种滤波器都拥有独特的性能特点。为了阐述滤波器的类型和阶数的一些基本特性，下面将重点讨论低通滤波器的特性。

低通巴特沃思滤波器具有恒定的直流增益，增益是频率 f 和阶数 n 的函数，即

$$G = \cfrac{1}{\sqrt{1 + \left(\cfrac{f}{f_c}\right)^{2n}}} \tag{8.15}$$

式中，n 为滤波器的阶数。方程的曲线如图 8.8 所示。高阶巴特沃思滤波器在阻带的衰减速度高，在接近截止频率 f_c 的过渡带内，增益的斜率没有非常显著的变化。低通切比雪夫滤波器的斜率有较明显的变化，但是是以通带增益的纹波为代价的，如图 8.9 所示。对于设计陷波滤波器，高阶数的切比雪夫滤波器比巴特沃思滤波器更令人满意。椭圆滤波器在通带和阻带之间有很明显的变化，但无论在通带还是阻带中都有纹波。

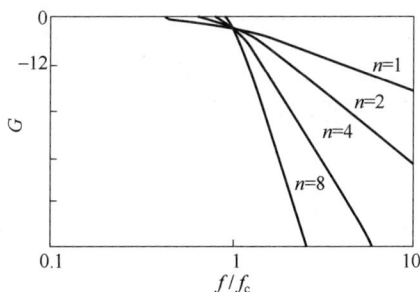

图 8.8　低通巴特沃思滤波器的增益　　　　**图 8.9**　低通切比雪夫滤波器的增益

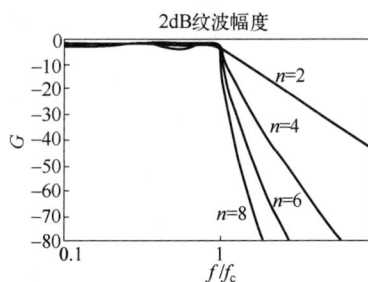

与放大器类似，滤波器也会使信号中各成分的相位成为频率的函数。例如，一个 8 阶的巴特沃思滤波器在截止频率处会产生 360° 的相角变化。对于高阶滤波器而言，这种相位响应可能会引发显著的失真。相比之下，贝塞尔滤波器在通频带内的相频特性更加接近线性，其相角变化相较于其他高阶滤波器更为平缓。如图 8.10 所示，在通频带内（即 $f/f_c < 1$），贝塞尔滤波器的相角变化更为线性。然而，对于给定的滤波器阶数，贝塞尔滤波器在阻带的前两个倍频程内的衰减速度（以 dB/倍频程计）要低于巴特沃思滤波器。但在 f_c 以上的后两个倍频程中，贝塞尔滤波器的衰减速度会增加，并逐渐接近巴特沃思滤波器的性能。

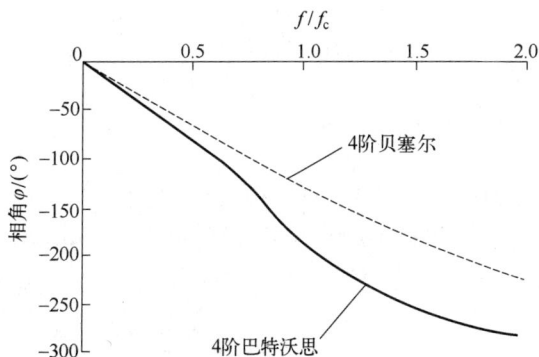

图 8.10　巴特沃思和贝塞尔滤波器相频特性的比较

在选购滤波器时，需要明确指定其类型（如低通）、逼近方法（如巴特沃思）、阶数（如

8 阶）以及截止频率。对于切比雪夫和椭圆滤波器而言，还需要具体说明通带和阻带内的纹波情况。

8.1.7　微分、积分与积分平均

在工程信号分析领域，许多物理量之间都存在着微分与积分的关系。以机械振动研究为例，位移、速度和加速度这三个关键量就通过简单的微分和积分运算相互关联。由于电量的微分与积分运算相对容易实现，因此振动测量系统中通常配备有微分和积分运算电路，从而能够利用同一测量系统灵活地测量位移、速度和加速度。

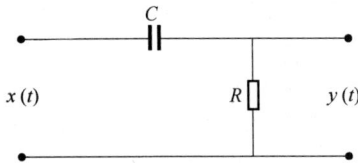

图 8.11　RC 无源微分器

（1）微分器

图 8.11 所示为 RC 无源微分器。从物理结构上看，它与 RC 高通滤波器无异，但由于工作频率范围不同，功能也不一样。$x(t)$ 为输入电压，$y(t)$ 为输出电压，电路的微分方程为

$$y(t) + \frac{1}{RC}\int y(t)\mathrm{d}t = x(t) \tag{8.16}$$

令 $RC = \tau$，则 RC 无源微分器的频率响应函数为

$$H(f) = \frac{\mathrm{j}2\pi f\tau}{\mathrm{j}2\pi f\tau + 1} \tag{8.17}$$

当 $f \gg \dfrac{1}{2\pi\tau}$ 时，$|H(f)| = 1$，系统可视为高通滤波器。

当 $f \ll \dfrac{1}{2\pi\tau}$ 时

$$H(f) \approx \mathrm{j}2\pi f\tau = \tau \times \mathrm{j}2\pi f \tag{8.18}$$

所以

$$Y(f) = \tau \times \mathrm{j}2\pi f X(f) \tag{8.19}$$

根据傅里叶变换的微分性，可得

$$y(t) = \tau \times \frac{\mathrm{d}x(t)}{\mathrm{d}t} \tag{8.20}$$

此时，输出是输入的微分。

（2）积分器

图 8.12 所示为 RC 无源积分器。从物理结构上看，它和 RC 低通滤波器无异，但由于工作频率范围不同，功能也不一样。在 $x(t)$ 为输入电压，$y(t)$ 为输出电压时，电路的微分方程为

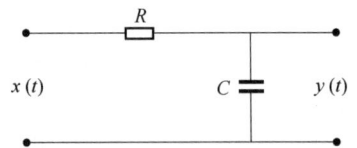

图 8.12　RC 无源积分器

$$RC\frac{\mathrm{d}y(t)}{\mathrm{d}t} + y(t) = x(t) \tag{8.21}$$

令 $RC = \tau$，则该系统的频率响应函数为

$$H(f) = \frac{1}{1 + j2\pi f\tau} \tag{8.22}$$

当 $f \ll \dfrac{1}{2\pi\tau}$ 时，$|H(f)| = 1$，此时系统是一低通滤波器。

当 $f \gg \dfrac{1}{2\pi\tau}$ 时

$$H(f) \approx \frac{1}{j2\pi f\tau} = \frac{1}{\tau} \times \frac{1}{j2\pi f} \tag{8.23}$$

所以

$$Y(f) = \frac{1}{\tau} \times \frac{1}{j2\pi f} \times X(f) \tag{8.24}$$

根据傅里叶变换的积分特性，可得

$$y(t) = \frac{1}{\tau} \int_{-\infty}^{t} x(t)\mathrm{d}t \tag{8.25}$$

此时，输出是输入的积分。

RC 无源微积分器结构简单，性能稳定。因此，在测量系统中广泛地采用这种微积分电路（常与运算放大器组合使用以改善性能）。但是，RC 无源积分器在 $f \ll \dfrac{1}{2\pi\tau}$ 时，是低通滤波器，容易受到低频噪声的干扰；其在 $f \gg \dfrac{1}{2\pi\tau}$ 时，是高通滤波器，易受高频噪声的干扰，使用时要特别注意。

（3）积分平均

在信号分析领域，形如 $\dfrac{1}{T}\displaystyle\int_{0}^{T} x(t)\mathrm{d}t$ 的积分运算至关重要，它被称为积分平均，用于计算函数 $x(t)$ 在区间 $(0,T)$ 的平均值。若 $x(t)$ 代表一个时间函数，则该积分表示信号的均值；若 $x(t)$ 是某函数的平方，则其代表信号的平均功率；而当 $x(t)$ 为两个时间函数的乘积时，它可能代表相关或卷积等运算。在数字信号分析中，积分平均可通过数值计算方法轻松获得，且被视为真平均。接下来将探讨如何利用模拟方法来实现这种积分平均运算。

积分平均实质上是求取被分析信号 $x(t)$ 的直流分量，也就是其零频分量。当信号通过一个测试系统时，如果该系统只允许零频分量通过，而大幅度衰减或阻挡所有其他波动分量，那么输出的直流信号即为积分平均的结果。这一功能可以通过低通滤波器来实现。在实际应用的模拟信号分析系统中，常采用前面提到的 RC 无源低通滤波器。该滤波器的上截止频率 $f_{\mathrm{c}} = \dfrac{1}{2\pi\tau}$，当时间常数 τ 足够大时，可以认为低通滤波器的通带非常狭窄，信号经过此滤波器后，主要输出零频（直流）分量，从而实现积分平均。然而，由于 RC 无源低通滤波器具有一定的带宽，并且其过渡带相对平缓，因此总会有一部分波动分量能够穿过滤波器，导致输出产生波动，进而引入测量误差。

相较于真平均，RC 积分网络的平均时间 T 被设定为 $2RC$。值得注意的是，为了确保 RC 积分平均网络能够准确反映 $x(t)$ 的平均值，必须给予 RC 网络足够的响应时间。经过分析验证，只有当信号输入 RC 网络并持续至少 4 倍的时间常数 τ（即 RC）时，积分平均电路中的电容器电压才能被视为等于 $T=2RC$ 时刻 $x(t)$ 的平均值。若不满足此条件，RC 平均可能会导致显著的偏度误差。因此，被处理的信号需要具备足够的长度。如果信号样本较短，可以考虑将其扩展为周期信号后再进行处理。

需要明确的是，信号的积分与积分平均虽然在形式上相似，且两者都可以通过 RC 低通网络来实现，但它们之间存在着本质的区别。信号的积分旨在求解信号中波动分量（即非零频分量）的原函数，其结果仍然是波动分量，而直流分量是无法进行积分的。在此情况下，作为积分器的 RC 低通网络的有效工作频率范围应满足 $f \gg \dfrac{1}{2\pi\tau}$。相反，积分平均则是为了求解信号的直流分量值，它是一种定积分运算，通常可以通过窄带低通滤波器来实现。这时，RC 低通网络的有效工作范围是 $f \approx 0$。

8.1.8 连续信号分析技术应用实例

（1）幅值调制在测试仪器中的应用

图 8.13 展示了动态电阻应变仪的系统框图。在该图中，电阻应变片被粘贴在测试件上，当受到外力 $x(t)$ 作用时，其电阻值会相应变化，并连接到电桥电路中。一个振荡器产生高频正弦波信号 $z(t)$，作为电桥的工作激励电压。根据电桥的工作原理，它相当于一个乘法器，其输出结果为信号 $x(t)$ 与载波信号 $z(t)$ 的乘积，因此电桥的输出信号即为已调制的 $x(t)$ 信号。该信号经过交流放大后，为了恢复原始信号波形，需要进行相敏检波（即同步解调）。此时，由振荡器提供给相敏检波器的电压信号 $z(t)$ 与电桥的工作电压具有相同的频率和相位。经过相敏检波和低通滤波处理后，可以得到一个与原始信号极性一致但经过放大的信号 $\tilde{x}(t)$。这个信号可以用来驱动仪表或作为后续设备的输入。

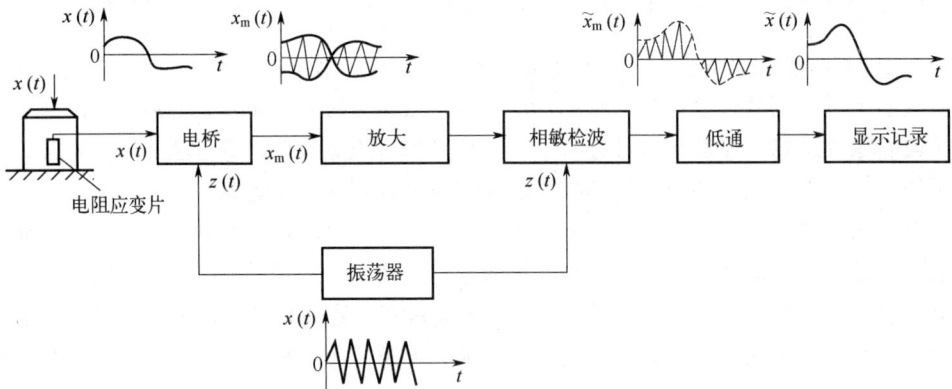

图 8.13 动态电阻应变仪的方框图

（2）频率调制在工程测试中的应用

在利用电容、电涡流或电感传感器来测量位移、力等物理量时，常将电容 C 或电感 L 作为自激振荡器谐振回路的一个调谐元件，此时该振荡器的共振频率会随之确定。

$$\omega = \frac{1}{\sqrt{LC}} \tag{8.26}$$

例如，在电容传感器中以电容 C 作为调谐参数时，则式（8.26）微分后得

$$\frac{\partial \omega}{\partial C} = -\frac{1}{2}(LC)^{-\frac{3}{2}}L = \left(-\frac{1}{2}\right)\frac{\omega}{C} \tag{8.27}$$

所以，当参数 C 发生变化时，谐振回路的瞬时频率

$$\omega = \omega_0 \pm \Delta \omega = \omega_0 \left(1 \pm \frac{\Delta C}{2C_0}\right) \tag{8.28}$$

此表达式揭示了回路振荡频率与调谐参数之间存在着直接的线性相关性。具体而言，在一定范围内，该振荡频率能够与被测参数的变化保持线性对应。这种机制属于频率调制类型，其中 ω_0 代表中心频率，而 ΔC 则扮演调制成分的角色。此类电路能够直接将被测参数的变化转换成振荡频率的变动，因此被称为直接频率调制测量电路。

调频信号的解调，也称为鉴频，是指将频率的变动转换为电压幅度变化的过程。在多种测试设备中，常采用变压器耦合的谐振电路来实现这一转换，具体如图 8.14 所示。图中 L_1、L_2 是变压器耦合的原、副线圈，它们和 C_1、C_2 组成并联谐振回路。将等调频波 e_f 输入，在回路的谐振频率处，线圈 L_1、L_2 中的耦合电流最大，副边输出电压 e_a 也最大。e_f 频率离开 f_n，e_a 也随之下降。e_a 的频率虽然和 e_f 保持一致，但幅值 e_a 却随频率而变化，如图 8.14（b）所示。通常用 e_a-f 特性曲线的亚谐振区近似直线的一段实现频率-电压变换。测量参数（如位移）为零值时，调频回路的振荡频率 f_0 对应特性曲线上升部分近似直线段的中点。

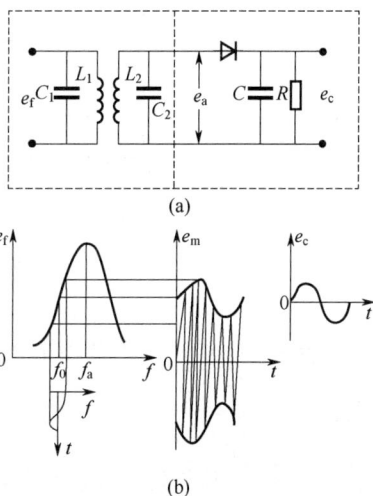

（a）

（b）

图 8.14 用谐振振幅进行鉴频

随着测量参数的变化，幅值 e_a 随调频波频率而近似线性变化，调频波 e_f 的频率却和测量参数保持近似线性关系。因此，对 e_a 进行幅值检波就能获得测量参数变化的信息，且保持近似线性关系。

（3）模拟滤波器的应用

在测试系统及专用仪器仪表中，模拟滤波器扮演着重要的转换角色。举例来说，带通滤波器被用作频谱分析仪中的频率选择组件；低通滤波器则服务于数字信号分析系统，防止频率混叠；高通滤波器在声发射检测仪中用于消除低频干扰噪声；而带阻滤波器则在电涡流测振仪中充当陷波滤波器，等等。

在频谱分析装置中应用的带通滤波器，依据其中心频率与带宽之间的特定关系，可被划分为两大类：一类是带宽 B 不受中心频率 f_0 影响，始终保持恒定，这类滤波器被称为恒带宽带通滤波器，如图 8.15（a）所示，无论中心频率位于哪个频段，其带宽均保持一致；另一类则是带宽 B 与中心频率 f_0 之间的比例维持恒定，这类滤波器被称为恒带宽比带通滤波器，如图 8.15（b）所示，随着中心频率的提升，带宽也相应增宽。

为了确保滤波器在任意频段都能展现出卓越的频率分辨率，恒带宽带通滤波器通常被采

用。当带宽选择得更窄时，频率分辨率会相应提高，但这也意味着为了覆盖整个待检测的频率区间，需要部署数量更多的滤波器。因此，恒带宽带通滤波器并非总是固定中心频率的，而是可以依赖一个参考信号来动态调整其中心频率，使之与参考信号的频率相匹配。在信号频谱分析的过程中，这一参考信号通常由能够进行频率扫描的信号发生器提供。这类能够调整中心频率的恒带宽带通滤波器在相关滤波和扫描跟踪滤波技术中发挥着重要作用。而恒带宽比带通滤波器则被广泛应用于倍频程频谱分析仪中，它包含了一组具有不同中心频率的滤波器。为了确保这些滤波器组合起来能够全面覆盖待分析信号的频率范围，它们的中心频率与带宽是按照特定的规律进行配置的。

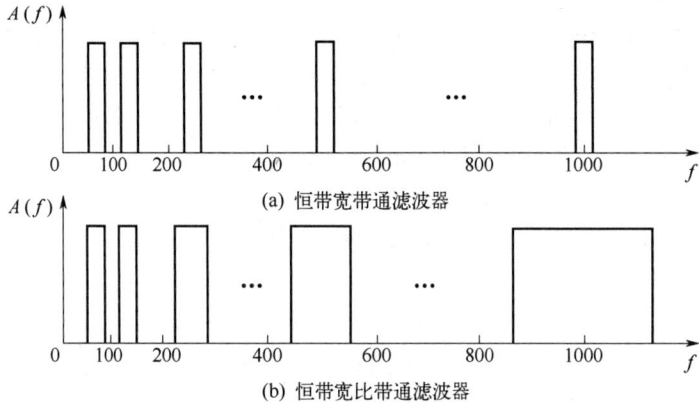

图 8.15 恒带宽与恒带宽比带通滤波器比较

假若任一个带通滤波器的下截止频率为 f_{c1}、上截止频率为 f_{c2}，则 f_{c1} 与 f_{c2} 之间的关系为

$$f_{c2} = 2^n f_{c1} \tag{8.29}$$

式中，n 值称为倍频程数，若 $n=1$，称为倍频程滤波器；$n=1/3$，则称为 1/3 倍频程滤波器。滤波器的中心频率，取为几何平均值，即

$$f_0 = \sqrt{f_{c1} f_{c2}} \tag{8.30}$$

根据式（8.29）和式（8.30），可以得到

$$f_{c1} = 2^{-\frac{n}{2}} f_0 \tag{8.31}$$

$$f_{c2} = 2^{\frac{n}{2}} f_0$$

则滤波器带宽

$$B = f_{c2} - f_{c1} = \left(2^{\frac{n}{2}} - 2^{-\frac{n}{2}}\right) f_0 \tag{8.32}$$

或者用滤波器的品质因数 Q 值来表示，即

$$\frac{1}{Q} = \frac{B}{f_0} = 2^{\frac{n}{2}} - 2^{-\frac{n}{2}} \tag{8.33}$$

故若倍频程滤波器 $n=1$，$Q=1.41$；$n=1/3$，$Q=4.38$；$n=1/5$，$Q=7.2$。倍频数 n 值越小，则 Q 值越大，表明滤波器的分辨力越高。

为了确保被分析信号中的所有频率成分都能被完整保留，带通滤波器组的设计需遵循倍频程关系的中心频率分布，并且各滤波器的带宽需以邻接方式配置。常见的做法是，将前一个滤波器的−3dB 上截止频率精确设定为后一个滤波器的−3dB 下截止频率，如图 8.16 所示。通过这种方式，整个滤波器组能够无缝覆盖所需的频率范围，这样的配置被称为"邻接式"滤波器组。

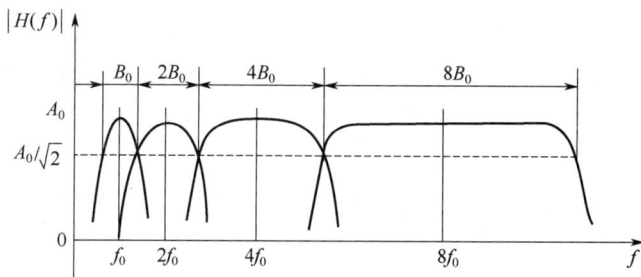

图 8.16 带通滤波器的邻接

当被分析信号输入后，通过输入和输出波段开关依次连接各个滤波器。如果信号中包含与某个带通滤波器通频带相匹配的频率成分，那么这些成分便能在显示或记录仪器上被观测到。

8.2 模拟滤波器

8.2.1 模拟频谱分析

以随机信号的功率谱分析为例，如图 8.17 所示。若将信号 $x(t)$ 通过一个中心频率为 f_0、带宽为 B 的带通滤波器后的输出为 $x(f_0, B, t)$ ，则输出信号在样本长度 T 区的平均功率是

$$\frac{1}{T}\int_0^T x^2(f_0, B, T)dt \tag{8.34}$$

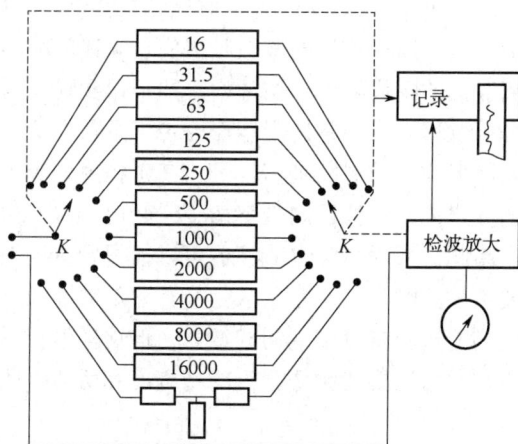

图 8.17 邻接式倍频程滤波器

那么随机信号 $x(t)$ 在 $f = f_0$ 点的自功率谱密度可写为

$$G_x(f_0) = \lim_{T \to \infty, B \to 0} \frac{\frac{1}{T}\int_0^T x^2(f_0, B, t)\mathrm{d}t}{B} \qquad (8.35)$$

通过调整滤波器的中心频率，并在特定的频率区间内进行扫描（即频率扫描），我们可以获取被分析信号的频谱信息。

在实际操作中，我们通常会选取有限的样本长度 T 以及有限的带宽 δ 进行分析。当信号保持相对稳定时，通过采用较窄的滤波器带宽 B，可以获得更加精确的分析结果。图 8.18 呈现了一个分析系统的结构示意图。

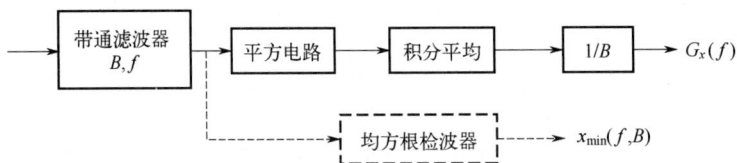

图 8.18　模拟谱分析框图

当应用恒带宽且中心频率可连续调节的带通滤波器时，最终的除以恒带宽步骤仅涉及比例转换和幅度校准。然而，若采用等比例带宽且中心频率同样可连续调节的带通滤波器，随着滤波器中心频率的上升，带宽也会按比例增长，这时就需要实施带宽补偿措施。通过运用中心频率可连续调节的带通滤波器，我们能够获得连续的自功率谱。

在多数测试设备中，带通滤波器的输出会进入一个被称为均方根检波器的电路部分，如图 8.18 中的虚线框所示。均方根检波器的作用是对信号进行平方、积分平均后再开平方根的处理。在连续的频率扫描期间，系统输出的电压随着频率的变化而展现的，即为经过滤波器输出的窄带信号的均方根幅值谱。经过带宽补偿处理后，这一结果就相当于随机信号的有限傅里叶变换，与自功率谱具有等价意义。

对于周期性信号而言，通过频率扫描所获得的频谱即为其幅值谱（也称为均方根幅值谱）。为了清晰地区分频率相近的频谱线，带通滤波器的带宽应当设计得较小。在分析瞬变信号时，一种常用的方法是重复脉冲分析法。该方法的基本原理是将瞬变信号按照某一周期进行延拓，使其变为周期信号，然后，这个周期信号的离散频谱的包络线就能够代表原始瞬变信号的连续频谱。具体而言，用离散谱的幅值除以延拓频率，即可得到瞬变信号在该频率点的幅值谱密度值。在实际的信号分析过程中，经常使用环形磁带记录瞬变信号，当回放时，瞬变信号会以循环的方式输出，从而形成一个周期延拓信号，其延拓周期等于循环回放的周期 T。

为了获取足够的频谱分辨率，滤波器的带宽 B 应当小于 $1/T$。由于滤波器的响应时间与带宽之间存在反比关系，因此，采用窄带宽滤波器可以捕捉到更为细致的频谱细节，但这同时也意味着分析过程需要更长的时间，并且要求信号具备足够的长度和稳定性。相反地，如果追求快速分析，则可能只能选择带宽较宽的滤波器，但这样做会导致获得的频谱信息相对较为粗略。在实际操作中，通常需要在频谱分析的精确度和所需时间之间找到一个合适的平衡点。

8.2.2　常用模拟滤波器的设计

模拟滤波器是一种基于模拟电路元件（如电阻、电容、电感等）实现的滤波器，用于对连续时间信号进行滤波处理。模拟滤波器的设计涉及滤波器的类型选择、频率响应确定、元件数值计算等多个方面。

根据应用场景和信号特性，选择合适的滤波器类型，如低通滤波器、高通滤波器、带通滤波器或带阻滤波器等，确定滤波器的频率响应。根据滤波器的应用需求，确定所需的频率响应，即需要传递或抑制的频率范围。根据滤波器类型和频率响应的要求，选择合适的滤波器拓扑结构，常见的模拟滤波器拓扑结构包括 RC 滤波器、LC 滤波器、有源滤波器等。根据所选的滤波器结构，确定电容、电感、电阻等元件的数值，这可以通过使用合适的设计软件或公式进行计算得出。对于 RC 滤波器，需要注意 R 和 C 值的选取，不仅要考虑频率特性，还要考虑信号源的内部阻抗和负载的阻抗。对于 LC 滤波器，需要注意 L 和 C 的频率特性以及阻抗匹配问题。使用仿真软件对设计的滤波器电路进行分析和模拟，以验证其性能和满足设计需求。根据电路分析和模拟的结果，选择合适的元器件进行实际搭建和测试。在选择元器件时，需考虑到其性能参数、可获得性以及成本等因素。在 LC 滤波器设计中，需要注意终端阻抗与滤波器特性阻抗的匹配问题，以避免性能下降。使用仿真软件对滤波器进行电路分析和模拟，并在实际搭建后进行测试和调整，以确保滤波器的性能满足设计要求。

我们将使用 butter 函数来设计一个巴特沃思低通滤波器，因为它是信号处理中常用的滤波器类型之一，具有平坦的频率响应特性，使用 freqs 函数来绘制滤波器的频率响应。butter 函数用于设计一个 N 阶巴特沃思低通滤波器，其截止频率为 ω_n（归一化频率）。freqs 函数用于计算滤波器在给定频率向量 f 上的频率响应，如图 8.19 所示，分别绘制了滤波器的幅度响应和相位响应。

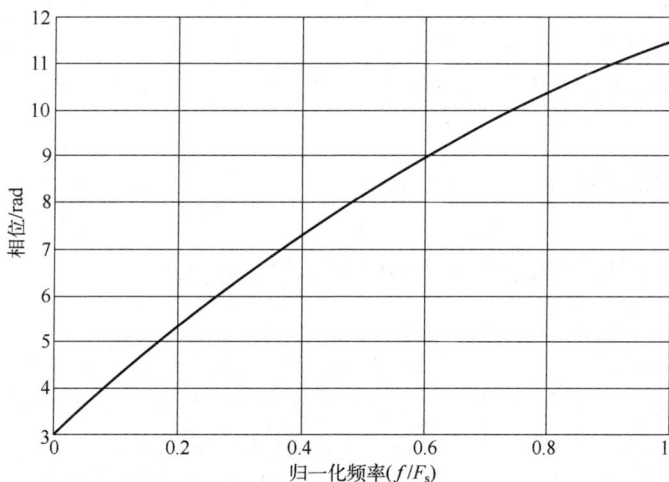

图 8.19　滤波器的频率响应

频率 f 是归一化频率，范围为 0～1，其中 1 代表 Nyquist 频率（即采样频率的一半）。如果想要在实际频率上绘制滤波器响应，需要知道采样频率 F_s，并将归一化频率乘以 F_s 来得到实际频率。如果想要绘制 0～5000Hz 的频率响应，并且采样频率为 10000Hz，则应将 f 设置为 linspace(0, 5000, 400)，并在绘图时相应地调整标签。但是，由于 freqs 函数期望的是归一化频率，因此需要在内部计算中使用归一化频率，而在绘图时可能根据需要转换标签。

例 8.1 设计一个二阶低通模拟滤波器，其截止频率为 f_c=1kHz，阻尼比 ζ=0.707，并求出该滤波器的传递函数 $H(s)$。

解： 在模拟滤波器设计中，二阶低通滤波器是一种常用的滤波器类型，其传递函数通常表示为

$$\left[H(s) = \frac{\omega_n^2}{s^2 + 2\zeta\omega_n s + \omega_n^2} \right]$$

式中，ω_n 是无阻尼自然频率，它与滤波器的截止频率 f_c 和阻尼比 ζ 有关。在无阻尼情况下（即 ζ=0），$\omega_n = 2\pi f_c$。然而，在有阻尼的情况下，我们通常直接根据 f_c 和 ζ 来设计滤波器，而不需要计算 ω_n。但为了说明，我们可以写出它们之间的关系：$[\omega_n = 2\pi f_c \sqrt{1-\zeta^2}]$。在本题中，已知 f_c=1kHz=1000Hz 和 ζ=0.707，直接将这些值代入传递函数的公式中

$$H(s) = \frac{1}{(s/\omega_c)^2 + 2\zeta(s/\omega_c) + 1}$$

其中，$\omega_c = 2\pi f_c$ 是角频率形式的截止频率。然而，在本例中，为了与标准形式保持一致，我们保持分子为 1（这在实际应用中通常通过适当的增益调整来实现）。

因此，将 $\omega_c = 2\pi \times 1000$ 和 ζ=0.707 代入，得到

$$H(s) = \frac{1}{[s/(2\pi \times 1000)]^2 + 2 \times 0.707 \times [s/(2\pi \times 1000)] + 1}$$

为了简化表达式，令 $\omega_0 = 2\pi \times 1000$，则

$$H(s) = \frac{1}{(s/\omega_0)^2 + 2\zeta(s/\omega_0) + 1}$$

式中，ω_0 为角频率形式的截止频率，且在本例中 $\omega_0 = 2\pi \times 1000$。这个传递函数描述了二阶低通滤波器的动态特性，其中截止频率和阻尼比决定了滤波器的性能。

8.3　数字滤波器

8.3.1　数字滤波器的基本网络结构及其信号流图

数字滤波器的基本网络结构主要由加法器、单位延时和乘常数的乘法器三种基本运算单元构成，这些单元的组合和连接方式决定了滤波器的功能和性能。数字滤波器的作用是对输入信号进行滤波，即将输入序列通过一定的运算变换成输出序列。

在探讨数字滤波器的基本网络结构及其信号流图时，我们首先需要理解数字滤波器的基本概念，然后从图 8.20 中了解数字滤波器的信号处理过程。数字滤波器是一种用有限精度算法实现的离散时间线性非时变（DT-LTI）系统，其主要功能是对输入的数字信号进行处理，以改变信号的频谱特性，从而得到所需的输出信号。

数字滤波器的基本网络结构通常可以通过多种方法表示，其中最常见的是方框图法和信

号流图法。这两种方法各有优缺点，但都能有效地描述滤波器的内部运算关系。

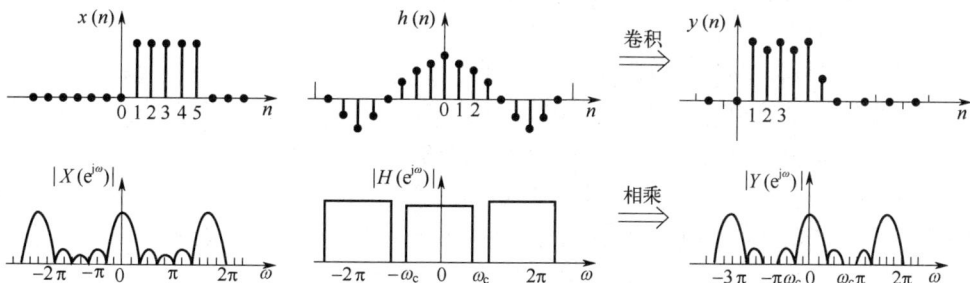

图 8.20　数字滤波器的信号处理过程

方框图法通过图形化地表示滤波器中的基本运算单元（如加法器、单位延迟器和常数乘法器）及其连接关系，来直观地展示滤波器的结构。每个方框代表一个运算单元，方框之间的连线表示信号流。信号流图法比方框图法更为简洁和方便，它同样使用图形化的方式来描述滤波器中的运算单元和信号流，但节点和支路的表示更为紧凑。在信号流图中，圆点表示节点（变量或信号），有向线段表示支路（乘法器或单位延迟器），支路上的增益表示乘法系数或延迟单位。

对于任意结构的数字滤波器，其信号流图可以表示为一系列节点和支路的集合。通过列出每个节点的信号流方程，我们可以推导出滤波器的系统函数。例如，对于一个简单的二阶 IIR 滤波器，其信号流图可能包含几个节点和相应的支路。

设滤波器的输入输出差分方程为

$$y(n)=b_0x(n)+b_1x(n-1)+b_2x(n-2)-a_1y(n-1)-a_2y(n-2)$$

在信号流图中，这个差分方程可以表示为一系列节点和支路，其中每个节点对应一个信号[如 $x(n)$、$x(n-1)$、$y(n-1)$ 等]，每条支路对应一个乘法系数（如 b_0、b_1、a_1 等）或单位延迟（如 z^{-1}）。

为了从信号流图中推导出系统函数，需要列出所有节点的信号流方程，并解这个方程组以找到输出信号 $y(n)$ 与输入信号 $x(n)$ 之间的关系。这个过程通常涉及矩阵运算和符号推理，特别是在处理复杂结构的滤波器时。在 MATLAB 等科学计算软件中，可以利用符号运算功能来求解信号流图对应的矩阵方程，从而得到滤波器的系统函数。这种方法不仅简化了计算过程，还提高了结果的准确性。在实际应用中，我们可以根据滤波器的具体需求选择合适的实现方法，并利用现代计算工具来辅助设计和分析。

FIR（有限脉冲响应）滤波器：FIR 滤波器的网络结构不存在输出对输入的反馈支路。其单位脉冲响应 $h(n)$ 是有限长的，即只有有限个非零值。FIR 滤波器的差分方程可以表示为

$$y(n) = \sum_{i=0}^{M} b_i * x(n-i)，\ i=0\sim M$$

式中，$y(n)$ 是输出序列；$x(n)$ 是输入序列；b_i 是滤波器的系数；M 是滤波器的阶数。

IIR（无限脉冲响应）滤波器：与 FIR 滤波器不同，IIR 滤波器存在输出对输入的反馈支路。其脉冲响应是无限长的，但通常在实际应用中只考虑有限时间内的响应。IIR 滤波器的差分方程可以表示为

$$y(n) = \sum b_i * x(n-i) - \sum a_i * y(n-i) , \quad i=0\sim M, \ N$$

这里，a_i 是反馈系数，M 和 N 分别是前向和反馈系数反馈的阶数。IIR 滤波器的实现结构有多种，如直接 I 型、直接 II 型、级联型和并联型等。

对于 FIR 滤波器，其信号流图通常呈现为横向结构，即输入信号经过一系列延时和乘法运算后直接相加得到输出信号。对于 IIR 滤波器，其信号流图则包括反馈支路，即输出信号经过延时和乘法运算后再反馈到输入端与新的输入信号进行运算。

总结来说，数字滤波器的基本网络结构由加法器、单位延时和乘常数的乘法器三种基本运算单元构成，而 FIR 滤波器和 IIR 滤波器是两种常见的数字滤波器类型。通过信号流图可以直观地了解滤波器的信号处理流程和运算单元的连接方式。

8.3.2　IIR 数字滤波器

IIR（无限脉冲响应）数字滤波器的设计是一项关键性的数字信号处理任务。它涉及选择和设计适当的滤波器系数，以便在给定的频率范围内满足特定的幅频和相频响应要求。

在设计 IIR 滤波器之前，首先需要明确滤波器的设计需求，这包括确定滤波器的类型（如低通、高通、带通或带阻）、通带和阻带的截止频率、通带内的最大衰减（纹波）以及阻带内的最小衰减等。这些需求将直接影响滤波器的性能和设计复杂度。根据设计需求，选择合适的滤波器类型，常见的 IIR 滤波器类型包括巴特沃思（Butterworth）滤波器、切比雪夫（Chebyshev）滤波器、椭圆（Elliptic）滤波器和贝塞尔（Bessel）滤波器等。每种类型都有其独特的幅频和相频响应特性，需要根据具体应用场景进行选择。滤波器的阶数决定了滤波器的复杂度和性能，一般来说，阶数越高，滤波器的性能越好，但计算复杂度也相应增加。在确定滤波器阶数时，需要权衡滤波器的性能要求和计算资源。IIR 滤波器的设计关键在于计算滤波器的系数，这通常通过求解一组线性方程组或优化问题来实现。具体方法包括双线性变换（Bilinear Transform）、脉冲响应不变法（Impulse Invariance）和频率采样法（Frequency Sampling）等。这些方法各有优缺点，需要根据具体情况进行选择。在设计 IIR 滤波器时，必须确保滤波器的稳定性，稳定性意味着滤波器的输出响应不会随时间的推移而无限增长。通常，通过检查滤波器的极点位置来判断其稳定性。如果所有极点都位于单位圆内，则滤波器是稳定的。在滤波器设计完成后，需要对其性能进行评估，包括检查滤波器的幅频和相频响应是否符合设计要求，以及在实际应用中的性能表现。可以通过仿真软件或实际测试来评估滤波器的性能。如果滤波器的性能不满足要求，可以通过优化算法来改进其性能，优化算法的目标是在满足设计要求的前提下，最小化滤波器的计算复杂度和存储需求。常见的优化算法包括最小均方误差（MMSE）优化、最大信噪比（SNR）优化和最小熵优化等。最后，将设计好的 IIR 滤波器实现为具体的代码或硬件电路，需要根据具体的应用场景和平台来选择合适的实现方式。在实现过程中，需要注意滤波器的精度、稳定性和实时性等方面的要求。

总之，IIR 数字滤波器的设计是一个复杂而关键的过程。通过明确设计需求、选择合适的滤波器类型、确定滤波器阶数、计算滤波器系数、检查滤波器稳定性、评估滤波器性能、优化滤波器性能以及实现滤波器等步骤，可以设计出满足要求的 IIR 数字滤波器。

IIR 滤波器使用反馈回路实现滤波功能，其中一个常见的设计方法是巴特沃思滤波器，通过最小化通带和阻带的纹波来实现频率响应的平坦性，利用该设计方法可以获得平坦的幅-频响应，但会带来相位延迟。IIR 滤波器是一种常见的数字滤波器，其名称"IIR"指的是"无限冲激响应"。相对于 FIR 滤波器而言，IIR 滤波器的脉冲响应是无限长的，这是因为 IIR 滤波器是通过反馈回路来实现滤波功能的。IIR 滤波器具有比 FIR 滤波器更高的灵活性和更低的阶数，但也会带来一些挑战，比如相位响应非线性和可能的不稳定性。

设计步骤如下：

① 确定滤波器的规格。确定滤波器的通带、阻带、过渡带的频率范围和幅度响应要求，这些参数决定了滤波器的设计目标。

② 确定滤波器的阶数。通常情况下，IIR 滤波器的阶数可以较低，并且能实现与高阶 FIR 滤波器相同的性能。确定阶数的过程通常与滤波器的规格和设计方法有关。

③ 进行归一化。为了简化设计过程，通常将指定的通带截止频率归一化到 1（角频率）。然后，可以根据归一化的截止频率计算巴特沃思滤波器的截止频率。

④ 进行频率变换。为了将归一化的截止频率变换为实际频率，需要进行频率变换。这个过程涉及使用双线性变换或其他变换方法将归一化的频率映射到实际的频率范围内。

⑤ 设计原型滤波器。应用频率变换可以设计一个原型滤波器，该滤波器具有所需的频率响应特性，比如巴特沃思滤波器的平坦幅频响应特性。

⑥ 滤波器实现。将原型滤波器通过反馈回路或级联结构实现为 IIR 滤波器。这涉及计算巴特沃思滤波器的系数，并根据需要选择合适的滤波器结构。IIR 滤波器的设计过程涉及对极点和零点的分析和处理，极点和零点决定了滤波器的频率响应特性，并且对滤波器的稳定性和相位响应产生影响。因此，在设计 IIR 滤波器时，需要仔细考虑极点和零点位置以及它们的数量和互连关系。总结起来，IIR 滤波器是一种通过反馈回路实现滤波功能的数字滤波器，它具有比 FIR 滤波器更高的灵活性和更低的阶数，但需要注意相位响应的非线性和可能的不稳定性问题。

IIR（无限冲激响应）滤波器是一种常见的数字滤波器，它在信号处理和实际工程中有着广泛的应用。IIR 滤波器是一种递归滤波器，其具有递归结构，这意味着滤波器的输出不仅取决于当前输入，还取决于过去的输出。这种结构使得 IIR 滤波器具有较小的阶数和更高的滤波器特性和灵活性。IIR 滤波器的传递函数可以表示为有理函数的形式，其中包含了多项式的分子和分母。这些多项式的系数决定了滤波器的频率响应特性，图 8.21 就是 IIR 数字滤波器的频率响应图。由于 IIR 滤波器具有递归结构，所以它可以实现窄带滤波器、带通滤波器、高通滤波器、低通滤波器等多种滤波器类型。

IIR 滤波器相对于 FIR 滤波器而言，具有以下三个特点：

① 较低的滤波器阶数。相同频率响应要求下，IIR 滤波器通常比 FIR 滤波器具有更低的阶数，从而减少了计算量和存储需求。

② 递归性质。IIR 滤波器具有递归结构，这使得它对输入信号的响应可以持续延迟，并且具有较长的记忆能力和较窄的带宽。

③ 宽频带特性。IIR 滤波器通常比 FIR 滤波器更适合于宽频带信号处理，因为它们能够提供更高的滤波器斜率和更快的过渡带。

在实际工程中，IIR 滤波器有着广泛的应用领域，具体如下：

① 音频处理。IIR 滤波器在音频信号的均衡、音效增强和音乐合成等方面具有重要作用。它们可以用于音频播放器、音频编辑软件和音频处理器中，以提供多种音效和音频特效。

② 语音处理。IIR 滤波器在语音信号的去噪、降低失真、频率变换等方面可发挥作用。在语音通信系统和语音识别系统中，IIR 滤波器用于提取有效的语音信息和去除背景噪声。

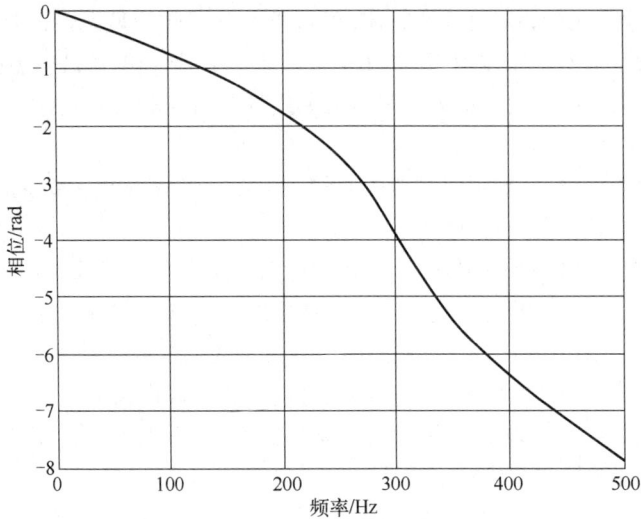

图 8.21 IIR 数字滤波器的频率响应

③ 生物医学工程。IIR 滤波器在生物医学信号处理中广泛应用。例如，在心电图（ECG）分析中，IIR 滤波器可以用于去除异常噪声或频率干扰，以提取出心脏信号的相关特征。

④ 通信系统。IIR 滤波器在数字通信系统中扮演重要角色。例如，IIR 滤波器可用于调制解调、信道均衡、载波恢复等方面，以提高通信系统的性能和可靠性。

⑤ 图像处理。IIR 滤波器在图像增强、边缘检测、模糊去除等方面具有重要应用。它们广泛应用于数字照相机、图像编辑软件和计算机视觉系统中，以改善图像质量和提取图像特征。

总结起来，IIR 滤波器具有递归结构和相对较高的灵活性，在音频处理、语音处理、生物医学工程、通信系统和图像处理等领域都有着广泛的应用。通过调整 IIR 滤波器的系数和结构，可以实现不同应用场景下的信号处理需求，提高系统的性能。

8.3.3 FIR 数字滤波器

FIR（有限脉冲响应）数字滤波器的设计是数字信号处理中的一个重要环节。

FIR 数字滤波器设计的主要目的是通过去除不必要的噪声、滤波干扰信号、增强信号的频带等方式来提高信号质量，使得信号在传输、处理、分析等过程中更加稳定和可靠。

根据实际需求和信号特性，选择适合的 FIR 数字滤波器类型（如低通、高通、带通、带阻等）。根据滤波器的通带、阻带、截止频率等参数设计出所需的频率响应。窗函数是 FIR 数字滤波器设计中不可或缺的一步，它可以用来平滑滤波器的频率响应曲线，减小滤波器的截止频率以及滤波器的阻带纹波。常用的窗函数有汉明窗、汉宁窗、布莱克曼（Blackman）窗等。滤波器的阶数反映了滤波器的复杂度，阶数越高，滤波器的性能也就越好。但同时也会增加运算量和延迟时间，需要根据实际需求和性能要求来确定滤波器的阶数。根据所选的窗函数、滤波器类型、频率响应和阶数等参数，利用 MATLAB 等工具计算 FIR 数字滤波器的系数。将计算得到的滤波器系数采用 FPGA、DSP 等数字信号处理器件实现滤波器。

FIR 滤波器具有严格的线性相频特性，这在通信、图像处理、模式识别等领域中非常重要。FIR 滤波器的单位抽样响应是有限长的，因此滤波器是稳定的系统。选择合适的窗函数和滤波器阶数，可以优化滤波器的性能，如减小过渡带宽度、降低阻带纹波等。在设计过程中，可以通过优化算法（如最小均方误差优化、最大信噪比优化等）来改进滤波器的性能。实现 FIR 滤波器时，可以利用 FPGA 的并行性和可扩展性，通过乘累加的快速算法设计出高速的 FIR 数字滤波器。

　　FIR 数字滤波器的设计是一个综合了数学、信号处理、硬件实现等多个领域知识的复杂过程。通过明确设计需求、选择合适的滤波器类型、确定滤波器阶数、计算滤波器系数和实现滤波器等步骤，可以设计出满足要求的 FIR 数字滤波器。在实际应用中，FIR 滤波器在提升信号质量、降低噪声干扰等方面发挥着重要作用。

　　FIR 滤波器是一种常见的数字滤波器，其名称"FIR"指的是"有限冲激响应"。它的特点是滤波器的脉冲响应是有限长的，即滤波器的输出仅取决于输入信号和滤波器的冲激响应。相比于 IIR 滤波器，FIR 滤波器具有线性相位特性和稳定性，这使得它在许多应用领域中被广泛使用。

　　FIR 滤波器的设计方法有多种，其中一种常见的方法是窗函数法。该方法基于将期望的频率响应形状乘以一个窗函数来设计滤波器，设计步骤如下：

　　① 确定滤波器的规格。确定滤波器的通带、阻带、过渡带的频率范围和幅度响应要求，这些参数决定了滤波器的设计目标。

　　② 确定滤波器的阶数。阶数决定了滤波器的复杂度和性能。一般来说，阶数越高，设计的滤波器性能越好，但计算复杂度也会增加。

　　③ 选择窗函数。窗函数是一个在有限时间内衰减的函数，用于将滤波器的频率响应限定在规定的频率范围内。常见的窗函数有矩形窗、汉宁窗、汉明窗等。不同的窗函数会影响滤波器的频率响应特性。

　　④ 计算滤波器的冲激响应。根据选择的窗函数，可以计算出滤波器的冲激响应。冲激响应是滤波器的脉冲响应，它描述了输入信号为单位冲激时的输出情况。

　　⑤ 将冲激响应进行归一化和平移。为了满足系统的因果性和稳定性，需要对冲激响应进行归一化和平移操作。

　　将得到的冲激响应序列进行离散时间卷积，可以实现 FIR 滤波器。离散时间卷积是通过计算输入信号与冲激响应的加权和来获得输出信号的。通过以上步骤，设计出满足特定要求的 FIR 滤波器。FIR 滤波器的优点是具有稳定性和线性相位特性，可以精确控制频率响应。然而，相比于 IIR 滤波器，FIR 滤波器的阶数通常较高，从而增加了计算复杂度。因此，在实际应用中需要根据具体的需求平衡性能和计算资源的关系。

　　FIR（有限冲激响应）滤波器在实际工程中应用广泛，并且具有许多重要的特点和优势，使它成为各种应用领域的首选。FIR 滤波器在语音和音频处理中是非常重要的，可以用于音频信号的均衡、降噪、去混响、降低失真等。在音频播放器中，FIR 滤波器负责调整音频的频率响应，以实现声音的均衡和增强。在语音通信系统中，FIR 滤波器常用于声音的预处理，去除环境噪声和回声等，提高语音的质量和清晰度。FIR 滤波器在无线通信系统中起着关键的作用，用于信号调制、解调、信道均衡、前向纠错编码等。在数字调制解调器中，FIR 滤波器用于抗干扰、抗多径衰落和提高信号品质。在 OFDM（正交频分多路复用）系统中，FIR 滤波器用于信道均衡，以解决信号传输过程中的时延扩展和频偏等问题。

　　FIR 滤波器在图像和视频处理中非常重要，可以用于图像平滑、边缘增强、图像锐化等。

在数字摄像机中，FIR 滤波器被用于降噪和增强图像的细节和清晰度。在视频编码中，FIR 滤波器被用来进行图像预处理、运动估计、区块效应等，以提高视频编码的效果和质量。FIR 滤波器在生物医学工程中扮演着重要角色，在生理信号处理中，如心电图（ECG）信号处理，FIR 滤波器可用于去除噪声、基线漂移、运动干扰等，提取出高质量的生物信号，用于疾病诊断和分析。FIR 滤波器在雷达系统和信号处理中也得到广泛应用，可以用于脉冲压缩、目标检测、目标跟踪、多普勒滤波等。在雷达系统中，FIR 滤波器被用于对接收信号进行滤波，以去除噪声和干扰，提高目标的探测性能和跟踪精度。

总结起来，FIR 滤波器在实际工程中的应用非常广泛，涵盖了多个领域。它们在语音和音频处理、无线通信系统、图像和视频处理、生物医学工程和雷达等领域起到至关重要的作用。调整 FIR 滤波器的系数和结构，可以实现不同应用场景下的信号处理需求，并提高系统的性能和效果。

例 8.2 设计一个二阶无限冲激响应（IIR）数字低通滤波器，其归一化截止频率为 0.2π（对应于采样频率的一半），并假设采用巴特沃思滤波器设计，阻尼比（对于 IIR 滤波器，通常不直接提及阻尼比，但我们可以考虑滤波器的平滑度）通过滤波器的阶数来隐含控制。设计一个二阶滤波器，并求出其差分方程。

解： 在数字信号处理中，数字滤波器用于处理离散时间信号。对于低通滤波器，其目的是允许低频信号通过，同时衰减高频信号。巴特沃思滤波器是一种具有最大平坦幅度响应的滤波器，在通带内具有最平坦的频率响应，且随着频率的增加，其衰减是单调且均匀的。

对于 IIR 滤波器，通常不直接提及阻尼比（如模拟滤波器中的情况），而是通过滤波器的阶数和截止频率来设计滤波器。在本例中，设计一个二阶巴特沃思低通滤波器。

首先，需要确定滤波器的归一化截止频率。在数字滤波器设计中，归一化截止频率是相对于采样频率的一半（即 πrad/sample）来定义的。本例中，归一化截止频率为 0.2π。

接下来，对于巴特沃思滤波器，可以使用现成的设计公式或软件工具（如 MATLAB 的 butter 函数）来设计滤波器。然而，为了手动说明，可以直接写出二阶巴特沃思低通滤波器的差分方程的一般形式：

$$y(n) = b_0 x(n) + b_1 x(n-1) + b_2 x(n-2) - a_1 y(n-1) - a_2 y(n-2)$$

式中，$x(n)$ 为输入信号；$y(n)$ 为输出信号；b_0、b_1、b_2 为前馈系数；a_1、a_2 为反馈系数。这些系数取决于滤波器的设计参数（即截止频率和滤波器阶数）。

对于二阶巴特沃思低通滤波器，其系数可以通过查表或使用设计公式得到。但在这里，不直接计算这些系数，而是强调差分方程的形式。

8.3.4 数字滤波器举例设计

FIR（有限脉冲响应）滤波器以其线性相位的特性在数字信号处理中广泛应用，特别是在需要保持信号相位的应用中，如通信系统和图像处理。本例将展示一个 FIR 数字滤波器的设计过程，包括确定滤波器类型与性能指标、选择窗函数、确定滤波器阶数、计算滤波器系数和性能评估等步骤，通过合理选择设计参数和优化方法，可以设计出满足要求的数字滤波器。

根据应用场景确定滤波器类型（如低通、高通、带通等），确定滤波器的性能指标，如通带截止频率、阻带截止频率、通带最大衰减、阻带最小衰减等。选择一个合适的窗函数，如矩形窗、汉宁窗、汉明窗、布莱克曼窗等，窗函数的选择会影响滤波器的过渡带带宽和阻滞衰减。根据性能指标和所选窗函数确定滤波器的阶数，阶数越高，滤波器的性能越好，但计算复杂度也会增加。使用理想的频率响应（基于滤波器类型和性能指标）和所选的窗函数，通过傅里叶反变换或频域采样法计算滤波器的系数。绘制滤波器的频率响应图，评估其在通带和阻带的性能是否满足要求。如果滤波器的性能不满足要求，可以调整滤波器阶数、更换窗函数或采用其他优化方法。

假设需要设计的低通 FIR 滤波器性能指标如下。

通带截止频率：1kHz。

阻带截止频率：1.5kHz。

通带最大衰减：1dB。

阻带最小衰减：60dB。

采样频率：8kHz。

设计步骤如下。

选择窗函数：为了获得较好的过渡带带宽和阻滞衰减，选择汉明窗。

确定滤波器阶数：通过试凑法或查阅相关表格，可以选择滤波器阶数为 $N=128$。

计算滤波器系数：使用 MATLAB 或其他数字信号处理软件，根据理想的低通频率响应和汉明窗，计算出 FIR 滤波器的系数。

性能评估：绘制滤波器的频率响应图，检查其在通带和阻带的性能是否满足要求。如果不满足，可以调整滤波器阶数或更换窗函数进行优化。

在计算机图形学中，也会使用数字滤波器来处理图像。如平滑滤波器（如均值滤波器）用于去除噪声，锐化滤波器（如 Sobel 滤波器）用于增强图像的边缘细节。数字滤波器是计算机中常用的信号处理工具，用于对数字信号进行滤波和信号处理。它可以通过对输入信号进行采样和离散化，然后应用特定的滤波算法来实现信号的频率选择和去除噪声等处理操作。

数字滤波器可以分为两大类：有限冲激响应（FIR）滤波器和无限冲激响应（IIR）滤波器。

FIR 滤波器是一种线性时不变系统，其特点是脉冲响应有限长。FIR 滤波器通常使用离散时间卷积运算来处理输入信号。

其操作步骤如下。

① 确定滤波器的阶数：阶数决定了滤波器的复杂度和频率响应特性。

② 设计滤波器的频率响应曲线：可以通过设计滤波器的幅频响应曲线来满足特定的滤波需求，如低通滤波、高通滤波、带通滤波或带阻滤波。

③ 选择滤波器的窗函数：一种常见的方法是使用窗函数来设计 FIR 滤波器，如矩形窗、汉宁窗、布莱克曼窗等。

④ 计算滤波器的冲激响应：通过将设计的频率响应函数与所选择的窗函数结合，进行离散时间卷积运算，计算滤波器的冲激响应。

⑤ 实现滤波器：将得到的冲激响应作为滤波器的系数，通过卷积运算将输入信号与滤波器系数相乘并求和，即可得到滤波后的输出信号。

IIR 滤波器是一种反馈式滤波器，其特点是脉冲响应是无限长的。IIR 滤波器可以实现更高的滤波器阶数，具有相对复杂的频率响应特性。IIR 滤波器的设计步骤如下。

① 确定滤波器的阶数：阶数决定了滤波器的复杂度和频率响应特性。

② 确定滤波器的形式：常见的 IIR 滤波器形式包括巴特沃思滤波器、切比雪夫滤波器、

椭圆滤波器等，每种滤波器形式具有不同的频率响应特性和性能。

③ 设计滤波器的频率响应：选择滤波器的通带、阻带、过渡带等参数，并设置满足要求的频率响应。

计算滤波器的极点和零点：滤波器的极点和零点决定了其频率响应和稳定性。可以通过设计的频率响应公式计算滤波器的极点和零点。

使用反馈回路或级联结构将极点和零点转换为滤波器的差分方程，然后将输入信号和滤波器的差分方程相乘并求和，即可得到滤波后的输出信号。数字滤波器在计算机中被广泛应用于信号处理、音频处理、图像处理、通信等领域。它们能够对信号进行有效的去噪、滤波、频率选择和信号增强等处理，为数字信号处理提供了重要的工具和方法。

例8.3 设计一个二阶数字低通滤波器，其归一化截止频率为 0.25π（对应于采样频率 f_s 的一半的 25%），采用巴特沃思滤波器的设计方法。请给出该滤波器的差分方程，并计算其前馈系数 b_0、b_1、b_2 和反馈系数 a_1、a_2。

解： 在数字信号处理中，设计数字滤波器是常见的任务。对于本例，需要设计一个二阶巴特沃思低通滤波器，其截止频率已给定为归一化频率 0.25π。巴特沃思滤波器以其通带内最平坦的幅度响应而著称，适用于需要平滑过渡带的应用场景。

首先，需要使用某种方法来计算滤波器的系数。在实际应用中，通常会使用现成的软件工具（如 MATLAB 的 butter 函数）或查找表来得到这些系数。但在这里，将通过概念性的方式来说明如何获取这些系数。对于二阶巴特沃思低通滤波器，其差分方程的一般形式为

$$y(n) = b_0 x(n) + b_1 x(n-1) + b_2 x(n-2) - a_1 y(n-1) - a_2 y(n-2)$$

式中，$x(n)$ 是输入信号；$y(n)$ 是输出信号；b_0、b_1、b_2 是前馈系数；a_1、a_2 是反馈系数。

为了得到这些系数，我们可以使用 MATLAB 的 butter 函数。在 MATLAB 中，你可以这样做：

```matlab
% MATLAB 代码示例
[b, a] = butter(2, 0.25, 'low');
```

这行代码会返回一个包含前馈系数 b_0、b_1、b_2 的向量 **b** 和一个包含反馈系数 1、a_1、a_2 的向量 **a**。注意，**a** 的第一个元素总是 1，因为差分方程中 $y(n)$ 的系数被归一化为 1。我们得到了以下系数：

$$\boldsymbol{b} = [0.2929 \ -0.5857 \ 0.2929], \quad \boldsymbol{a} = [1 \ -0.8660 \ 0.4665]$$

有了这些系数，就可以写出滤波器的差分方程：

$$y(n) = 0.2929x(n) - 0.5857x(n-1) + 0.2929x(n-2) - 0.8660y(n-1) + 0.4665y(n-2)$$

习题

（1）滤波器在信号处理中的作用是什么？请简述低通滤波器和高通滤波器的基本区别。

（2）（　　）在图像处理中常用于去除图像噪声，同时尽量保留边缘信息。

A. 理想低通滤波器

B. 巴特沃思低通滤波器

C. 切比雪夫低通滤波器

D. 高斯低通滤波器

（3）设计一个二阶无限冲激响应（IIR）低通滤波器，给定其截止频率为 1kHz，采样频率为 8kHz。请简述设计该滤波器时可能采用的一种设计方法，并说明该方法的关键步骤。

（4）在音频处理中，为什么常常需要在数字音频信号通过扬声器之前应用一个数字滤波器？请列举至少两个原因，并简要说明。

（5）请简述自适应滤波器在通信系统中的应用，并给出一个具体的应用场景。

本书配套资源

第**9**章
随机信号分析基础

本章学习目标

实际工程中多数测试信号为随机信号,因此随机信号处理与分析是测试技术的重要内容。对获取所需的有用信息起着重要的作用。

（1）掌握随机信号的基本概念和统计特征参数；

（2）熟练掌握概率密度函数、数学期望、方差、自相关函数、互相关函数的定义、物理意义和性质；

（3）掌握随机信号功率谱密度函数的定义及物理意义，理解功率谱分析应用的原理。

9.1 随机信号的基本概念

随机信号是按时间随机变化而不可预测的信号。它与确定性信号有着很大的不同，其任意瞬时值是一个随机变量，具有各种可能的取值，不能用确定的时间函数描述。在机械工程动态测试中，随机信号普遍存在，例如在道路上行驶的车辆所受的振动、机床主轴的振动、切削刀具的振动等。因此，随机信号分析与处理是机械工程测试技术的重要组成部分。

在相同条件下，对随机信号每次观测的结果都不一样，表现出不重复性、不确定性和不可预估性，因此随机信号不能用确定的数学关系来描述。但从相同条件下的总体来看，却存在着一定的统计规律，可以用概率和统计的方法来描述。

产生随机信号的物理现象称为随机现象，产生随机现象的过程称为随机过程。随机过程可分为平稳随机过程和非平稳随机过程两类。平稳随机过程又可分为各态历经过程和非各态历经过程。非平稳随机过程又可按非平稳随机过程的性质分成各种特殊的类别。随机过程的分类如图 9.1 所示。

对随机过程作长时间的观测和记录，可以获得一个时间历程，称其为样本函数并记作 $x_i(t)$，如图 9.2 所示。在有限时间区间上的样本函数称为样本记录。在相同试验条件下，对该过程重复观测，可以得到互不相同的许多样本函数：$x_1(t), x_2(t), \cdots, x_i(t)$，全部样本函数的集合（总体）就是随机过程，记作 $\{x(t)\}$，即

$$\{x(t)\} = \{x_1(t), x_1(t), \cdots, x_i(t)\} \tag{9.1}$$

一般说来，任何一个样本函数都无法恰当地代表随机过程 $\{x(t)\}$。随机过程在任何时刻 t_k 的各统计特性采用集合平均方法来描述。所谓集合平均，就是对全部样本函数在某时刻之值 $\{x_i(t)\}$ 求平均。例如，图 9.2 中时刻 t_1 的均值为

$$\mu_x(t_1) = \lim_{N \to \infty} \frac{1}{N} \sum_{k=1}^{N} x_k(t_1) \tag{9.2}$$

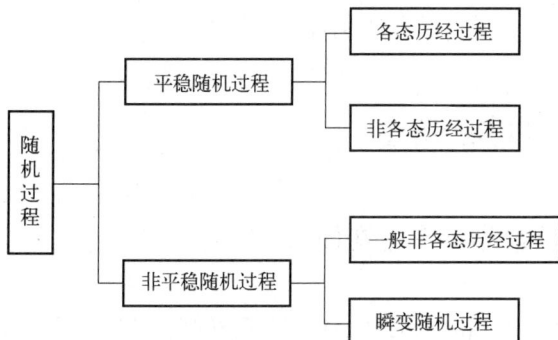

图 9.1　随机过程的分类

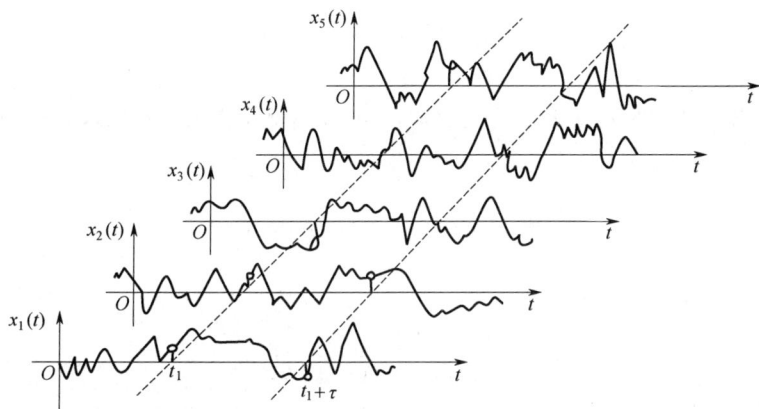

图 9.2　随机过程与样本函数

随机过程两不同时刻，如图 9.2 中 t_1 和 $t_1+\tau$ 时刻之值的相关性，可以用 t_1 和 $t_1+\tau$ 时刻瞬时值乘积的集合平均来计算，即自相关函数为

$$R_x(t_1, t_1 + \tau) = \lim_{N \to \infty} \frac{1}{N} \sum_{k=1}^{N} x_k(t_1) x_k(t_1 + \tau) \tag{9.3}$$

通常情况下，随机过程的集合平均 $\mu_x(t_1)$ 和自相关函数 $R_x(t_1, t_1+\tau)$ 都将随 t_1 的变化而变化，这样的随机过程称为非平稳随机过程。若随机过程的统计特征不随时间变化，这种随机过程称为平稳随机过程。平稳随机过程的集合平均值是常数，自相关函数仅与时间位移有关，即

$$\mu_x(t_1) = \mu_x(t_2) = \cdots = \mu_x \tag{9.4}$$
$$R_x(t_1, t_1 + \tau) = R_x(t_2, t_2 + \tau) = \cdots = R_x(\tau) \tag{9.5}$$

许多平稳随机过程也可以用集合中某个样本函数沿时间轴进行平均（即时间平均）来描述该随机过程的统计特征。

在平稳随机过程中，若每个时间历程的平均统计特征均相同，且等于总体统计特征，任一单个样本函数的统计特征参数与该过程的集合统计特征参数是一致的，这样的平稳随机过

程称为各态历经（遍历性）过程，反之为非各态历经过程。

各态历经随机过程在实际应用中是很重要的随机过程。工程实践中，大部分随机过程都可以近似地认为是具有遍历性的随机过程，以有限长度样本记录的观察分析来推断、估计被测对象的整个随机过程，以其时间平均来估计集合平均。

9.2 随机信号的时域描述

9.2.1 概率密度函数和概率分布函数

随机信号的概率密度表示随机信号瞬时幅值落在某指定区间内的概率。概率密度函数随所取范围的幅值而变化，因此是幅值的函数。图 9.3 所示为一随机信号的时间历程，$x(t)$ 幅值落在 $(x, x + \Delta x)$ 区间的总时间为

$$T_x = \Delta t_1 + \Delta t_2 + \cdots + \Delta t_n = \sum_{i=1}^{n} \Delta t_i \tag{9.6}$$

当样本函数的观测时间 T 趋于无穷大时，$\dfrac{T_x}{T}$ 比值就是幅值落在 $(x, x + \Delta x)$ 区间的概率，即

$$P_\tau[x < x(t) \leqslant x + \Delta x] = \lim_{T \to \infty} \frac{T_x}{T} \tag{9.7}$$

随机信号的概率密度函数的定义为

$$p(x) = \lim_{\Delta x \to \infty} \frac{P_\tau[x < x(t) \leqslant x + \Delta x]}{\Delta x} \tag{9.8}$$

概率分布函数是信号的瞬时值小于或等于某指定值的概率，表示为

$$F(x) = P\big[x(t) \leqslant x\big] = \int_{-\infty}^{x} p(\xi)\mathrm{d}\xi \tag{9.9}$$

显然有 $0 \leqslant F(x) \leqslant 1$，若 $a \leqslant b$，则 $F(a) \leqslant F(b)$，并有

$$\frac{\mathrm{d}F(x)}{\mathrm{d}x} = p(x) \tag{9.10}$$

由式（9.10）可以看出，概率密度函数是概率分布函数相对于振幅的变化率。因此，可以通过对概率密度函数进行积分而得到概率分布函数。

概率密度函数提供了随机信号幅值分布的信息，它是随机信号的主要特征参数之一。不同的随机信号有不同的概率密度函数图形，可以借此判别信号的性质。图 9.3 所示是常见的三种随机信号（假设这些信号的均值为零）的概率密度函数图形。当不知道所处理的随机数据服从何种分布时，可以用统计概率分布图和直方图法来估计概率密度函数。这些方法可参阅有关的数理统计专著。

此外，由于概率密度函数给出了随机信号在某幅值附近出现的概率，因此可用它作为一些机械关键部位设计的依据。

(a) 正弦信号(初始相角为随机量)

(b) 正弦信号加随机噪声

(c) 窄带随机信号

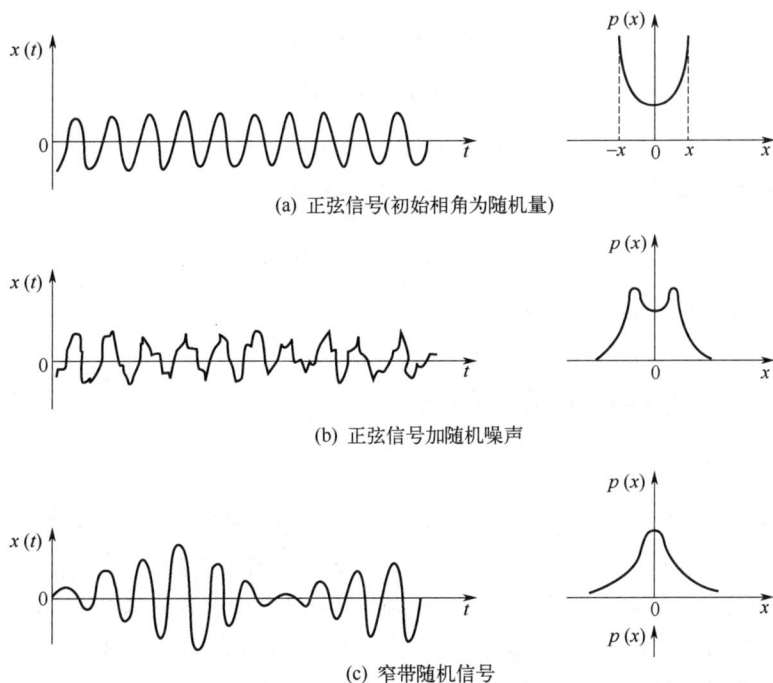

图 9.3　三种随机信号的概率密度函数图形

9.2.2　随机信号的时域数字特征

（1）数学期望（一阶中心矩）

对于一般连续随机信号 $x(t)$ 的集平均称为数学期望 $E[x(t)]$，其定义式为

$$E[x(t)] = \int_{-\infty}^{\infty} x p(x) \mathrm{d}x \tag{9.11}$$

数学期望 $E[x(t)]$ 也称为随机信号的均值，描述了随机信号中的静态分量，即常值分量。随机信号的数学期望是不随时间变化的分量。

（2）均方值

均方值反映了 $x(t)$ 相对零值波动的度量，可以作为随机信号平均功率的表征，反映了随机信号的强度。随机信号均方值一般表示为 $x(t)$ 平方的均值，即

$$E[x^2(t)] = \int_{-\infty}^{\infty} x^2 p(x) \mathrm{d}x \tag{9.12}$$

均方根值即有效值，表示为均方值 $E[x^2(t)]$ 的正平方根

$$x_{\mathrm{rms}} = \sqrt{E[x^2(t)]} \tag{9.13}$$

（3）方差（二阶中心矩）

方差是 $x(t)$ 相对均值的波动情况的度量，表示为

$$D[x(t)] = E\{[x(t) - E[x(t)]]^2\}$$
$$= \int_{-\infty}^{\infty} [x(t) - E[x(t)]]^2 p(x)\mathrm{d}x \qquad (9.14)$$
$$= E[x^2(t)] - \{E[x(t)]\}^2$$

由式（9.14）可推导数学期望、均方值和方差之间存在如下关系：

$$D[x(t)] = E[x^2(t)] - \{E[x(t)]\}^2 \qquad (9.15)$$

即方差等于信号的均方值减去均值的平方。

9.2.3　自相关函数与自协方差函数

（1）自相关函数

数学期望与方差只是描述随机信号在各个时刻的统计特性，并不反映不同时刻信号数值之间的联系，例如随机信号 $x(t)$ 的过去、当前与未来的数值之间，或者任意两个随机信号 $x(t)$ 和 $y(t)$ 的数值之间的内在关联程度。有些信号的数学期望和方差基本相同，但随时间的变化规律却存在相当大的差异。有的随机过程的各样本间随时间变化缓慢，在不同时刻取值关系密切，相关性强；有的随机过程各样本间随时间变化迅速，不同时刻间的取值没有什么关联，相关性弱。上述所说的关联程度可以用自相关函数来表征。

自相关函数用于表征一个随机过程本身，可以表征随机信号在任意两个不同时刻瞬时值之间的关联程度，自相关函数定义为

$$R_{xx}(t_1, t_2) = E[x(t_1)x(t_2)]$$
$$= \int_{-\infty}^{\infty} \int_{-\infty}^{\infty} x_1 x_2 p(x_1, x_2)\mathrm{d}x_1\mathrm{d}x_2 \qquad (9.16)$$

当 $t_1 = t_2 = t$ 时，有 $x_1 = x_2 = x$ ，则

$$R_{xx}(t) = E[x(t)x(t)] = E[x^2(t)]$$
$$= \int_{-\infty}^{\infty} \int_{-\infty}^{\infty} x^2 p(x)\mathrm{d}x \qquad (9.17)$$

说明：$x(t)$ 的均方值是自相关函数在 $t_1 = t_2$ 时的特例。

（2）自协方差函数

自协方差函数用来描述随机信号 $x(t)$ 本身在任意两个时刻其幅值变化的互相依赖的程度，定义为

$$C_{xx}(t_1, t_2) = E\{[x(t_1) - E[x(t_1)]]\}E\{[x(t_2) - E[x(t_2)]]\}$$
$$= R_{xx}(t_1, t_2) - E[x(t_1)]E[x(t_2)] \qquad (9.18)$$

当 $E[x(t_1)] = E[x(t_2)] = 0$ 时，式（9.18）变为

$$C_{xx}(t_1, t_2) = R_{xx}(t_1, t_2) \qquad (9.19)$$

式（9.19）表明自协方差函数与自相关函数所描述的随机信号特性是一致的。数学期望和自相关函数是随机信号中两个最基本、最重要的数字特征。

（3）自相关系数

自相关系数可进一步描述随机信号 $x(t)$ 两个时刻之间的线性相关程度，其定义为

$$\rho_{xx}(t_1,t_2) = \frac{C_{xx}(t_1,t_2)}{D[x(t_1)]D[x(t_2)]} = \frac{R_{xx}(t_1,t_2) - E[x(t_1)]E[x(t_2)]}{D[x(t_1)]D[x(t_2)]} \qquad (9.20)$$

若 $\rho_{xx}(t_1,t_2) = 0$，说明随机信号 $x(t_1)$ 和 $x(t_2)$ 之间线性不相关；

若 $\rho_{xx}(t_1,t_2) \neq 0$，说明随机信号 $x(t_1)$ 和 $x(t_2)$ 之间存在一定的线性依赖关系。

（4）互相关函数与互协方差函数

自相关函数与自协方差函数用于描述一个随机信号本身的统计特征，为了表征两个随机信号 $x(t)$ 和 $y(t)$ 之间的关联性，定义互相关函数与互协方差函数

$$\begin{aligned} R_{xy}(t_1,t_2) &= E[x(t_1)y(t_2)] \\ &= \int_{-\infty}^{\infty}\int_{-\infty}^{\infty} xy p_2(x,y)\mathrm{d}x\mathrm{d}y \end{aligned} \qquad (9.21)$$

$$\begin{aligned} C_{xy}(t_1,t_2) &= E\{[x(t_1) - E[x(t_1)]]\}E\{[y(t_2) - E[y(t_2)]]\} \\ &= R_{xy}(t_1,t_2) - E[x(t_1)]E[y(t_2)] \end{aligned} \qquad (9.22)$$

式中，$p_2(x,y)$ 为两个随机信号 $x(t)$ 和 $y(t)$ 的二维联合概率密度函数。

当两个随机信号 $x(t)$ 和 $y(t)$ 在不同时刻的概率密度函数，存在

$$p_2(x,y) = p(x)p(y) \qquad (9.23)$$

则认为 $x(t)$ 和 $y(t)$ 对所选择的所有时刻统计独立，有

$$R_{xy}(t_1,t_2) = E[x(t_1)]E[y(t_2)] \qquad (9.24)$$

从而可得

$$C_{xy}(t_1,t_2) = 0 \qquad (9.25)$$

由此表明：两个随机信号 $x(t)$ 和 $y(t)$ 之间互为独立，则它们之间必定互不相关，但反之则不一定，因为一般情况下（正态分布的随机过程除外）并不一定互为统计独立。

9.2.4　应用实例：应用相关分析测量汽车车速

在汽车前后轮的一侧各安装加速度传感器，测量垂直振动的加速度波形，如图 9.4 所示。

一般车辆前、后轮距大致相等（设为 l），后轮必然走过前轮走的路程，因此测量到的前、后轮的振动波形 $X(n)$、$Y(n)$ 大致相似，且 $Y(n)$ 滞后 $X(n)$，即 $Y(n) = X(n - n_0)$。利用互相关分析可以估计到两个相似信号的时间延迟，因为互相关函数将在 $m = n_0$ 时两波形重合，因而到达极大值。由此可以得到滞后时间 $\tau = n_0 T_s$，则汽车车速 v 为 $v = l / \tau$。

MATLAB 仿真程序如下：

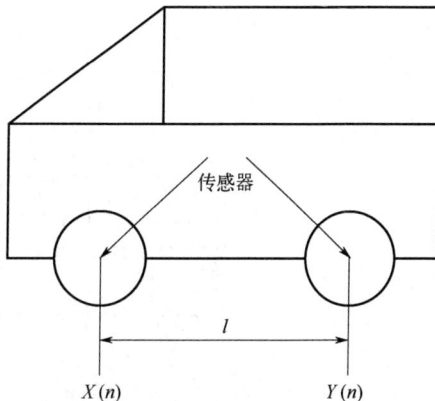

图 9.4　汽车前后轮的加速度传感器

```
n=100;
td=20;
for i = 1:n;
s(i)=10* exp(-0.1*i) * sin(2*pi*2*(i-1)/20);
end
x=0;
x(td+1:n)= s(1:n-td);
```

```
r=xcorr(s,x)/n
r1=r(n :- 1:1);
m=[0:n-1];
subplot(311),plot(s(1:n)),xlabel('n'),ylabel('x(n)'),title('(a)');grid;
subplot(312),plot(x),xlabel('n'),ylabel('y(n)'),title('(b)');grid;
subplot(313),plot(m,r1),xlabel('m'),ylabel('Rxy(n)'),title('(c)');grid;
```

汽车前后轮的运行波形图如图 9.5 所示。利用随机过程的相关性，分析得到了后轮滞后前轮的时间，从而结合两轮间距离信息，可以得到汽车当前的速度信息。

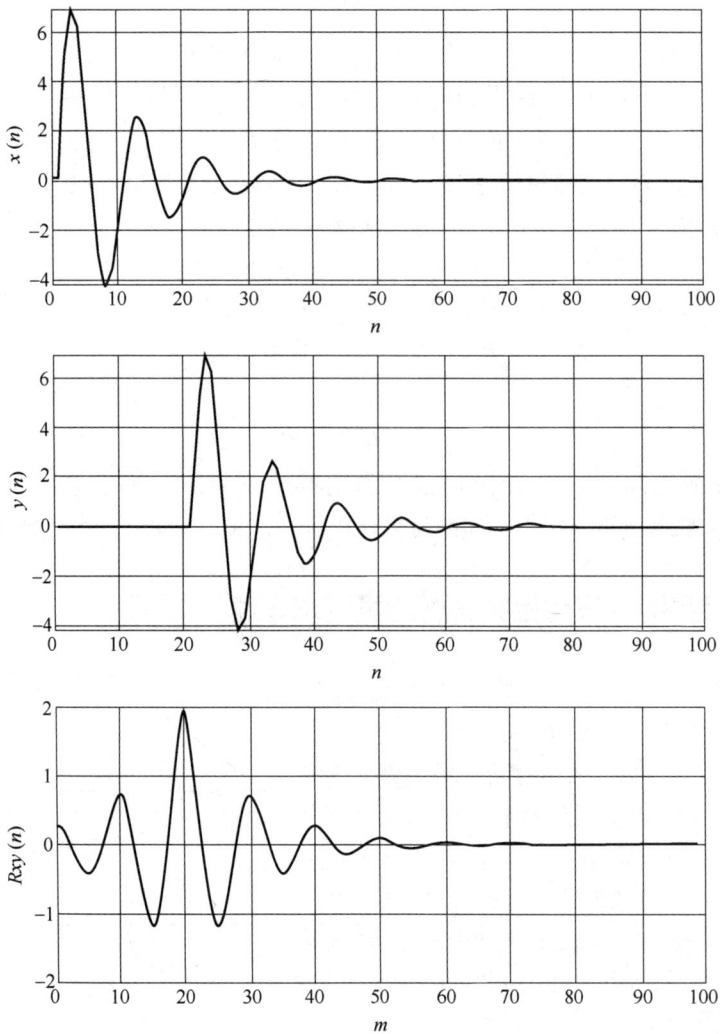

图 9.5 汽车前后轮的运行波形

9.3 随机信号的频域描述

在介绍傅里叶变换的应用时，其对象是确定性信号，通过傅里叶变换将其分解成若干（有限或无限多个）简谐振动的叠加，以揭示其频谱结构。那么是否可用类似的方法来研究随机信号的处理呢？如果可行，具体又应从何处着手？

频谱是描述组成给定过程的各谐波分量的频率和振幅关系的函数。对于随机信号，由于它的振幅或相位是随机的，无法做出确定的频谱图。在上一节中提到，随机信号的均方值表示了信号的平均功率，因此随机信号的频谱可以不用频率 f 上的振幅来表示，而是用 $f \sim f + \Delta f$ 频率范围内的均方值来描述。由此引出了功率谱密度函数，它从频率的角度描述随机信号，可以作为描述平稳随机过程的新特征，而自相关函数是从时间的角度来描述随机信号的。

假设 $x(t)$ 是零均值的随机过程，即 $\mu_x = 0$（如果原随机过程是非零均值的，可以进行适当处理使其均值为零），又假设 $x(t)$ 中没有周期分量，那么当时 $\tau \to \infty$，$R_x(\tau) \to 0$。这样，自相关函数 $R_x(\tau)$ 可满足傅里叶变换的条件 $\int_{-\infty}^{\infty} |R_x(\tau)| \mathrm{d}\tau < \infty$。由此得到 $R_x(\tau)$ 的傅里叶变换：

$$S_x(f) = \int_{-\infty}^{\infty} R_x(\tau) \mathrm{e}^{-\mathrm{j}2\pi f \tau} \mathrm{d}\tau \tag{9.26}$$

其逆变换

$$R_x(\tau) = \int_{-\infty}^{\infty} S_x(f) \mathrm{e}^{\mathrm{j}2\pi f \tau} \mathrm{d}f \tag{9.27}$$

定义 $S_x(f)$ 为 $x(t)$ 的自功率谱密度函数，简称自谱或自功率谱。由于 $S_x(f)$ 和 $R_x(\tau)$ 之间是傅里叶变换对的关系，两者是唯一对应的，$S_x(f)$ 中包含着 $R_x(\tau)$ 的全部信息。因为 $R_x(\tau)$ 和 $S_x(f)$ 均是实偶函数，常用在 $f=(0\sim\infty)$ 范围内 $G_x(f) = 2S_x(f)$，来表示信号的全部功率谱，并把 $G_x(f)$ 称为信号 $x(t)$ 的单边功率谱。

$$G_x(f) = \begin{cases} 2S_x(f), & f \geqslant 0 \\ 0, & f < 0 \end{cases} \tag{9.28}$$

若 $\tau = 0$，根据自相关函数 $R_x(\tau)$ 和自功率谱密度函数 $S_x(f)$ 的定义，可得到

$$R_x(0) = \lim_{T \to \infty} \frac{1}{T} \int_0^T x^2(t) \mathrm{d}t = \int_{-\infty}^{\infty} S_x(f) \mathrm{d}f \tag{9.29}$$

由此可见，$S_x(f)$ 曲线和频率轴所包围的面积就是信号的平均功率，$S_x(f)$ 就是信号的功率密度沿频率轴的分布，故称 $S_x(f)$ 为自功率谱密度函数。

从傅里叶变换的性质可知：信号的时域总能量 $\int_{-\infty}^{\infty} x^2(t) \mathrm{d}t$ 与对应的频域总能量 $\int_{-\infty}^{\infty} |X(f)|^2 \mathrm{d}f$ 满足帕什瓦（Parseval）能量积分等式，即

$$\int_{-\infty}^{\infty} x^2(t) \mathrm{d}t = \int_{-\infty}^{\infty} |X(f)|^2 \mathrm{d}f \tag{9.30}$$

现对此式两端同时进行求平均功率的运算：

$$\lim_{T \to \infty} \frac{1}{T} \int_{-\infty}^{\infty} x^2(t) \mathrm{d}t = \lim_{T \to \infty} \frac{1}{T} \int_{-\infty}^{\infty} |X(f)|^2 \mathrm{d}f \tag{9.31}$$

综合式（9.29）～式（9.31）得

$$R_x(\tau = 0) = \lim_{T \to \infty} \frac{1}{T} \int_0^T x^2(t) \mathrm{d}t = \int_{-\infty}^{\infty} S_x(f) \mathrm{d}f = \lim_{T \to \infty} \frac{1}{T} \int_{-\infty}^{\infty} |X(f)|^2 \mathrm{d}f \tag{9.32}$$

故有

$$S_x(f) = \lim_{T \to \infty} \frac{1}{T} |X(f)|^2 \tag{9.33}$$

从式（9.33）可以得出以下结论：

① 信号 $x(t)$ 的自功率谱密度函数 $S_x(f)$ 不仅可以从其自相关函数的傅里叶变换中获得，也可以从信号的幅值频谱中获得。无论采用何种方法获得 $S_x(f)$ 都将使自功率谱密度函数中仅含有原信号的幅值和频率信息，而丢失了原信号的相位信息。

② 自功率谱密度函数 $S_x(f)$ 和信号的幅值频谱函数均反映了原信号 $x(t)$ 的频率结构，但它们具有各自的量纲，而且 $S_x(f)$ 反映的是信号幅值频谱的平方。因此，在 $S_x(f)$ 中突出了信号中的高幅值分量（主要矛盾），使原信号 $x(t)$ 的主要频率结构特征更为明显，也使得自功率谱密度分析比幅值频谱分析的实用价值更大、用处更广。

两个随机信号 $x(t)$ 和 $y(t)$ 的互功率谱密度函数（简称互谱）是它们的互相关函数 $R_{xy}(\tau)$ 的傅里叶变换，记作

$$S_{xy}(f) = \int_{-\infty}^{\infty} R_{xy}(\tau) \mathrm{e}^{-\mathrm{j}2\pi f \tau} \mathrm{d}\tau \tag{9.34}$$

其逆变换

$$R_{xy}(\tau) = \int_{-\infty}^{\infty} S_{xy}(f) \mathrm{e}^{\mathrm{j}2\pi f \tau} \mathrm{d}f \tag{9.35}$$

互相关函数 $R_{xy}(\tau)$ 并非偶函数，因此 $S_{xy}(f)$ 具有虚、实两部分。同样，$S_{xy}(f)$ 保留了 $R_{xy}(\tau)$ 的全部信息。

习题

（1）求信号的自相关函数。

$$h(t) = \begin{cases} \mathrm{e}^{-at}, & t \geqslant 0, a > 0 \\ 0, & t < 0 \end{cases}$$

（2）求随机相位正弦信号 $x(t) = \cos(\omega_0 t + \varphi)$ 的功率谱密度。其中，φ 为在 $[0,2\pi]$ 内均匀分布的随机变量，ω_0 是常数。

（3）RC 积分电路的输入电压为 $x(t) = x_0 + \cos(\omega_0 t + \varphi)$。其中，$x_0$ 和 φ 是在 $[0,1]$ 和 $[0,2\pi]$ 上均匀分布的随机变量，且相互独立。求输出电压 $y(t)$ 的自相关函数。RC 积分电路的 $H(\omega) = \dfrac{\alpha}{\alpha + \mathrm{j}\omega}$，$\alpha = \dfrac{1}{RC}$。

（4）已知某信号的自相关函数 $R_x(\tau) = 100\cos(100\pi\tau)$，试求该信号的均值、均方值和功率谱。

（5）信号 $x(t)$ 由两个频率和相位角均不等的余弦函数叠加而成，其数学表示式为 $x(t) = A_1\cos(\omega_1 t + \theta_1) + A_2\cos(\omega_2 t + \theta_2)$，求该信号的自相关函数。

（6）对于延时环节输入为 $x(t)$，输出为 $y(t) = x(t-T)$。试求 $x(t)$ 的自相关函数 $R_x(\tau)$ 与其互相关函数 $R_{xy}(\tau)$ 之间的关系。

参考文献

[1] 宋爱国, 刘文波, 王爱民. 测试信号分析与处理[M]. 北京: 机械工业出版社, 2016.

[2] 秦树人. 机械工程测试原理与技术[M]. 重庆: 重庆大学出版社, 2021.

[3] 陈兴州, 颜丙生, 蔡共宣, 等. 工程测试与信号处理[M]. 湖北: 华中科技大学出版社, 2023.

[4] 韩建海, 尚振东, 刘春. 机械工程测试技术[M]. 北京: 清华大学出版社, 2018.

[5] 龙慧, 李东畅. "工程测试与信号处理"课程教学探索与实践[J]. 装备制造技术, 2022(10): 185-187.

[6] 王文胜, 黄民, 胡欢, 等. 实践应用驱动下的研究生"工程测试与信号分析"课程教学改革研究[J]. 中国电力教育, 2021(10): 71-72.

[7] 沈敏, 余联庆. 新工科背景下机械工程测试技术课程教学改革[J]. 中国现代教育装备, 2021(09): 108-110.

[8] 孙鲁青, 冯川, 徐春龙. 工程教育认证背景下的《机械工程测试技术》课程改革[J]. 高教学刊, 2019(17): 129-131.

[9] 汤小娇, 魏丽, 高崇一. 机械工程测试技术虚拟仿真实验系统开发[J]. 产业与科技论坛, 2019, 18(21): 47-48.

[10] 丁钰祥, 张家铭, 张洪伟, 等. 傅里叶变换红外光谱在微塑料检测中的应用[J]. 中国无机分析化学, 2024(06): 1-10.

[11] 张倩. 压阻式压力传感器测量系统的研究[D]. 上海: 东华大学, 2019.

[12] 邵华, 洛桑郎加.电阻应变式传感器测量性能分析[J]. 山东交通科技, 2022(01): 19-21.

[13] 孙辉, 韩玉龙, 姚星星. 电阻应变式传感器原理及其应用举例[J]. 物理通报, 2017 (05): 82-84.

[14] 张巍, 姜大成, 王雷, 等. 传感器技术应用及发展趋势展望[J]. 通讯世界, 2018 (10): 301-302.

[15] 陈宏伟. 差动电感式传感器智能位移测量系统研究[D]. 上海: 东华大学, 2023.

[16] 秦毅, 王阳阳, 彭东林, 等. 电感式角位移传感器技术综述[J]. 仪器仪表学报, 2022, 43(11): 1-14.

[17] 王大朋, 宋春丽. 磁轴承用电感式位移传感器的研究[J]. 传感器与微系统, 2020, 39(07): 28-30.

[18] 张军, 胡沛锴, 马奕萱, 等. 压电式力传感器三向分载研究[J]. 仪表技术与传感器, 2022 (11): 123-126.

[19] HU K, FENG J, LV N, et al. AC/DC dual-type pressure and movement sensor based on the nanoresistance network[J]. Colloids and Surfaces A: Physicochemical and Engineering Aspects, 2023, 656: 130530.

[20] REN M, ZHOU Y, WANG Y, et al. Highly stretchable and durable strain sensor based on carbon nanotubes decorated thermoplastic polyurethane fibrous network with aligned wave-like structure[J]. Chemical Engineering Journal, 2019, 360: 762-777.

[21] 袁杰. 加热式热电偶液位测量传感器的研究[J]. 装备制造技术, 2014(09): 4-6.

[22] 崔云先, 薛帅毅, 周通, 等. 薄膜瞬态温度传感器的制备及性能研究[J]. 仪器仪表学报, 2017, 38(12): 3028-3035.

[23] 张晓霞. 热电偶传感器的原理与发展应用[J]. 电子技术与软件工程, 2016 (06): 107.

[24] 张庆玲. 热电偶传感器测温系统的设计应用[J]. 西北轻工业学院学报, 2000(01): 82-85.

[25] 程冬. 浅析热电偶传感器的测温原理[J]. 景德镇学院学报, 2016, 31(06): 6-8.

[26] GAMIL M, SHAALAN N M, ABD EL-MONEIM A. Fabricating a highly sensitive graphene nanoplatelets resistance-based temperature sensor[J]. Sensor Review, 2021, 41(3): 251-259.

[27] HUANG Y, ZENG X, WANG W, et al. High-resolution flexible temperature sensor based graphite-filled polyethylene oxide and polyvinylidene fluoride composites for body temperature monitoring[J]. Sensors and Actuators A: Physical, 2018, 278: 1-10.

[28] 贺军, 郭书文, 李琳, 等. 面向智能可穿戴纺织品的聚合物基柔性传感器的研究进展[J]. 棉纺织技术, 2024(6): 1-9.

[29] 李锐, 付建伟, 唐律, 等. 对称离散傅里叶变换的推广[J]. 华中科技大学学报(自然科学版), 2024(07): 1-9.

[30] 曲以凡, 靳宗帅, 张恒旭, 等. 基于改进离散傅里叶变换的抗衰减直流分量强鲁棒性相量估计算法[J]. 中国电机工程学报, 2024(07): 1-13.

[31] 李燕, 黄小津. 离散傅里叶变换性质的可视化教学设计[J]. 电气电子教学学报, 2024, 46(01): 1-4.

[32] 曾金芳, 黄佳妹, 李超. 信号量化和离散傅里叶变换的信息熵分析[J]. 长江信息通信, 2024, 37(03): 64-68.

[33] 梁会娟, 王凯, 韩守保, 等. 离散色散光域傅里叶变换的延时和带宽扩展研究[J]. 半导体光电, 2024, 45(02): 274-279.

[34] 黄波. 通信系统的信号快速傅里叶变换仿真实现[J]. 电脑知识与技术, 2023, 19(29): 91-93.

[35] 彭荣杰, 黎龙珍. 基于改进离散小波变化的数字水印技术[J]. 智能计算机与应用, 2023, 13(07): 15-18, 26.

[36] 李文凯. 基于离散傅里叶变换的振动监测系统研制[D]. 西安: 西安理工大学, 2023.

[37] 毕岩峰. 离散谱 NFDM 系统中频偏估计和噪声抑制研究[D]. 聊城: 聊城大学, 2023.

[38] 何山. 基于离散傅里叶变换的线要素综合算法[D]. 兰州: 兰州交通大学, 2023.

[39] 罗吉, 夏秀渝. 基于听觉融合特征的多声音事件检测[J]. 四川大学学报(自然科学版), 2024(04): 231-237.

[40] 杨勇, 严君美. 传输零点对称可调的调谐滤波器的设计[J]. 佳木斯大学学报(自然科学版), 2024, 42(05): 80-84.

[41] 成谷, 张宝金, 刘玉萍. 一种利用低频反鬼波滤波器提升深部地震信号能量的方法[J]. 中山大学学报(自然科学版)(中英文), 2024(07): 1-12.

[42] 丁建佳, 王福林, 徐怡. 一种合成孔径声呐发射机滤波器设计方法[J]. 声学与电子工程, 2024(02): 32-34.

[43] 兰宇杰, 曾晓辉, 陈为, 等. 电磁干扰滤波器中共模扼流圈的高频模型[J]. 电工技术学报, 2025, 40(06): 1805-1815.

[44] 滕明, 侯亚威, 李伟杰. 基于椭圆随机超曲面模型 CPHD 滤波器的多扩展目标跟踪算法[J]. 现代雷达, 2024, 46(05): 26-30.

[45] 钱依婷, 沈正阳, 周涛, 等. 二维光子晶体新型四通道滤波器设计[J]. 光电子•激光, 2024(07): 1-7.

[46] 张鸿鹏. 一种新型融合滤波器和 CNN 模型的仪表辨识方法[J]. 中国仪器仪表, 2024(07): 47-50.

[47] 颜汇. 高性能 5G 无线通信射频 SAW 滤波器专利状况分析[J]. 海峡科技与产业, 2024, 37(04): 30-32.

[48] 陈益芳, 卢钢, 胡利华, 等. 滤波器轻量化结构设计与分析[J]. 中国新技术新产品, 2024(04): 45-48.

[49] 吴润强, 庹忠曜, 龚泽恺, 等. 模拟滤波器实验教学设计[J]. 实验室科学, 2024, 27(01): 124-127.

[50] 喻鸣, 赵建平, 常博博. 模拟滤波器设计研究[J]. 机电信息, 2023(09): 45-47, 51.

[51] 沈小青, 余清华, 邱斌, 等. 模拟平坦带通滤波器设计与实现[J]. 自动化与仪器仪表, 2022(02): 130-132, 137.

[52] 许涟, 廖志锐, 党广生, 等. Simulation and Application of Passive Low Pass EMI Filter[C]. 2023 中国汽车工程学会年会论文集, 2023.